技术改变生活：
射频识别技术理论与实践应用

刘佳玲　著

中国海洋大学出版社

·青岛·

图书在版编目（CIP）数据

技术改变生活：射频识别技术理论与实践应用 / 刘佳玲著 . — 青岛：中国海洋大学出版社 , 2018.9

ISBN 978-7-5670-1961-4

Ⅰ . ①技… Ⅱ . ①刘… Ⅲ . ①无线射频识别 – 研究

Ⅳ . ① TP391.45

中国版本图书馆 CIP 数据核字 (2018) 第 195116 号

技术改变生活：射频识别技术理论与实践应用

出 版 人	杨立敏		
出版发行	中国海洋大学出版社有限公司		
社　　址	青岛市香港东路 23 号	邮政编码	266071
网　　址	http://www.ouc-press.com		
责任编辑	张跃飞	电　　话	0532-85901984
电子邮箱	flyleap@126.com		
图片统筹	河北优盛文化传播有限公司		
装帧设计	河北优盛文化传播有限公司		
印　　制	定州启航印刷有限公司		
版　　次	2019 年 1 月第 1 版		
印　　次	2019 年 1 月第 1 次印刷		
成品尺寸	170mm × 240mm	印　　张	15
字　　数	291 千	印　　数	1~1000
书　　号	ISBN 978-7-5670-1961-4	定　　价	56.00 元
订购电话	0532-82032573（传真） 18133833353		

发现印刷质量问题，请致电 18133833353 进行调换。

前言
PREFACE

　　无线射频识别（Radio Frequency Identification，RFID）技术作为快速、实时、准确采集与处理信息的高新技术，已经被世界公认为21世纪十大重要技术之一，也成为我国信息化建设的核心技术之一。这项技术既和传统应用紧密相关，又充满着新意与活力。RFID的应用领域众多，如票务、身份证、门禁系统、电子钱包、物流、动物识别等，尤其是在生产、销售和流通等领域有着广阔的应用前景，并已经渗透到我们日常生活和工作的各个方面，给人们的社会活动、生产活动、行为方法和思维观念带来了巨大的变革，极大地改变了人们传统的生活、工作和学习方式。为了适应形势发展的迫切需要以及满足关注RFID技术发展的读者需求，本书对RFID技术的理论与实践应用做一个比较全面的介绍。

　　本书从RFID技术的理论基础出发，全面介绍了RFID技术的基本原理、关键技术与应用案例，包括RFID技术概论、RFID技术标准、RFID系统的工作原理、RFID系统的中间件、RFID系统的关键技术、RFID系统数据传输的安全性以及射频识别技术在交通领域、物流领域与其他领域中的实践应用，以期为从事射频识别工作的技术人员以及高校相关专业学生提供一些参考。

　　在本书的编写过程中，参考借鉴了一些学者的研究成果，在此对这些学者表示衷心的感谢。另外，由于时间及编者水平所限，本书难免存在疏漏与不妥之处，真诚地欢迎各位读者对本书提出宝贵的意见和建议。

刘佳玲

2018年8月

目录
CONTENTS

第一章　RFID 技术概论

第一节　RFID 技术的初步认知

一、何谓 RFID

RFID 是 Radio Frequency Identification 的缩写，即无线射频识别。它常称为感应式电子芯片、近接卡、感应卡、非接触卡或电子条码等，俗称电子标签或应答器。

RFID 是一种非接触式的自动识别技术，它通过射频信号自动识别目标对象并获取相关数据，可快速地进行物品追踪和数据交换，且其识别工作无须人工干预，可工作于各种恶劣环境。RFID 技术可识别高速运动物体并可同时识别多个标签，操作快捷方便，为 ERP、CRM 等业务系统的完美实现提供了可能，并且能对业务与商业模式有较大的提升。

RFID 是一种具有突破性的技术：第一，它可以识别单个且非常具体的物体，而不是像条形码那样只能识别一类物体；第二，它采用无线电射频，可以透过外部材料读取数据，而条形码必须靠激光来读取信息；第三，它可以同时对多个物体进行识读，而条形码只能一个一个地读。此外，它储存的信息量也非常大。

RFID 的应用非常广泛，目前其典型应用有动物芯片、汽车芯片防盗器、门禁管制、停车场管制、生产线自动化、物料管理等。

二、RFID 技术的特征

（一）数据的无线读写（Read Write）功能

只要通过 RFID Reader 即可不需接触，直接读取信息至数据库内，且可一次处理多个标签，并可以将物流处理的状态写入标签，供下一阶段物流处理使用。

（二）形状容易小型化和多样化

RFID 在读取上并不受尺寸大小与形状的限制，不需为了读取精确度而配合纸张的固定尺寸和印刷品质。此外，RFID 电子标签更可往小型化发展并应用于不同产品中。因此，它可以更加灵活地控制产品的生产，特别是在生产线上的应用。

（三）耐环境性

RFID 对水、油和药品等物质具有很强的抗污性，在黑暗或脏污的环境之中，也可以读取数据。

（四）可重复使用

由于 RFID 为电子数据，可以反复被读写，所以可以回收标签进行重复使用。

（五）穿透性

RFID 若被纸张、木材和塑料等非金属或非透明的材质包覆，也可以进行穿透性通信，但若是铁质金属，则无法进行通信。

（六）数据的记忆容量大

数据容量会随着记忆规格的发展而扩大，未来物品所需携带的资料量越来越大，对卷标所能扩充容量的需求也增加，而 RFID 不会受到限制。

（七）系统安全

RFID 将产品数据从中央计算机中转存到工件上将为系统提供安全保障，从而大大地提高系统的安全性。

（八）数据安全

通过校验或循环冗余校验的方法，可保证射频标签中存储数据的准确性。

三、日常生活中的 RFID 技术

（一）RFID 防伪技术在第二代身份证上的应用

第一代身份证采用印刷和照相翻拍制作的卡芯塑封而成，防伪能力极差，虽然经过改良，但是仍然不能满足社会发展的需求，因此在使用了一段时间以后停止发行。现在使用的是由我国自主研发的专用 RFID 芯片技术制成的第二代居民身份证（以下简称二代证）。二代证给我们的生活带来了许多便捷，同时也增加了多种防伪技术，杜绝了非法个人或组织造假行为，可维护和谐的社会秩序，有利于预防和打击违法犯罪活动。

相比第一代身份证的视读方式，二代证最根本的变革是拥有视读和机读两种方式。其机读功能是通过嵌入在身份证中的微晶芯片模块实现的。微晶芯片模块由多个芯片封装集成。这种芯片可以适应零下几十摄氏度到 40 多摄氏度的温差跨度。它具有良好的兼容性，可在商场、酒店、机场及公安系统中顺利通过机器读取其芯片内的数据库内容；同时还具有很强的耐磨性，可以满足天天使用的强度，还能应付人为或非人为的破坏等。

二代证实际上是符合 ISO/IEC 14443 Tupe B 协议的射频卡，公安部门可以通过阅读器对卡内信息进行更新，而不必重新制卡。二代证的另一个重要优势在于防伪性好，它和阅读器之间的通信是经过加密的，其破解的技术和资金门槛都相当高，从而可以在相当大的程度上防止对它的伪造和篡改。

（二）典型应用——汽车防盗

用 RFID 技术可以保护和跟踪财产，例如，将应答器（也称电子标签）贴在物品（如计算机、文件、复印机或其他实验室用品）上面，使得公司可以自动跟踪、管理这些有价值的财产。如可以跟踪发现某一物品从某一建筑里离开，或是用报警的方式限制物品离开某地。结合 GPS 系统，利用应答器还可以对货柜车、货舱等进行有效跟踪。

汽车防盗是 RFID 技术的较新应用。现已开发出足够小的应答器，且能够将其封装到汽车钥匙里。该钥匙中含有特定的应答器，而在汽车上装有阅读器（也称读写器或读取器）。当钥匙插入到点火器中时，阅读器能够辨识钥匙的身份。如果阅读器接收不到射频卡（也称电子标签）发送来的特定信号，汽车的引擎将不会发动。使用这种电子验证的方法，汽车的中央计算机也就能容易防止短路点火。目前，很多品牌的汽车已经应用了 RFID 汽车防盗系统。

在另一种汽车防盗系统中，司机自己带有一个应答器，其作用范围在司机座椅的 44 ~ 45 cm 以内，而阅读器安装在座椅的背部。当阅读器读取到有效的 ID 时，系统将发出信号，然后汽车引擎才能启动。该防盗系统还有另一个强大功能，即如果司机离开汽车，并且车门敞开、引擎也没有关闭，那么这时阅读器就需要读取另一个有效的 ID。假如司机将该应答器带离汽车，则阅读器不能读到有效 ID，引擎便会自动关闭，同时触发报警装置。这种应答器也可用于家庭和办公室。

RFID 技术还可应用于寻找丢失的汽车。在城市的各个主要街道装载 RFID 系统，只要车辆带有应答器，当其路过时，该汽车的 ID 和时间都将被自动记录下来，并被送至城市交通管理中心的计算机。除此之外，警察还可驾驶若干带有阅读器的流动巡逻车，以便更加方便地监控车辆的行踪。

（三）基于 RFID 技术的远距离识别停车场管理系统

停车场管理系统借助远距离无源射频识别技术，可有效防止人为因素给停车场管理带来的破坏和干扰，实现大厦、物业小区停车场的智能化科学管理，并可控制费用流失，提高运营效率，确保车辆安全，如图 1-1 所示。

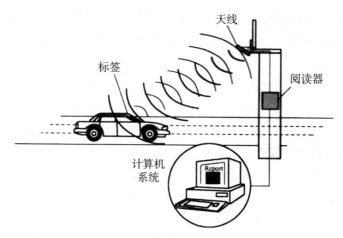

图 1-1　基于 RFID 技术的远距离识别停车场管理系统

基于 RFID 技术的远距离识别停车场管理系统是目前世界上最先进的停车场自动化管理方式之一，是停车场管理方式发展的趋势。它的安全、稳定、自动化程度，是人工管理或近距离识别系统无法达到的。其不可仿制性、抗干扰性、抗击打性、快速识别性、智能鉴别性，毫无疑问地会给各类停车场的管理提供一个全新的解决方案。该系统能够实现进出完全不停车，自动识别、自动登记、自动放行等功能。其后台管理软件具备实施查看进出车辆信息、进出时间查询、报表、缴费记录查询、信息提醒等多项功能。

（四）门禁管理系统

门禁管理系统安装在厂内各主要部门的门上，每个部门可设定进入该部门的工作人员范围。只要工作人员凭授权的感应卡在需要通过的门的感应器的感应范围内晃过，系统就会自动识别卡的权限。如权限允许，门开启；否则门不会打开。另外，门禁管理系统上还有键盘，在感应卡被读写后，可让使用者用键盘密码开启门锁，这样就能够有效地防止不法分子盗用别人的卡非法进入。如果门被强行打开，或门打开后在规定时间内未关上，门禁管理系统会自动报警。这样一来，工作人员就可凭自己的感应卡任意进出被授权的通道。而对于外来的访客，则建议通过内部出门按钮开门。

（五）RFID 适用的行业

其实在目前的一般消费市场上已经有大量 RFID 的应用了，其中最具代表性的就是公交一卡通。公交一卡通可以用作地铁、公车、部分停车场的收费机制。预计以后，它还可以有更多的应用。但公交一卡通其实并未将 RFID 的便利性发挥到极致。下面将介绍目前及未来 RFID 可能得到发展的应用场合。

1. 零售流通产业

常常受不了在大卖场结账时大排长龙吧！如果每个商品上都贴有RFID标签，只要将整个购物车推过一道装有感应器的门，即可瞬间完成结账，既方便又有效率。虽然这种便利的付费方式因为成本原因尚未普及，但零售业者及制造商已经开始在这方面尝试应用RFID技术了。全球最大的零售商沃尔玛（Wal-Mart）在2003年11月举行的供应厂商会议上明确提出采用RFID的时间：前百大供应商自2005年1月起需在包装箱和货箱架上加入RFID标签，2006年年底将逐步扩大到所有供货商，并采用Auto-ID Center所发展的EPC为其识别编码。随后，英国大型零售特易购（Tesco）便于2003年12月表示，在2006年正式引进进行实证实验；英国马莎百货（Marks & Spencer）也在2004年2月表示扩大了RFID试验。

2. 医疗产业

在非典期间，SARS疫情在全世界造成极大的恐慌。当一个人受到感染时，如何迅速地找到他曾经接触过的人，如何在最短的时间内快速隔离患者和可能的病例呢？RFID可以做到。我国台湾地区的台湾工业技术研究院与竹北市的东元医院合作进行了"医疗院所接触史RFID追踪管制系统"的实验。在医院内各出口装设RF接收器，透过人员身上携带的电子标签（RFID卡）所发出的信号，被装设在医院的定点标示器接收后，标示器便会发送位置及人员资料至读取机，并将资讯转存到应用系统。这项追踪管制系统未来将推广至各大医院。未来若有SARS的可疑案例，20 min即可掌握接触史。

这种设备也可以避免医生开错刀或护士拿错药品的状况发生，让人的生命安全多了一层保障。其他如初生婴儿的识别，老人的健康状况监控等都是RFID在医疗产业里的应用。

3. 汽车产业

台湾裕隆日产汽车于2004年6月30日举行记者会，宣告其将与台湾工业技术研究院合作，开发RFID芯片制造技术，以提升RFID的相关能力，并将其应用于汽车产业之中，以提升物流管理与汽车服务品质，提供给消费者更佳的汽车使用体验。

RFID系统能在制造及汽车服务的流程之中提升整体服务品质。车辆从制造开始便配置了专属的RFID芯片，在厂内密布的读取机网络下，人们便能随时掌握车辆的制造进度。而RFID的内存也能储存制造过程之中所有的资讯，方便制造管理使用。在随后的销售、配送流程中，也能在紧密的读取网络之下，为管理者提供最即时的监控管理。甚至在售后服务上，保修厂也能透过读取RFID的方式，即时辨识进厂车辆，取得其过去的维修保养记录，甚至可取得车主个人的偏好及预约事项，并在维修时提供即时的监控管理能力，让汽车产业的服务品质得到全面的提升。

4. 物流产业

除了之前提过的公交一卡通之外，RFID 也可以应用在物流产业中，使业者在运送快速物品时能随时掌握目前的进度及各货物所在位置。此外，如高速公路的收费站，如果使用类似一卡通的 RFID 收费方式，既可减少许多人力，也能大幅提升车辆通过收费站的速度。

5. 服饰业

美国的一家普拉述服饰店也引进了 RFID 的技术，但是该技术并非用于一般的物流管理方面，而是有比较特殊的用途。当客人一进入试衣间，就可看到里面备有大、小柜状的 RFID 读取机。当客人把衣服连同衣架挂在大柜子中，而将手提包或小饰物等放入小柜子中时，读取机就会自动读取商品编码，使客人可以了解如材料、颜色、饰品的尺寸或外观的种类等产品资讯以及与其他服装搭配时的感觉等时尚资讯。甚至在触控式荧幕中，还会播放时装展示会中模特穿着该服装走秀时的情景。

在卖场的衣服的展示架上，也挂着可隐藏在上衣内尺寸的触控式荧幕。如把商品 RFID 标签对准脚下的小型读取机扫描一下，则不用进入试衣间也可在荧幕中看到类似前述的内容。此外，在小型读取机上也会显示黑白影像。在该店中，设有 7 间 RFID 试衣间。许多顾客常会一边说着"去感觉一下 RFID Closet"，一边拿着衣服走入试衣间。显然对于常客而言，RFID 系统已经是个耳熟能详的名词。

RFID 在服饰业很有用，若每件衣服都加上 RFID 标签，则店员可以很快地利用感测器找出客人所要的尺寸。当某件衣服缺货时，店员也可以立即查知附近的分店有没有多余的存货，以增加消费时的便利性。

6. 智能图书馆

RFID 还有很多的应用，如在图书馆的每本书上都能贴上 RFID 标签，那么读者将不再需要透过柜台借书与还书，而可以直接利用专用的机器进行。读者也不用担心因乱放而找不到想要的书，因为每个书架上的 RFID 接收器可以清楚地告诉读者书放在哪个柜子上。

第二节　RFID 技术与其他自动识别技术

一、自动识别技术

识别也称为辨识，它是指对人、事、物的差异的区分能力。人类依靠感知和大脑，具有很强的识别能力。一个人可以在人群中识别出他的熟人、朋友和亲人，甚至可以不见其人而仅通过听其声（说话声或脚步声）来分辨。更高级的识别是对人的能力高低、感情真伪、内心活动、道德情操的识别。

自动识别通常是指采用机器进行识别的技术。自动识别的任务和目的是提供个人、动物、货物、商品和图文的信息。自动识别技术包括条形码技术、接触式 IC 卡、生物特征识别、光学字符识别（OCR）和射频识别（RFID）等。随着信息技术的发展，计算机处理能力的不断提高，网络覆盖面积的扩大，自动识别正逐步进入智能化和网络化。

二、RFID 与条形码

（一）条形码技术

自动识别技术的形成过程与条形码的发明、使用和发展密不可分，条形码在自动识别技术中占有重要的地位。条形码技术最早产生在 20 世纪 20 年代。

1. 条形码的概念

条形码是由一组规则排列的条、空和相应的数字组成，这种用条、空组成的数据编码可以供机器识读，而且很容易译成二进制数和十进制数。这些条和空可以有各种不同的组合方法，构成不同的图形符号，即各种符号体系，也称为码制，适用于不同的应用场合。

2. 一维条形码

一维条形码中使用较多的码制是欧洲商品编码（EAN 码）、统一产品代码（UPC 码）和 EAN128 码。

EAN 码是一种定长、无含义的条形码，主要用于商品标识。EAN 码可分为标准版和缩短版。标准版为 13 位，缩短版为 8 位。在标准版和缩短版中又有原印码和店内码之分。EAN 码包含厂商识别代码、商品项目代码和检验码。

UPC 码主要用于北美地区，由美国统一代码委员会（UCC）开发。该码的特点是只能表示数字，并有多个版本。其中，版本 A 为 12 位数字，版本 E 为 8 位数字（第 1 位为固定码 0，编码位为 6 位，最后 1 位为检验位）。

EAN128 码是由国际物品编码协会和 UCC 联合开发、共同采用的一种条形码。它是一种连续性、作定长、有含义的高密度代码，可表示数字和字符串，字符串集合有 A、B，C 三个不同版本，共有 128 个字符。EAN128 可表示生产日期、批号、数量、规格、保质期、收货地等更多的商品信息。

3. 二维条形码

由于条形码应用领域的不断拓展，对一定面积上的条形码信息密度和信息量提出了更高的要求，这就产生了二维条形码。

二维条形码分为两类。一类由矩阵代码和点代码组成，其数据以二维空间的形态编码。矩阵代码有 Maxi Code、Data Matrix、Code One 等。这种条形码可以做得很小，甚至可以用硅芯片实现，很适用于小物件。另一类二维条形码是包含重叠的或多行的条形码符号，代表性的条形码编码有 PDF417 和 CODE49 等。

PDF 是便携式数据文件（Portable Data File）的缩写。组成条码的每一符号字符都是由 4 个条和 4 个空构成的，如果将组成条码的最窄条或空称为一个模块，那么每一个条或空由 1 到 6 个模块组成，而上述的 4 个条和 4 个空的总模块数一定为 17，所以称为 PDF417 码或 417 码。

PDF417 是一个多行、连续性、可变长、包含大量数据的符号标识。每一个 PDF417 符号由空白区包围的序列层组成。每一层包括：左空白区、起始符、左层指示符号字符、1～30 个数据符号字符、右层指示符号字符、终止符、右空白区。它的字符集包括所有 128 个字符。PDF417 的另一个最大特点是具有错误纠正能力，当条形码受到一定破坏时，仍能正确读出。

4. 条形码的特点

条形码有下述特点，因而得到广泛应用。

（1）条形码易于制作，对印刷设备和材料无特殊要求，条形码成本低廉、价格便宜。

（2）条形码用激光读取信息，数据输入速度快，识别可靠准确。

（3）识别设备结构简单、操作容易，无须专门训练。

（二）RFID 与条形码

用 RFID 技术识别商品，其思路来源于条形码。将应答器作为标签，附在商品上（应答器因此也称为标签），通过射频识别技术对商品自动识别，显示出比条形码更大的优势。

与条形码相比，RFID 的优点如下。

（1）RFID 可以识别单个非常具体的物体，而条形码仅能够识别物体的类别。例如，条形码可以识别这是某品牌的瓶装酱油，但不能区分出是哪一瓶。

（2）RFID 采用无线电射频，可以透过外部材料读取数据，而条形码是靠激光来读取外部数据。

（3）RFID 可以同时对多个物体进行识读（即具有防碰撞能力），而条形码只能一个一个地顺序读取。

（4）RFID 的应答器（标签）可存储的信息量大，并可进行多次改写。

（5）易于构成网络应用环境，对于商品货物而言，可构建所谓"物流网"。

不过，RFID 目前还存在着一些问题，主要表现在以下方面。

（1）RFID 标签的价格问题。RFID 标签与其要粘贴的商品价格相比，还是比较昂贵的。目前，RFID 标签的整体价格约为 9 美分（约合人民币 0.60 元），而条形码的价格要便宜得多。根据普遍的观点，RFID 标签的整体价格在 5 美分（约合人民币 0.33 元）以下时，才会获得大面积的推广和市场利益。

（2）RFID 标签涉及的隐私问题。当采用 RFID 标签时，可能会涉及一些个人隐私问题，它表现在下述两个主要问题上。第一，RFID 阅读器能在个人不知情的情况下于远处读取 RFID 标签；第二，如果购买者用信用卡或会员卡为一件加了 RFID 标签的物品付款，那么商店就可以将该物品的唯一识别号 ID 和购买者的身份联系起来。

（3）RFID 标签的安全性问题。RFID 标签被攻击的问题应当受到消费者和销售商两方面的关注。当人们装备了手提电脑、RFID 阅读器附加卡和一个可以访问和改变标签内容的软件时，RFID 标签的防篡改等安全性能应能经受得起考验。

（4）标准统一的问题。目前 RFID 的有关标准较多，难以统一，这在一定程度上影响了 RFID 技术的发展。RFID 标签和条形码的主要性能见表 1-1。

表 1-1　RFID 标签和条形码的主要性能

技术	信息载体	信息量	读/写性	读取方式	保密性	智能化	寿命	成本
条形码	纸、塑料薄膜、金属表面	小	只读	CCD 器件（电荷耦合）或激光束	差	无	较短	最低
RFID	带电可擦写可编程读写存储器（EEPROM）等	大	读/写	无线通信	好	有	最长	较高

RFID 和条形码是两种既有关联又有不同的技术。条形码是"可视技术"，识读设备只能接收视野范围内的条形码；而 RFID 不要求看见目标，RFID 标签只要在阅读器的作用范围内就可以被读取。RFID 和条形码将会在各自适用的范围内获得发展，并在较长时间内共存。

三、RFID 与接触式 IC 卡

RFID 在身份识别和收费领域的很多应用都源于接触式 IC 卡。

（一）接触式 IC 卡

1. 接触式 IC 卡简介

接触式 IC 卡它将集成电路芯片镶嵌于塑料基片中，封装成卡的形式。在使用接触式 IC 卡时，应将其插入阅读设备。阅读设备通过接触点给接触式 IC 卡提供电源和定时脉冲。它们之间的通信由双向串行接口通过另一接触点连接实现。

IC 卡的概念是 20 世纪 70 年代初提出来的。法国布尔公司（BULL）于 1976 年首先制造出 IC 卡产品。现在这项技术已应用到金融、交通、医疗、通信、身份证和工控等多个领域。

2. 接触式 IC 卡的分类

接触式 IC 卡的芯片具有写人数据和存储数据的能力，而且还可以防止内部存储的数据被恶意存取和处理。接触式 IC 卡根据卡中所用芯片的不同可以分为存储器卡、逻辑加密卡和 CPU 卡。

（1）存储器卡：存储器卡中的集成电路为 EEPROM。

（2）逻辑加密卡：逻辑加密卡中的集成电路具有加密逻辑和 EEPROM。

（3）CPU 卡：CPU 卡又称为智能卡（Smart Card），卡中的集成电路包括中央处理器（CPU）、EEPROM、随机存储器（RAM）以及固化在只读存储器中的片内操作系统（Chip Operating System，COS）。

3. 接触式 IC 卡的国际标准（ISO/IEC 7816）

接触式 IC 卡国际标准的总名称为识别卡—接触式集成电路卡。国际标准为 ISO/IEC 7816，它包括以下部分。

ISO/IEC 7816-1，物理特性。

ISO/IEC 7816-2，触点尺寸和位置。

ISO/IEC 7816-3，电信号和传输协议。

ISO/IEC 7816-4，行业间交换用命令。

ISO/IEC 7816-5，应用标识符的编号系统和注册过程。

ISO/IEC 7816-6，行业间数据元。

ISO/IEC 7816-7，关于结构化卡询问语言的行业间命令。

ISO/IEC 7816-8，与安全有关的行业间命令。

ISO/IEC 7816-9，附加的行业间命令和复位应答。

ISO/IEC 7816-10，用于同步卡的电信号和复位应答。

4. 接触式 IC 卡的应用

接触式 IC 卡也可以按其应用领域来划分，通常可以分为金融卡和非金融卡两种。

金融卡又可分为信用卡（Credit Card）和借记卡（Debit Card）等。信用卡主要由银行发行和管理，持卡人用它作为消费时的工具，可以使用预先设定的透支限额资金。借记卡又称为储蓄卡，可用作电子存折和电子钱包，不允许透支。

非金融卡往往出现在各种事务管理、安全管理场所，如移动通信手机中的智能卡（SIM 卡）、数字电视接收装置机顶盒（STB）中的智能卡。在这些付费和安全敏感的应用中，采用智能卡可实现机长分离，即可以使机器制造商和运营管理商分离。分离既给制造商、运营商提供了公平竞争的环境，也给用户提供了更多的选择余地。

（二）RFID 与接触式 IC 卡

RFID 与接触式 IC 卡关系密切。接触式 IC 卡技术结合了 CPU 和存储器芯片的设计．而 RFID 技术则是结合了射频技术和接触式 IC 卡技术，因此在一些场合也将 RFID 应答器称为非接触式 IC 卡或射频卡。

接触式 IC 卡的缺点是：触点由于频繁的机械接触引起的磨损可能会导致接触不良；对腐蚀和污染缺乏抵抗能力；来自触点的静电可能会破坏数据；开放外置的阅读器（如 IC 卡电话机）无法防止被破坏。RFID 的射频读取方式从根本上消除了这些弊端。此外，接触式 IC 卡在使用时需要插拔，不便于人多场合的应用，如公交车票卡，而采用 RFID 就十分方便。因此，RFID 将在众多领域取代接触式 IC 卡。

目前，RFID 存在的问题是能量损耗问题，当芯片中集成电路功能复杂、集成度提高、时钟频率提高时，伴随的是芯片的能耗也增加，而阅读器所能提供的能量是受到无线电管理部门严格限制的，即应符合电磁兼容（Electro-Magnetic Compatibility，EMC）标准的规定。

四、RFID 与生物特征识别

（一）生物特征识别

生物特征识别是通过对不会混淆的某种人体生物特征进行比较来识别不同个人的方法，如语音识别、指纹识别、人脸特征识别和眼底视网膜识别。

1. 语音识别

语音识别已有 60 多年的历史。语音识别作为一个跨学科的技术，是在人们几个世纪以来对语言学、声学、生理学和自动机理论研究的基础上发展而来的。

语音识别的原理是：将说话人的声音转变为数字信号，将其声音特征与已存储的某说话人的参考语音做比较，以确定这段话音是否为已存储语音信息的某个人的声音，借此证实说话人的身份。美国在对半岛电视台播放的本·拉登的录像带进行鉴别时，就采用了语音识别技术。

2. 人脸特征识别

人类语言分为自然语言和人体语言两类，语音识别主要针对自然语言。人体语言包括面部表情、头部运动、身体动作、会话过程中的肯定与否定的动作表现、手势等多个方面。表情的识别对于实现人体语言与自然语言识别的融合具有重要的意义。

人脸特征识别主要包括基于物理特征的人脸分类、面部表情的分析和识别、人脸的面部特征等内容。人脸特征识别主要基于计算机图像处理和视频处理系统，将已存储的人脸有关图像和提供的人脸图像进行面部特征和表情的分析比较，就可以达到自动识别的目的。人脸特征识别如果再和语音识别相结合，就可以进一步提高识别的可靠性。

3. 指纹识别

指纹特征的差异很早就被人们所知，随着近代计算机和信息技术的发展，指纹识别技术取得了很大的进展。指纹可以由相应传感器获取。指纹传感器的技术大致分为两类：基于手指皮肤表面特征的技术和基于手指表皮下特征的技术。

基于手指皮肤表面特征的技术又可分为 3 类：光学传感方式、直流电容传感方式和热电条式传感方式。

在光学传感器技术中，手指按在电荷耦合器件（Charge Couple Device，CCD）的上方，CCD 便会将指纹转换为图像。但是，由于其复杂的机械装置，光学传感器比较昂贵。

直流电容技术采用与手指大小差不多的一块硅芯片，当手指放在传感器芯片上时，通过测量手指皮肤与芯片上像素构成的电容器的电容值来获得图像。当手指皮肤与像素间的距离变化时，由皮肤和芯片上像素所构成的电容器的电容值也发生变化。该技术也比较昂贵，因为所需的硅芯片较大。此外，静电放电（ESD）是电容传感技术的一大严重弱点。

热电条式传感方式采用的传感器芯片由 280 点 × 8 列的像素阵列组成，像素上面镀有热电层和较硬的保护层。在这种结构中，当手指滑过传感器时，热电层被加热或冷却而产生电荷，然后芯片将手指的热特性转换为电流。芯片内集成有内部模数转换器（ADC），将图像转换为 8 位数字输出。采用滑扫方式，可以克服传感器的尺寸限制，获得其他技术难以得到的大图像。采用滑扫还能实现自我清洁，可以防止在表面沉积灰尘或油污，同时还避免了从传感器上复制指纹潜影并重新利用的可能。

对于基于手指表皮下特征的传感器技术，则不需要担心在传感器上留下潜影。基于手指表皮下特征的技术并不真正扫描手指的表面。它实际上生成的是手指表面下活组织层的图像，所以读取非常脏或有磨损的手指图像时，不会存在困难。而且，因为它扫描的是手指皮肤下的活组织层，所以传感器可以检测到是真正的（活的）手指还是假的（或死的）手指。

用提取的指纹建立起指纹数据库作为比较基准，就可以用于身份识别。现代的指纹识别系统不到半秒钟就能识别和验证出指纹的真伪。

目前，基于 Windows 操作系统的指纹识别软件和通过 USB 接口与 PC 相连的指纹采集器已较普遍。另外，基于嵌入式系统，特别是数字信号处理器（DSP）系统的指纹识别技术也正在兴起并迅速发展。

（二）RFID 与生物特征识别

将提取的生物特征数据（如指纹）存放于 RFID 的射频卡里，作为识别时的基准，由持卡人保存。在安检或其他需要确认身份的场合，现场提取其生物特征（如指纹），并用阅读器读取存放在射频卡中的生物特征数据。两者进行比较，便可以快速地确定其身份。射频卡技术和生物特征识别技术相结合，使得生物特征识别进一步走向实用和普及，也使 RFID 技术在安全性上获得更好的保证。

目前，在 RFID 中采用生物特征识别较大的障碍是表征生物特征所需的数据量比较大。解决这个问题的途径不外乎两条：一是加强信源压缩技术的研究，二是提高 RFID 的存储容量。

五、RFID 与光学字符识别

光学字符识别（Optical Character Recognition, OCR）是利用扫描等光学输入方式，将各种票据、报刊、书籍、文稿和其他印刷品或手写体的文字、符号转化为图形信息的形式输入计算机，再由相应的软件进行识别处理，将原稿上的每个字符转变成正确的标准代码（计算机内码），让计算机自动完成字符的录入工作。OCR 是自动识别技术中的一个重要领域。

OCR 的处理过程可以分为 3 个步骤：扫描输入、自动识别、整理输出。从扫描仪输入的原稿只是图形信息。识别时，先将各个字符相互分离开，再逐字进行特征向量分析。在识别过程中，相似的字符可能不止一个，需要根据字词关系、语句关系、词意关系进行比较，最终找出字符的正确代码，存储于计算机内。

OCR 在办公自动化和机器翻译等领域应用广泛，是图书馆、银行、税务、邮政、出版等行业必不可缺的技术手段。近年来，OCR 技术被移植到数字移动产品，推出了与数码相机相结合的文字图像识别系统，为数字移动产品的应用开拓了一个新领域。

OCR 的识别对象是字符和文字，它将载体上的模拟信息进行提取并转换为电子数据，然后进行分析处理，以达到识别的目的。在这一点上，OCR 技术与条形码、生物特征识别是相同的。

RFID 是通过对电子数据载体上存储的信息进行非接触读取来达到识别的目的，在某些场合还可具有重写数据的能力。这是 RFID 与条形码、生物特征识别、OCR 的不同之处，也是 RFID 的最大特点。

第三节　RFID 技术及其系统构成

一、RFID 简史

RFID 直接继承了雷达的概念，并由此发展出一种生机勃勃的 AIDC 新技术——RFID 技术。1948 年，哈里·斯托克曼发表的《利用反射功率的通信》奠定了射频识别 RFID 的理论基础。

RFID 被称为一种新的技术，是无线电技术与雷达技术的结合。奠定 RFID 基础的技术最先在第二次世界大战中得到发展，当时是为了鉴别飞机，又称为"敌友"识别技术，该技术的后续版本至今仍在飞机识别中使用。在第二次世界大战中，为了在空战中能在实施攻击前，确认被攻击的目标不是自己的战友，人们曾经开发并应用了一种雷达，称为敌我识别器，也称应答器（Transponder）。这可以认为是目前 RFID 系统的最早应用。但是由于成本高，它在很长的一段时期内未能在民用产品中推广应用。

近年来，由于半导体制造业和无线技术的发展，RFID 的成本得以进一步降低，特别是在多目标识别、高速运动物体识别和非接触识别方面，RFID 技术显示出其在各个领域的巨大发展潜力。在 20 世纪中期，无线电技术的理论与应用研究是科学技术发展最重要的成就之一。表 1-2 列举了 RFID 技术发展历史上的一些重要事件。

表 1-2　RFID 技术发展历史上的一些重要事件

年份	事件
1941—1950 年	雷达的改进和应用催生了 RFID 技术，1948 年奠定了 RFID 技术的理论基础
1951—1960 年	早期 RFID 技术的探索阶段，主要处于实验室实验研究阶段
1961—1970 年	RFID 技术的理论得到了发展，开始了一些应用尝试
1971—1980 年	RFID 技术与产品研发处于一个大发展时期，各种 RFID 技术测试得到加速，出现了一些最早的 RFID 应用
1981—1990 年	RFID 用于标记动物
1991—2000 年	RFID 技术及产品进入商业应用阶段，各种规模应用开始出现
2001 年至今	标准化问题日趋为人们所重视，RFID 产品种类更加丰富，有源电子标签、无源电子标签及半无源电子标签均得到发展，电子标签成本不断降低，规模应用行业扩大

二、RFID系统的组成

一套典型的 RFID 系统由电子标签（Tag）、阅读器（Reader）、中间件和应用系统（Middleware & A.P.）构成。当带有电子标签的物品经过特定的阅读器时，标签被阅读器激活，并通过无线电波开始将标签中携带的信息传送到阅读器及计算机系统中，以完成信息的自动采集工作。电子标签可以做成身份证般大小，由人携带并当做信用卡使用，也可以像商品包装上的条形码一样贴附在商品等物品上。计算机系统则根据需求承担相应的信息控制和处理工作。

（一）电子标签

电子标签是射频识别系统的数据载体，它由标签天线和标签专用芯片组成。每个标签具有唯一的电子编码，附着在物体上以标识目标对象。阅读器通过天线与电子标签进行无线通信，可以实现对标签识别码和内存数据的读出或写入操作。

（二）阅读器

阅读器用于接收主机（Host）端的命令，对于储存在感应器的数据则将其以有线或无线方式传送回主机，它内含控制器（Controller）及天线（Antenna）。如果读取距离较长，则天线会单独存在。

三、RFID电子标签的类型

依据电子标签供电方式的不同，电子标签可以分为有源电子标签（也称主动式标签，Active Tag）、无源电子标签（也称被动式标签，Passive Tag）和半无源电子标签（也称半主动式标签，Semi-active Tag）。有源电子标签有内装电池，无源电子标签没有内装电池，半无源电子标签部分依靠电池工作。依据频率的不同，电子标签又可分为低频电子标签、高频电子标签、超高频电子标签和极高频/微波电子标签。依据封装形式的不同，电子标签还可分为信用卡标签、线形标签、纸状标签、玻璃管标签、圆形标签及特殊用途的异形标签等。

（一）以供电方式分类

1. 被动式（Passive Tag）

平时标签是处于休眠状态，当读取器发出电波或磁场来「唤醒」标签，才进入正常模式，利用转化的电力回送信号。

优点：价格便宜、体积小、寿命较长；

缺点：记忆空间不大、通讯距离较短。

2. 半主动式（Scmi-active Tag）

标签内建电池是用于内部其他感测元件以检测周围环境，如环境温度、震荡情况等。至于资料的传输，还是会等待读取器发出射频唤醒，才回送信号。

3. 主动式（Active Tag）

标签内建电池，利用自有电力主动侦测周遭有无读取器发射的呼叫信号，并将自身的资料传送给读取器。

优点：记忆空间较大、通讯距离较长；

缺点：成本较高、体积较大、有使用之年限、需更换电池。

（二）以频率分类

1. 低频（Low Frequency，LF）电子标签

低频电子标签的最大优点在于其标签靠近金属或液体物品时能够有效发射信号，不像其他较高频率电子标签的信号会被金属或液体反射回来，但其缺点是读取距离短、无法同时进行多标签的读取及资讯量较小。

低频电子标签的主要特点有如下。

（1）常见的主要规格有 125 kHz、135 kHz。

（2）都是被动式感应耦合，读取距离为 10 ～ 20 cm。

（3）应用于门禁系统、动物芯片、畜牧或宠物管理、衣物送洗、汽车防盗器和玩具。

（4）技术门槛低。门禁将被 13.56 MHz 取代，动物芯片市场也已成熟。

鉴于它有上述特点，因此建议不发展此领域技术。

2. 高频（High Frequency，HF）电子标签

和低频电子标签相比，高频电子标签传输速度较快且可以进行多标签的辨识，最大的应用就是公交卡，此外还有图书馆管理、商品管理、智能卡等。

高频电子标签的主要特点如下。

（1）常见的主要规格为 13.56 MHz。

（2）主要标准有 ISO 14443A Mifare 和 ISO 15693。

（3）都是被动式感应耦合，读取距离为 10 ～ 100 cm。

（4）对于环境干扰较为敏感，在金属或较潮湿的环境下的读取率较低。

（5）应用于门禁系统、公交卡、电子钱包、图书管理、产品管理、文件管理、栈板追踪、电子机票、行李标签。

（6）技术最成熟，应用和市场最广泛且接受度高。

鉴于它有上述特点，因此建议现阶段应大力发展此领域技术和进行应用。

高频电子标签防伪管理的主要特点如下。

（1）运用最新 RFID 专利技术。

（2）可以记录个人学籍数据或产品制造商信息。

（3）配合专用读码机制，可杜绝各种仿冒，有效达到防伪效果。

高频电子标签病患识别的主要特点如下。

（1）减少数据流，减少错误率.

（2）改变操作模式，缩短操作时间。

（3）及时准确提供病史，随时掌握病患最新情况。

3. 超高频（Ultra High Frequency，UHF）电子标签

超高频电子标签虽然在金属与液体的物品上应用较不理想，但由于其读取距离较远、率较快，而且可以同时进行大量标签的读取与辨识，所以目前已成为市场主流，主要应用于航空旅客与行李管理系统、货架及栈板管理、出货管理、物流管理等。

超高频电子标签的主要特点如下。

（1）常见的主要规格有 430 ～ 460 MHz、860 ～ 960 MHz。

（2）主要标准有 ISO 18000、EPC Gen2。

（3）都是被动式天线，可采用蚀刻或印刷的方式制造，因此成本较低，其读取距离为 5 ～ 6 m。

（4）应用于航空旅客与行李管理系统、货架及栈板管理、出货管理、物流管理、货车追踪、供应链追踪.

（5）技术门槛高，是未来发展的主流，且 EPC Gen2 是美国主推，其应用范围广。

鉴于它有上述特点，因此建议现阶段应切入发展此领域技术和进行应用。

（4）极高频 / 微波（Super High Frequency）/Microwave，SHF/μM）

极高频 / 微波电子标签的特性与应用和超高频段相似，但是对环境的敏感性较高，如易被水汽吸收，实施较复杂，未完全标准化，普及率待观察，一般应用于行李追踪、物品管理、供应链管理等。其主要规格为 2.4 GHz 和 5.8 GHz。

（三）以封装形式分类

采用不同的天线设计和封装可制成多种形式的电子标签。不同的标识对象需要不同形式的电子标签，常见的电子标签封装形式与应用示例见表 1-3。

表 1-3　常见的电子标签封装形式与应用示例

制作模式	RFID 嵌体	"签物合一"形式	应用示例
内置式	预置于标识对象中或其包装内	镶嵌在产品或商品标签中	酒类、光盘等
		镶嵌在运输工具或物流单元化器具的材质中或固定于其表面	托盘、车笼、周转箱等

制作模式	RFID 嵌体	"签物合一"形式	应用示例
卡式	封装在专用的 PVC 卡中	镶嵌于可单独使用的信用卡状的 RFID 标签卡	工卡、门禁卡、公交卡等
粘贴式	封装在打印机层（常见为纸质）与粘贴层之间	无可视信息，直接粘贴于标识对象或其包装上	图书标签
		有可视信息，如智能标签	供应链管理的零售、配送和物流单元
悬挂式	封装在吊牌中	吊附在标识对象上	服装、珠宝、资产等
异型式	封装于塑料、树脂、陶瓷等不同的材料中	动物标签：用耳标签钳打入动物的耳郭上	种畜繁育、疫情防治、肉类食品安全追踪
		车辆标签：直接粘贴于汽车挡风玻璃上部或插于标签卡座内	海关管理、高速公路收费等
		金属标签：固定在机车、拖车等标识物的底盘	机车、矿山机械等重型物品等
		集装箱封签标签：固定在集装箱及货车的门禁处	海关管理、物流管理等
		柔性标签：固定在需要重复回收使用的纺织品上	医疗用品清洗、干洗等

四、RFID 系统成本的构成

（一）RFID 建置成本

一套完整的 RFID 系统的构建成本由标签成本、阅读器成本、天线与复用器成本、电缆成本、安装成本、控制器成本、测试费用、中间件和应用系统费用、整合费用、维护费用、人力资源成本构成。

（二）RFID 电子标签类型与成本的关系

RFID 电子标签类型与成本的关系如图 1-2 所示。

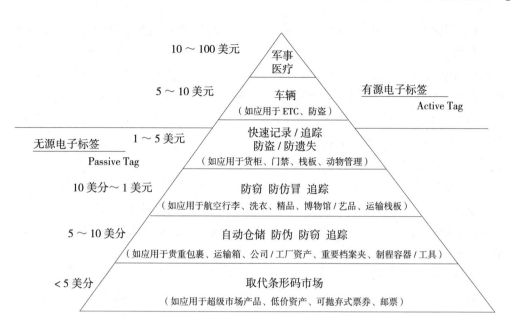

图 1-2　RFID 电子标签类型与成本的关系（引用自"ID TechEs"）

第四节　全球 RFID 技术的发展

RFID 的应用前景广阔是众所周知的。由于 RFID 应用频段的灵活性和不同应用环境下的适应能力，如今在如制造、物流、公共安全、零售、资产管理、医疗等行业得到了较大的发展。而从长期来看，它可以用"泛在（无所不在）"来形容。

RFID 的应用除了在量上有了长足的发展之外，业界的领导企业们也开始了对其质上的精雕细琢。这类企业在以下两个纬度上进行着 RFID 应用在企业内部的深入展开。

（1）在应用的广度上，企业逐步倾向于打通企业的"任督二脉"，实现生产制造和物流运输的全程跟踪。

（2）在应用的深度上，企业已逐步从技术验证的阶段过渡到实施企业级的 RFID 应用，由此引发了对 RFID 中间件、企业应用架构和企业级实施经验的强大需求。

一、全球 RFID 产业发展现状

由于 RFID 技术具有高速移动物品识别、多目标识别定位跟踪和非接触识别等特点，所以它日益显示出巨大的发展潜力与应用空间，被认为是 21 世纪最有发展前途的信息技术之一。

随着 RFID 技术的不断完善和成熟，它在发达国家已经应用于车辆自动识别电子收费系统、公共交通、医药、零售、物流、金融等领域。特别是自 2003 年开始，美国国防部、美国食品及药物管理局、世界零售巨头沃尔玛和麦德龙等纷纷强制其供应商应用 RFID 技术，更是极大地推动了 RFID 技术与应用的发展进程。据世界级专业权威机构 IDG 预测，RFID 技术将在未来 2～5 年开始大规模应用。截至 2010 年，全球 RFID 市场规模已达到 270 亿美元。

（一）国外 RFID 产业发展现状

从全球来看，美国已经在 RFID 标准的建立，相关软硬件技术的开发、应用领域等方面走在世界的前列；欧洲的 RFID 标准紧紧追随着美国主导的 EPC global 标准，在封闭系统应用方面，欧洲与美国基本处在同一阶段；日本虽然已经提出 UID 标准，但主要得到的是本国厂商的支持，如要成为国际标准还有很长的路要走。

1. 美国

在产业方面，德州仪器、英特尔等美国集成电路厂商目前都在 RFID 领域投入了巨资进行芯片开发，Symbol 等已经研发出同时可以阅读条形码和 RFID 的扫描器，Checkpoint 在开发支持多系统的 RFID 识别系统，IBM、微软和惠普等也在积极开发相应的软件及系统来支持 RFID 的应用。目前，美国的交通、车辆管理、身份识别、生产线自动化控制、仓储管理及物资跟踪等领域已经开始应用 RFID 技术。在物流方面，美国已有100多家企业承诺支持RFID应用，其中包括零售商沃尔玛，制造商吉列、强生、宝洁，物流行业的联合包裹服务公司及国防部的物流应用等。

美国政府是 RFID 应用的积极推动者。按照美国防部的合同规定，2004 年 10 月 1 日或者 2005 年 1 月 1 日以后，所有军需物资都要使用 RFID 标签；美国食品及药物管理局（FDA）建议制药商从 2006 年起利用 RFID 跟踪最常造假的药品；美国社会福利局（SSA）于 2005 年年初正式使用 RFID 技术追踪 SSA 的各种表格和手册。

2. 欧洲

在产业方面，欧洲的飞利浦、意法半导体在积极开发廉价 RFID 芯片，诺基亚在开发能够基于 RFID 的移动电话购物系统，SAP 则在积极开发支持 RFID 的企业应用管理软件。在应用方面，欧洲在交通、身份识别、生产线自动化控制、物资跟踪等封闭系统与美国基本处在同一阶段。目前，欧洲的许多大型企业纷纷进行 RFID 的应用实验。例如，英国的零售企业特易购最早于 2003 年 9 月结束了第一阶段试验。此试验由该公司的物流中心和英国的两家商店进行，试验内容主要是对物流中心和两家商店之间的包装盒及货盘的流通路径进行追踪，使用的是 915 MHz 频带。

3. 日本

日本是一个制造业强国，它在电子标签研究领域起步较早，日本政府也将 RFID 作为一项关键的技术来发展。日本总务省在 2004 年 3 月发布了针对 RFID 的《关于在传感网络时代运用先进的 RFID 技术的最终研究草案报告》。报告称，日本总务省将继续支持测试在 UHF 频段的被动及主动的电子标签技术，并在此基础上进一步讨论管制的问题。2004 年 7 月，日本经济产业省选择了包括消费电子、书籍、服装、音乐 CD、建筑机械、制药和物流在内的七大产业进行 RFID 应用试验。2004 年，与行业应用相结合的基于 RFID 技术的产品和解决方案开始集中出现，为 2005 年 RFID 在日本应用的推广，特别是在物流等非制造领域的推广，奠定了坚实的基础。

4. 韩国

韩国主要通过国家的发展计划及联合企业的力量来推动 RFID 的发展，具体而言，主要是由产业资源部和情报通信部来推动 RFID 的发展计划。在韩国政府的高度重视下，韩国关于 RFID 的技术开发和应用试验正在快速开展。与日本类似，韩国也出现了将 RFID 引入开放系统的趋势。2005 年 3 月，韩国政府耗资 7.84 亿美元在仁川新建技术中心，主要从事电子标签技术（包括 RFID）的研发及生产，以帮助韩国企业快速确立在全球 RFID 市场的主流地位。该中心的建设在 2007 年已完成，RFID 标签和传感器在 2008 年已批量出货。

（二）我国 RFID 产业发展与政策支持现状

近年来，RFID 产业已成为我国电子信息产业中最具发展潜力的新的经济增长点。在国家有关政策和资金的支持下，RFID 产业在我国取得了迅速发展。

1. 我国 RFID 产业发展现状

与欧美等发达国家或地区相比，我国在 RFID 产业上的发展还较为落后。目前，我国 RFID 企业总数虽然超过 100 家，但是缺乏关键核心技术，特别是在超高频 RFID 方面。从包括芯片、天线、标签和阅读器等硬件产品来看：低高频 RFID 技术门槛较低，国内发展较早，技术较为成熟，产品应用广泛，目前处于完全竞争状况；超高频 RFID 技术门槛较高，国内发展较晚，技术相对欠缺，从事超高频 RFID 产品生产的企业很少，更缺少具有自主知识产权的创新型企业。

仅以 RFID 芯片为例，它在 RFID 的产品链中占据着举足轻重的位置，其成本占到整个电子标签的 1/3 左右。对于广泛用于各种智能卡的低频和高频频段的 RFID 芯片而言，以复旦微电子、上海华虹、清华同方等为代表的中国集成电路厂商已经攻克了相关技术，打破了国外厂商的统治地位。但在 UHF 频段，RFID 芯片设计面临巨大困难：苛刻的功耗限制，芯片上天线技术难题，后续封装问题，与天线的适配技术难题。目前，国内 UHF 频段的 RFID 芯片市场几乎被国外企业垄断。

2. 产业政策支持助推我国 RFID 产业高速成长

在国家产业政策方面，利好政策不断出台，为 RFID 产业健康快速发展提供了强有力的保障和支持。为指导和促进我国 RFID 产业发展，2006 年 6 月 9 日，我国 15 个部委联合编写的《中国射频识别（RFID）技术政策白皮书》正式以国家技术产业政策的形式对外公布。作为我国第一次针对单一技术发表的政策白皮书，《中国射频识别（RFID）技术政策白皮书》为我国 RFID 技术与产业未来几年的发展提供了系统性指南。随后，科学技术部确定了国家先进制造技术 "863 计划" 中的 19 个方面课题的专项资金，共计 1.28 亿元，支持 RFID 技术在我国的研发与应用。国家发改委在 2006 年、2007 年、2008 年连续三年确定 RFID 产业为信息领域重点支持的关键产业，并给予项目支持。工业和信息化部在 2007 年正式发布《800/900 MHz 频段射频识别（RFID）技术应用规定》的通知，规划了 800/900 MHz 频段 RFID 技术的具体使用频率，扫除了 RFID 正式商用的技术障碍，为 RF1ID 的大规模普及提供了重要保障。国家切实可行的政策指导规划和实实在在的项目支持，极大地促进了 RFID 产业的发展，使我国 RFID 发展进入了快车道。

《中国射频识别（RFID）技术政策白皮书》为我国 RFID 技术与产业的未来发展指明了道路。我国 RFID 产业的发展将分为以下三个阶段实施。

第一阶段为培育期（2006～2008 年）：在产业化核心技术研发、标准制定等方面取得突破，通过典型行业示范应用，初步形成 RFID 产业链及良好的产业发展环境。

第二阶段为成长期（2008～2012 年）：扩展 RFID 应用领域，形成规模生产能力，建立公共服务体系，推动规模化市场形成，促进 RFID 产业持续发展。

第三阶段为成熟期（2012 年以后）：整合产业链，适应新一代技术的发展，辐射多个应用领域，提高 RFID 应用的效率和效益。

目前，我国 RFID 技术应用领域不断拓展，产业规模迅速扩大。在这一过程中，业内优势企业将以更高的速度成长，为投资者提供良好的投资机会。

二、RFID 技术的发展趋势

就技术而言，在未来的几年中，RFID 技术将继续保持高速发展的势头。随着关键技术的不断进步，RFID 产品的种类将越来越丰富，应用和衍生的增值服务也将越来越广泛。

RFID 芯片设计与制造技术的发展趋势是芯片功耗更低，作用距离更远，读写速度与可靠性更高。RFID 标签封装技术将和印刷、造纸、包装等技术结合。导电油墨印制的低成本标签天线、低成本封装技术将促进 RFID 标的大规模生产。芯片技术将与应用系统整体解决方案紧密结合。RFID 技术与条码、生物识别等自动识别技术，以及与互联网、通信、传感网络等信息技术融合，构筑一个无所不在的网络环境。海量 RFID 信息处理、传输和安全对 RFID 的系统集成和应用技术提出了新的挑战。

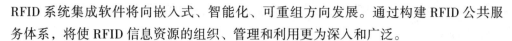

RFID 系统集成软件将向嵌入式、智能化、可重组方向发展。通过构建 RFID 公共服务体系，将使 RFID 信息资源的组织、管理和利用更为深入和广泛。

（一）RFID 结合感测装置，让无线传感网络成为 RFID 的"翅膀"

RFID 自身存在一些不足之处，如成本高；需借助读取器收集数据；抗干扰性较差，且有效距离一般小于 10 m 等。这些对它的应用构成一定的限制。而无线传感网络（Wireless Sensor Network，WSN）刚好可以弥补 RFID 的这些缺点。这无疑为 RFID 的实施插上了"翅膀"。

1. RFID 与 WSN 结合的契机

从通信产业发展的角度来看，对 RFID 应用需求的产生直接源于通信技术的发展，属于设备与设备之间的通信市场的开拓。通信技术发展的直接结果是一个结构更加复杂和功能更加强大的通信系统，因此从根本上看，RFID 与 WSN 的结合存在很大的契机。

首先，因为 WSN 可以监测四面八方感应到的资料，其与 RFID 技术结合后，可进一步确保数据的完整性，这将能弥补 RFID 高成本及须借助读取器收集数据的缺点。形象地说，通过 RFID 标签，物品会发出信号表示"我在呢"，这就是它能发出的全部信息；而通过 WSN，物品会告诉你一些其他信息，如它现在的温度等。如果将 RFID 与 WSN 结合起来，那么物品发出的信号就不仅仅是"我在呢"，还包括一些其他信息。

其次，由于 RFID 的抗干扰性较差，而且其有效距离一般小于 10 m，这对它的应用是个限制。如果将 WSN 同 RFID 结合起来，利用前者高达 100 m 的有效半径形成 WSID 网络，那么其应用前景不可估量。简单来说，RFID 技术可以看成一个短距离的 WSN 网络，而 WSN 可以看成一个长距离的 RFID 通信网络。基于这种趋势，将 RFID 与 WSN 整合起来就可以形成一个覆盖全部范围的网络。

一个 RFID 与 WSN 结合应用的成功案例是位于中国台湾地区台南市的大山鸡场应用 WSN 与 RFID 辅佐雏鸡养育，即通过 WSN 监控影响鸡蛋质量的变因，如二氧化碳浓度、温度、湿度及风力等，将环境维持在最佳状态，再结合 RFID 改善上游的饲料厂、鸡舍及下游蛋品运输等作业流程。

2. RFID 协同 WSN、RTLS 驱动数字化供应链

在传统的供应链中，重要的流通信息的收集工作会比较慢，不仅耗费很多人力，而且容易出现错误，严重阻碍了企业及时做出决策和开展合作，从而会产生非常不利的负面影响。

随着需求的拉动，企业的供应链状况正在发生着非常大的变化。由于 RFID 能为供应链管理及物流业创造很高的价值，所以它在这些领域大行其道是理所当然的。例如，沃尔玛在使用 RFID 方案后，其手工订货工作量减少了 10% ～ 15%、缺货情

况降低了 30%、促销产品的销售量增加了 25%，而更重要的是顾客满意度得到了大幅度提高。

利用 RFID 和 WSN 方面的专业知识与技术，网络边缘设备的技术融合，可使企业从传统供应链向数字化供应链进行转变。供应链终端的产品和环境也是非常重要的影响因素，WSN 能够用于具有条件感应功能的基础设施和交通环境，面向资产和货物有确认功能。实时定位系统（Real-Time Location System，RTLS）则可帮助对供应链的各个环节中的产品进行位置跟踪，确定供应链终端产品的位置。所有这些促使其能够更快速地获取信息，更迅速地采取行动，并更明智地做出决策。这些企业能够获得更高的产品回报率和客户满意度，并降低不必要的库存和销售损失。

射频标签已经和许多传感器连接了，包括能记录温度、湿度的传感器。当环境条件发生变化时，标签能够得到提示，尤其是当变化对物品的储存和使用有重要影响时。

（二）RFID 芯片植入人体，成立蕴藏在人体中神奇钥匙

世界的一些知名企业家正在尝试着将 RFID 芯片植入手臂或者身体的其他部位使用，充当门禁的通行证，即植入式感测装置（VeriChip）。

在过去，携带钥匙和使用计算机密码是必不可少的事情，可是现在就大不同了。在手中植入 RFID 芯片，通过这个芯片便可以进入办公室及打开计算机，由此就不需要钥匙和密码了。

在欧洲，有许多将 RFID 芯片植入人体的事例。例如，西班牙巴塞罗那的 Vaja 俱乐部的成员就在其身体内植入 RFID 芯片，以此进入俱乐部并且能够用来付款等。大部分俱乐部成员选择将这种芯片植入胳膊里，这样他们进入俱乐部时就不需要携带其他任何证件了。

但是在人的身体内植入芯片的花费比较昂贵，即使这项技术被大众接受，因为其成本较高，也不会有太多的人愿意使用。

此外，RFID 芯片存在安全问题。如果仅仅是为了私人的保密，这种方法已经足够了。但要实现大量的大范围的使用，其安全问题就不能忽视。

（三）RFID 结合显示装置，拉伸了视角

将 RFID 技术与终端显示装置结合起来，通过 RFID 技术采集到的相关数据利用网络技术传输到用户的终端，在用户终端前探摄显示结果。大型显示装置具有传感器，可侦测周围的环境与人、人与人的感觉和互动，这样拉伸了人的视角，便于对物流、医疗等实施远程实时的透明化管理。

假如现在需要进行抗震救灾，肯定要涉及救援设备的管理、救援物资的管理，以及救援现场机械和通信设备、运输能力的调度等。为了做好物流管理，人们给设备贴上 RFID 标签，然后在运输中再加上 GPS 跟踪在途情况。RFID 标签的数据，如日期、

时间或序列号可以集成到任何视频图像里，可使物品在进出的时候被扫描。视频图像也可提供由于物品损坏而需补偿的运输费用的确切信息，记录的数据和图像数据由数字记录系统保存，以确保图像数据和包裹数据可以清楚地匹配。RFID技术与视频图像的结合不仅可提供产品的位置，也提供产品目前的状况，直至产品交付，可实现一路追踪。利用管理软件，可自动地记录供应链里产品的位置。通过集成视频图像，包裹和几乎所有的托盘都可以在任何特定的点被识别。这样用户不仅可以读取标签，还可以实时地看到产品。

（四）RFID结合定位技术，准确快速定位

RFID技术结合定位技术，可以实现准确快速定位。

采用RFID技术进行非接触自动管理，当出入人员佩戴装有射频识别芯片的身份卡通过门口时，无须任何操作，便可完成从身份识别、身份验证到通行记录的全过程操作。该技术还可以和后台管理系统进行通信，为井下人员的安全管理提供实时、可靠的技术保证。井下人员管理系统属于煤矿安全管理系统范畴。该系统采用计算机多任务分布式处理方式，能够对各通道口的位置、通行对象及通行时间等情况进行实时控制或设定程序自动控制。这项技术已经广泛应用于政府机关、企业、金融、公安部门、军事基地、智能小区、学校、高级酒店等出入口保安管理，并起到了重要的作用。

井下人员管理系统的架设和工作原理如下。首先在井下需要进行人员跟踪的区域和巷道中根据现场具体需要放置一定数量的无线标识传感器。通常情况下，一个地点只需要放置一个即可跟踪此地点进出人员的情况。然后将无线标识传感器通过传输总线与地面计算机连接，同时为多功能分站与无线标识传感器连接提供工作电源，这样就完成了一个由井上计算机通过电缆连接井下无线标识传感器的系统架设。接着为需要进行人员跟踪定位的下井人员佩戴一个无线标识卡，当下井人员进入井下以后，只要通过或接近放置在巷道内的任何一个无线标识传感器，它便会马上感应到信号，并将其上传到中心站主机上，这样中心站主机的软件就可判断出具体信息（如身份、位置、具体时间），同时可把信息显示在控制中心的大屏幕或计算机显示屏上，并做好备份。

（五）印刷技术应用于RFID标签制造，突破RFID标签成本的限制

RFID标签封装技术将和印刷、造纸、包装技术结合。导电油墨印刷的低成本标签天线及低成本封装技术将促进RFID标签的大规模生产，并成为未来一段时间内决定产业发展速度的关键因素之一。

RFID标签的结构一般由基材、芯片和内置天线（线圈）组成。目前线圈的制造方法有铜丝绕制法、化学腐蚀法、电镀法和直接印刷法。这4种方法中，值得重点发展的是直接印刷法。因为该方法具有天线的高速印刷、耗材成本低的优点，这样可以明显降低 RFID 标签的成本。在直接印刷天线技术中，导电油墨是一个重要的推动力。没有导电油墨的发展，就没有印刷技术在 RFID 标签制造中的应用。导电油墨由一些易传导性的粒子、树脂或更为特殊的原材料组成，如传导聚合体。导电油墨经印刷到基材上干燥后，由于导电粒子间的距离变小，自由电子沿外加电场方向移动形成电流，具有良好的导电性能，从而使油墨担当天线的作用。油墨质量对于提高导电性能，降低油墨消耗有着重要的意义。一个好的导电油墨配方，要求具有良好的印刷适应性，印刷后具有附着力强、电阻率低、固化温度低、导电性能稳定等特性。

目前，用于标签印刷的数字印刷机既有单色的，如尼普森的 VaryPress 200 和 400；也有彩色的，如常见的富士施乐 DocuColori Gen3、柯达的 NexPress 2100、奥西的 CPS700 等，但目前市场上最常见的标签数字印刷机主要来自惠普和赛康两大供应商。

尽管采用数字印刷机印刷标签的时间不算很长，但随着技术、市场的成熟，它将会有更大的发展。

（六）在水或金属中读取标签技术，破解标签应用限制

RFID 技术和金属相结合似乎不太现实，许多人认为电子标签不可能在水或金属中读取，只有 HF 标签能满足这些试验，但是新的 UHF Gen2 标签却可以在水或金属中读取，这是一个真正的突破。

在冷冻食品上应用 RFID 标签会影响标签的读取性能，这是因为水会吸收无线射频信号。例如，一个装有冰激凌的箱子，其内部会有湿气，外部会有水珠或结霜，因此在读取 RFID 标签时常常会遇到困难。尽管如此，冷冻食品供应商及其他冷藏物品（如医药品）的制造商，也开始对沃尔玛和其他要求它们在托盘和包装箱上使用 RFID 标签的零售商做出响应。为了给这些制造商提供 RFID 测试和增值标签服务，一家位于加拿大安大略省万锦市的物流软件及专业服务公司已经成立了一个 RFID 研发联盟。

金属和多水环境也是阻止 RFID 大量使用的重要因素。无线电波会从金属物体上反射回来，会被水吸收，这会使跟踪金属物体或含水较高的物体时产生困难。但是精心设计的系统能解决这些问题，选择贴标位置或改变包装材料等。

（1）抗金属电子标签是用一种特殊的防磁性吸波材料封装成的电子标签，从技术上解决了电子标签不能附着于金属表面使用的难题。它是将抗金属电子标签贴在金属上能获得良好的读取性能，甚至比在空气中读的距离更远。采用特殊的电路设计，该电子标签能有效防止金属对射频信号的干扰。真正的抗金属电子标签的良好能性能

是其贴在金属上时的读取距离比不贴时更远，这就是整体设计的优秀成果。

新型抗金属电子标签，要解决的技术问题是使电子标签在金属环境下可靠使用，降低成本。此时，可采用以下技术方案。

首先在标签天线基板（采用聚四氟乙烯制成）正面设置标签天线和芯片，并将其正面粘贴在有机玻璃的标签基板正面，标签天线至标签基板背面的高度为 1 ～ 7 mm。然后选取合适的标签基板高度，利用被粘贴物体的金属面为反射面板，使金属反射的电磁场与标签天线的电磁场在垂直标签的远场实现叠加，从而使标签的读写性能进一步提高。该电子标签尺寸小，应用范围广，性能稳定，成本低，易批量加工，安装方便。

（2）RFID 抗金属电子标签（13.56 MHz）是采用特制橡胶磁贴膜和电子标签芯片封装而成的特殊标签。该标签的芯片的尺寸大小可以按照客户实际需求定制，而且其质量性能好。它适合用在露天电力设备巡检、铁塔电线杆巡检、电梯巡检、压力容器钢瓶汽瓶、各种电力家用设备的产品跟踪方面。

（七）RFID 标签与 RFID 读取器的发展趋势

1. RFID 标签的发展趋势

（1）无源系统是未来主流趋势。

（2）标签多元化。

（3）性能更加优越：有效距离更远、读写性能更加完善、高速移动物品识别、体积更小、快速读写、环境适应性更好。

（4）新技术的应用，使标签成本更加低廉。

2. RFID 读取器的发展趋势

（1）小型化、嵌入式。

（2）多频段、多制式相容，可读取多种兼容协议的电子标签。

（3）智能多天线接口，采用相位控制技术。

（4）多种自动识别技术的整合，如条形码与 RFID 的整合。

（5）更多新技术的应用，如智能通道分配技术、扩展技术、分码多址技术等。

三、RFID 应用的发展方向

（一）与移动信息化有机结合，实现物流、信息流、资金流的"三流合一"

RFID 技术与移动信息化有机结合，其应用范围更广阔：由目前"B-B（企业 - 企业电子商务）"应用拓展至"B-B-B（企业 - 企业 - 企业电子商务）"及"B-B-C（企业 - 企业 - 客户电子商务）"应用；由生产流通领域拓展至商贸、服务及消费领域。RFID 实现物流、信息流、资金流"三流合一"的示意图如图 1-3 所示。

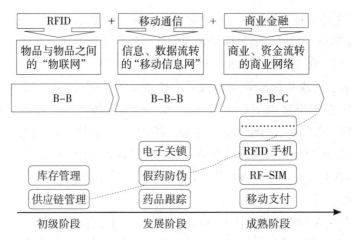

图 1-3　RFID 实现物流、信息流、资金流"三流合一"示意图

（二）RFID 与移动信息化的结合：电子关锁

RFID 产品的应用及与 GPS 的联动，能够监控车辆和货物，有效地掌握车辆和货物的实时情况，有效减少物流运输车辆的安全风险。例如，利用电子关锁和 GPS 定位监控系统技术，货物在起运地海关预报关后，会同时向指定口岸海关发送电子数据。等运载该批货物的指定车辆到达指定地点海关后，只要电子数据对碰成功、关锁没有异样，不用查验就可直接放行，并启动 GPS 定位监控系统，待货物运送到机场海关后才进行最后的查验。

（三）构建优质网络社会的生活情境

RFID 产业的发展规划为：以构建 RFID 技术、产业与应用服务体系为目标，从实际出发探讨符合我国国情的创新发展模式，提升 RFID 应用水平，真正实现"科技改善我们的生活"的美好愿景；主要突破 RFID 的芯片设计与制造技术、天线设计与制造技术、阅读器开发与生产技术、应用软件、中间件与系统集成技术，以及基于 RFID 的信息服务技术，打造完整产业链，建立支持 RFID 技术应用的跨部门（行业）的第三方信息服务体系，促进我国 RFID 产业与应用的科学发展、创新发展与可持续发展，为提高城市现代化管理及服务水平，方便百姓生活，构建和谐社会做出新贡献。

四、RFID 技术面临的问题

在现阶段，RFID 技术推广应用仍有一些关键性的问题需解决，具体包括以下几方面。

（一）成本问题

成本会影响 RFID 技术的拓展速度。美国号称电子标签的目标价格为 5 美分，日本也正朝着推出5日元的标签而努力。但是，改善制造流程与提高市场规模才是RFID降价的关键。

（二）信号干扰问题

RFID技术主要是基于无线电波传送原理的。当无线电波遇到金属或液体时，信号传导会产生干扰与衰减，进而影响数据读取的可靠性与准确度。在一些特殊环境中，如将RFID标签贴于装饮料的铝罐外或计算机金属外壳上，都会遇到这类问题。

（三）频段管制问题

目前，各国电磁波管制频段的范围不尽相同，尤其是在超高频和微波频段，各国开放的频率不一，使得RFID在跨国应用时产生了许多问题。RFID设备制造商正朝着提供多频段功能的方式来解决此问题，但此举会增加设备成本，不利于应用推广。

（四）国际标准的制定问题

目前，RFID技术及标准的制定机构包括EPC global和ISO。EPC global制定了EPC（Electronic Product Code）标准，使用UHF频段；ISO制定了ISO 14443A/B、ISO 15693与ISO 18000标准。前两者采用13.56 MHz，后者采用860～930 MHz。在当前主要应用的UHF频段，两大标准势必有一番争斗。同时，由于各国开放的频段不同，特别是UHF频段，美国为902～928 MHz、欧洲为868 MHz、日本为950～956 MHz，而且各国还有其他应用在分享无线频率的不同频段，标准与频率不一，所以将导致RFID阅读器与标签的互通性降低，影响精确度，难以统一适用。

（五）隐私权问题

RFID具有追踪物品的功能，尤其是在消费性商品的使用上。但当消费者在超市中购买商品时，商品的RFID信息存在着被少部分人刻意收集，从而侵犯他人隐私权的可能性。该项质疑使RFID的大量应用存在不确定性，还需各国主管机关制定法规来加以解决。

第二章　RFID 技术标准

第一节　全球三大 RFID 标准体系比较

目前，RFID 还未形成统一的全球化标准，然而市场走向多标准的统一已经得到业界的广泛认同。RFID 系统也可以说主要是由数据采集和后台数据库网络应用系统两大部分组成，目前已经发布或者是正在制定中的标准主要是与数据采集相关的。其中包括电子标签与读卡器之间的空气接口、读卡器与计算机之间的数据交换协议、电子标签与读卡器的性能和一致性测试规范以及电子标签的数据内容编码标准等。而后台数据库网络应用系统目前并没有形成正式的国际标准，只有少数产业联盟制定了一些规范，现阶段还在不断演变中。

RFID 标准的竞争非常激烈，各行业都在发展自己的 RFID 标准，这也是 RFID 技术目前国际上没有统一标准的一个原因。此外，RFID 不仅与商业利益有关，甚至还关系到国家或行业利益与信息安全。

目前全球有五大 RFID 技术标准化势力，即 ISO/IEC、EPC global、UID Center、AIM gbbal 和 IP-X。其中，前三个标准化组织势力较强大，AIM 和 IP-X 的势力则相对弱些。这五大 RFID 技术标准化组织纷纷制定 RFID 技术的相关标准，并在全球积极推广这些标准。下面主要对全球三大 RFID 标准体系进行比较。

一、ISO 制定的 RFID 标准体系

RFID 系统与相应技术标准的关系图如图 2-1 所示。

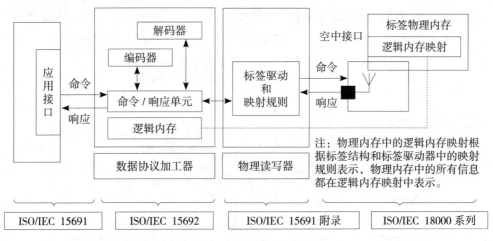

图 2-1 RFID 系统关系图

RFID 标准化工作最早可以追溯到 20 世纪 90 年代。1995 年，国际标准化组织 ISO/IEC 联合技术委员会（JTC1）设立了第引分技术委员会（SC31），负责 RFID 标准化的研究工作。SC31 由来自各个国家的代表组成，如英国的 BSI IST34 委员、欧洲的 CEN TC225 成员，他们既是各大公司内部的咨询者，也是不同公司利益的代表者。因此在 RFID 标准化的制定过程中，有企业、区域标准化组织和国家 3 个层次的利益代表者。SC31 委员会制定的 RFID 标准可以分为 4 个方面：数据标准（如编码标准 ISO/IEC 15691、数据协议 ISO/IEC 15692、ISO/IEC 15693，它们解决了应用程序、电子标签和空中接口多样性的要求，提供了一套通用的通信机制）、空中接口标准（ISO/IEC 18000 系列）、测试标准（性能测试标准 ISO/IEC 18047 和一致性测试标准 ISO/IEC 18046）、实时定位（ISO/IEC 24730 系列应用接口与空中接口通信标准）方面的标准，它们之间的关系如图 2-2 所示。

图 2-2 中的标准涉及电子标签、空中接口、测试标准、读卡器与到应用程序之间的数据协议，它们考虑的是所有应用领域的共性要求。

ISO 对于 RFID 的应用标准是由应用相关的子委员会制定的。如 RFID 在物流供应链领域中应用方面的标准由 ISO TC 122/104 联合工作组负责制定，包括 ISO 17358 应用需求、ISO 17363 货运集装箱、ISO 17364 装载单元、ISO 17365 运输单元、ISO 17366 产品包装、ISO 17367 产品标识；RFID 在动物追踪方面的标准由 ISO TC 23/SC 19 来制定，包括 ISO 11784/11785 动物 RFID 畜牧业的应用。从 ISO 制定的 RFID 标准内容来说，RFID 应用标准是在 RFID 编码、空中接口协议、读卡器协议等基础标准之上，针对不同的使用对象，确定了使用条件、标签尺寸、标签粘贴位置、数据内容格式、使用频段等方面特定应用要求的具体规范，同时也包括数据的完整性、人工识别等其他一些要求。RFID 的通用标准为 RFID 标准提供了一个基本的框架，而应用标准是对它的补充和具体规定。RFID 这一标准制定思想，既保证了 RFID 技术具有互通与互操作性，又兼顾了应用领域的特点，能够很好地满足应用领域的具体要求。

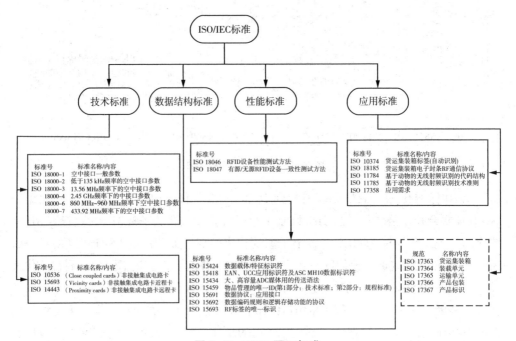

图 2-2　RFID 国际标准

ISO/IEC 制定的 RRD 标准体系中的主要标准如下。

（1）空中接口标准。空中接口标准体系定义了 RFID 不同频段的空中接口协议及相关参数，所涉及的问题包括时序系统、通信握手、数据帧、数据编码、数据完整性、多标签读写防冲突、干扰与抗干扰、识读率与误码率、数据的加密与安全性、读卡器与应用系统之间的接口等问题，以及读卡器与电子标签之间进行命令和数据双向交换的机制、电子标签与读卡器之间互操作性问题。

（2）数据格式管理标准。数据格式管理是对编码、数据载体、数据处理与交换的管理，而数据格式管理标准系统主要规范物品编码、编码解析和数据描述之间的关系。

（3）信息安全标准。电子标签与读卡器之间、读卡器中间件之间、中间件与中间件之间以及 RFID 相关信息网络方面均需要相应的信息安全标准的支持。

（4）测试标准。对于电子标签、读卡器、中间件，根据其通用产品规范制定测试标准；针对接口标准制定相应的一致性测试标准，这些标准包括编码一致性测试标准、电子标签测试标准、读卡器测试标准、空中接口一致性测试标准、产品性能测试标准、中间件测试标准。

（5）网络服务规范。网络服务规范是完成有效、可靠通信的一套规则，它是任何一个网络的基础，它包括物品注册、编码解析、检索与定位服务等。

（6）应用标准。RFID 技术标准包括基础性标准和通用性标准以及针对事务对象的应用标准，如动物识别、集装箱识别、身份识别、交通运输、军事物流、供应链管理等。

二、EPC global

与 ISO 通用性 RFID 标准相比，EPC global 标准体系是面向物流供应链领域，可以看成是一个应用标准。EPC global 的目标是解决供应链的透明性和追踪性，透明性和追踪性是指供应链各环节中所有合作伙伴都能够了解单件物品的相关信息，如位置、生产日期等信息。为此，EPC global 制定了 EPC 编码标准，它可以实现对所有物品提供单件唯一标识。此外，EPC global 也制定了空中接口协议、读卡器协议，这些协议与 ISO 标准体系类似。在空中接口协议方面，目前 EPC global 的策略尽量与 ISO 兼容，如 CiGen 2 UHF RFID 标准递交 ISO 将成为 ISO 18000 6C 标准，但 EPC global 空中接口协议有其局限，如它仅仅关注 860 ~ 930 MHz 频段。除信息采集外，EPC global 非常强调供应链各方之间的信息共享，为此制定了信息共享的物联网相关标准，包括 EPC 中间件规范、对象名解析服务（Object Naming Service，ONS）、物理标记语言（Physical Markup Language，PML）。物联网系列标准是根据自身的特点参照因特网标准制定的，物联网是基于因特网的，与因特网具有良好的兼容性。物联网标准是 EPC global 所特有的，ISO 仅仅考虑自动身份识别与数据采集的相关标准，但对数据采集以后如何处理、共享并没有做出规定。物联网是未来的一个目标，对当前应用系统建设来说具有指导意义。

三、日本 UID 制定的 RFID 标准体系

日本 UID 制定 RFID 相关标准的思路类似于 EPC global 的，其目标也是构建一个完整的标准体系，即从编码体系、空中接口协议到泛在网络体系结构，但是每一个部分的具体内容存在差异。为了制定具有自主知识产权的 RFID 标准，日本 UID 在编码方面制定了 uCode 编码体系，它能够兼容日本已有的编码体系，同时也能兼容国际上其他的编码体系。此外，在空中接口方面，日本 UID 积极参与 ISO 的标准制定工作，并尽量考虑与 ISO 的相关标准兼容；在信息共享方面，它主要依赖于泛在网络，泛在网络可以独立于因特网实现信息的共享。泛在网络与 EPC global 的物联网还是有区

别的，EPC采用业务链的方式，面向企业、面向产品信息的流动（物联网），比较强调与互联网的结合；而UID采用扁平式信息采集分析方式，强调信息的获取与分析，比较强调前端的微型化与集成。

此外，AIM Global是国际自动识别制造商协会。AIDC（Automatic Identification and Data Collection）原先制定通行全球的条形码标准，它于1999年另成立了AIM Global组织，目的是推出RFID标准。AIM Global在全球有13个国家与地区性的分支，且目前其全球会员数已超过1 000个。IP-X即南非、澳大利亚、瑞士等国的RFID标准组织，其标准主要在南非等国家推行。

四、三大标准体系空中接口协议的比较

目前，ISO/IEC 18000、EPC global、日本UID三个空中接口协议正在完善中，这三个标准相互之间并不兼容，它们的主要差别在通信方式、防冲突协议和数据格式这3个方面，在技术上差距并不大。这3个标准都按照RFID的工作频率分为多个部分，在这些频段中，以13.56 MHz频段的产品最为成熟，处于860～960 MHz内的超高频段的产品因为工作距离远且最可能成为全球通用的频段而最受重视，发展也最快。

ISO/IEC 18000标准是最早开始制定的关于RFID的国际标准，它按频段被划分为七个部分，目前支持ISO/IEC 18000标准的RFID产品最多。EPC global是由UCC和EAN两大组织联合成立的，并吸收了麻省理工Auto ID中心的研究成果后推出的系列标准草案。EPC global最重视超高频段的RFID产品，也极力推广基于EPC编码标准的RFID产品。目前，EPC global标准的推广和发展十分迅速，许多大公司如沃尔玛等都是EPC标准的支持者。日本的UID一直致力于本国标准的RFID产品的开发和推广，拒绝采用美国的EPC编码标准。与美国大力发展超高频段RFID不同的是，日本对2.4GHz微波频段的RFID似乎更加青睐，目前日本已经开始了许多2.4 GHz RFID产品的实验和推广工作。

EPC global与日本UID标准体系的主要区别如下。一是编码标准不同。EPC global使用EPC编码，代码为96位；日本UID使用uCode编码，代码为128位。使用uCode的好处在于能够继续使用在流通领域中常用的JAN代码等现有的代码体系。uCode使用UID中心制定的标识符对代码种类进行识别。例如，若希望在特定的企业和商品中使用JAN代码时，在IC标签代码中写入表示"正在使用JAN代码"的标识符即可。同样，在uCode中还可以使用EPC。二是根据IC标签代码检索商品详细信息的功能上有区别。EPC global标准的最大前提条件是经过网络，而UID中心还设想了离线使用的标准功能。

Auto ID中心和UID中心在使用互联网进行信息检索的功能方面基本相同。UID

中心使用名为"读卡器"的装置,将所读取到的 IC 标签代码发送到数据检索系统中,数据检索系统通过互联网访问 UHD 中心的"地址解决服务器"来识别代码。如果是 JAN 代码,就会使用 JAN 代码开发商 – 流通系统开发中心的服务器信息,检索企业和商品的基本信息,然后再由符合条件的企业的商品信息服务器中得到生产地址和流通渠道等详细信息。

除此之外,UID 中心还设想了不通过互联网就能够检索商品详细信息的功能。具体来说就是利用具备便携信息终端(PDA)的高性能读卡器,预先把商品详细信息保存到读卡器中,即便不接入互联网,也能够了解到与读卡器中 IC 标签代码相关的商品的详细信息。UID 中心认为:"如果必须随时接入互联网才能得到相关的信息,那么其方便性就会降低。如果最多只限定两万种商品的话,将所需信息保存到 PDA 中就可以了。"

EPC global 与日本 UID 标准体系的第三个区别是日本的电子标签采用的频段为 2.45 GHz 和 13.56 MHz,而欧美的 EPC 标准采用超高频段,如 902 ~ 928 MHz。此外,日本的电子标签标准可用于库存管理、信息发送和接收以及产品和零部件的跟踪管理等,而 EPC 标准更侧重于物流管理、库存管理等。

第二节 不同频率的电子标签与标准

一、低频标签与标准

低频段电子标签简称为低频标签,其工作频率范围为 30 ~ 300 kHz,典型的工作频率为 125 kHz、133 kHz。低频标签一般为被动标签,其电能通过电感耦合方式从读卡器天线的辐射近场中获得。与读卡器之间传送数据时,低频标签须位于读卡器天线辐射的近场区内,其阅读距离一般情况下小于 1.2 m。低频标签的典型应用有:动物识别、容器识别、工具识别、电子闭锁防盗(带有内置应答器的汽车钥匙)等。与低频标签相关的国际标准有:ISO11784/11785(用于动物识别)、ISO18000–2(125 ~ 135 kHz)。

二、中频标签与标准

中高频段电子标签的工作频率一般为 3 ~ 30 MHz,其典型的工作频率为 13.56 MHz。中高频段的电子标签,从射频识别应用角度来说,因其工作原理与低频标签的完全相同,即采用电感耦合方式工作,所以宜将其归为低频标签类中;另一方面，根据无线电频率的一般划分，其工作频段又称为高频，所以也常将其称为高频标签。鉴于中高频段的电子标签可能是实际应用中最大量的一种电子标签，因而将高、低理解成为一个相对的概念，即不会在此造成理解上的混乱，但为了便于叙述，将其称为中频标签。中频标签可方便地做成卡状，其典型应用包括电子车票、电子身份证、电子闭锁防盗（电子遥控门锁控制器）等；相关的国际标准有 ISO 14443、ISO 15693、ISO 18000-3.1、ISO 18000-3.2（13.56 MHz）等。中频标准的基本特点与低频标准的相似，由于相应的 RFID 系统工作频率的提高，可以选用较高的数据传输速率。中频标签天线的设计相对简单，标签一般制成标准卡片形状。

三、超高频标签与标准

超高频与微波频段的电子标签简称为超高频电子标签，其典型的工作频率为 433.92 MHz、862（902）～ 928 MHz、2.45 GHz、5.8 GHz。超高频电子标签可分为有源标签（主动方式、半被动方式）与无源标签（被动方式）两类。工作时，电子标签位于读卡器天线辐射场的远场区内，电子标签与读卡器之间的耦合方式为电磁耦合。读卡器天线辐射场为无源标签提供射频能量，将有源标签（半被动方式）唤醒。相应的射频识别系统的阅读距离一般大于 1 m，典型情况为 4 ～ 6 m，最大可达 10 m。读卡器天线一般均为定向天线，只有在读卡器天线定向波束范围内的电子标签可被读 / 写。以目前的技术水平来说，无源微波电子标签比较成功的产品相对集中在 902 ～ 928 MHz 工作频段上，2.45 GHz 和 5.8 GHz 射频识别系统多以半无源微波电子标签（半被动方式）产品面世。半无源标签一般采用纽扣电池供电，具有较远的阅读距离。超高频电子标签的典型特点主要集中在是否无源、无线读写距离、是否支持多标签读写、是否适合高速识别应用、读卡器的发射功率容限、电子标签及读卡器的价格等方面。典型的微波电子标签的识读距离为 3 ～ 5 m，个别有达 10 m 以上。对于可无线写的电子标签而言，通常情况下，写入距离要小于识读距离，其原因在于写入要求更大的能量。

超高频电子标签的典型应用包括移动车辆识别、电子身份证、仓储物流应用、电子闭锁防盗（电子遥控门锁控制器）等，相关的国际标准有 ISO 10374、ISO 18000-4（2.45 GHz）、ISO 18000-5（5.8 GHz）、ISO 18000-6（860 ～ 930 MHz）、ISO 18000-7（433.92 MHz）、ANS INCITS 256-1999 等。

四、常用的中频电子标签对比

在 13.56 MHz 的中频电子标签中，最常用的有两种，即接触式的 ISO 14443 和近距非接触式的 ISO 15693。在我国第二代身份证和公交卡中，广泛使用的是 ISO 14443

标准的接触式 RFID；在图书馆中，广泛使用的是 ISO 15693 标准的近距非接触式的 RFID。公交卡中采用接触式的 RFID，是因为如果采用近距式的，天线可能对靠近它而不准备登车的卡产生误检测，并进行扣钱处理，而采取接触式就能对公交卡一个一个进行检测和扣钱处理，不会把附近的卡误处理。

以 13.56 MHz 交变信号为载波频率的标准主要有 ISO 14443 和 ISO 15693 标准。由于 ISO 15693 读写距离较远（这与应用系统的天线形状和发射功率有关），而 ISO 14443 读写距离稍近，更符合小区门禁系统对识别距离的要求，因此小区门禁系统应选择 ISO 14443 标准。ISO 14443 标准定义了 Type A、Type B 两种类型协议，通信速率为 106 kb/s。两种协议的不同主要在于载波的调制深度及位的编码方式。从 PCD 向 PICC 传送信号时，Type A 采用改进的 Miller 编码方式，调制深度为 100% 的 ASK 信号；Type B 则采用 NRZ 编码方式，调制深度为 10% 的 ASK 信号。从 PICC 向 PCD 传送信号时，两者均通过调制载波传送信号，副载波频率皆为 847 kHz。Type A 采用开关键控（On-Off Keying）的 Manchester 编码；Type B 采用 NRZ-L 的 BPSK 编码。与 Type A 相比，Type B 具有传输能量不中断、速率更高、抗干扰能力更强的优点。

ISO 14443 与 ISO 15693 的对比如表 3-1 所示。

表 3-1　ISO 14443 和 ISO 15693 对比

功能	ISO 14443	ISO 15693
RFID 频率 /MHz	13.56	13.56
读取距离	接触型、近旁型（0 cm）	非接触型、近距型（2 ～ 20 cm）
IC 类型	微控制器（MCU）或者内存布线逻辑型	内存布线逻辑型
读 / 写（R/W）	可写、可读	可写、可读
数据传输率 /（kb/s）	106 ～ 848	106
防碰撞再读取	有	有
IC 内可写内存容量 /kB	≤ 64	≤ 2

第三节　超高频 RFID 协议标准的发展与应用

超高频 RFID 协议标准在不断更新，已出现了第一代标准和第二代标准。第二代标准是从区域版本到全球版本的一次转移，它增加了灵活性操作、鲁棒防冲突算法、向后兼容性、使用会话、密集条件阅读、覆盖编码等功能。

一、超高频 RFID 协议标准

（一）Gen 1 协议标准

目前已经推出的第一代超高频 RFID 协议标准有 EPC Tag Data Standard 1.1、EPC Tag Data Standard 1.3.1、EPC Tag Data Transtation 1.0 等。美国的 MIT 实验室自动化识别系统中心（Auto-ID）建立了产品电子代码管理中心网络，并推出第一代超高频 RFID 协议标准：0 类、1 类。ISO 18000-6 标准是 ISO（国际标准化组织）和 IEC（国际电工技术委员会）共同制定的 860 ~ 960 MHz 的空中接口 RFID 通信协议标准，其中的 A 类和 B 类是第一代标准。

（二）Gen 2 协议标准

Auto-ID 在 2003 年就开始研究第二代超高频 RFID 协议标准，到 2004 年末，Auto-ID 的全球电子产品码管理中心（EPC global）推出了更广泛适用的超高频 RFID 协议标准版本 ISO 18000-6C，但直到 2006 年才被批准为第一个全球第二代超高频 RFID 标准协议。Gen 2 协议标准解决了第一代部署中出现的问题。因 Gen 2 协议标准适合于全球使用，ISO 组织接受了 ISO/IEC 18000-6 空中接口协议的修改版本 C 版本。事实上，由于 Gen 2 协议标准有很强的协同性，因此从 Gen 1 协议标准到 Gen 2 协议标准的升级是从区域版本到全球版本的一次转移。

第二代超高频 RFID 协议标准的设计改进了 ISO 18000-6 超高频空中接口协议标准和第一代 EPC 超高频协议标准，弥补了第一代超高频协议标准的一些缺点，同时增加了一些新的安全技术。

二、Gen 2 协议标准的安全漏洞

Gen 2 协议标准具有更大的存储空间、更快的阅读速度、更好的降低噪声易感性。Gen 2 协议标准采用更安全的密码保护机制，它的 32 位密码保护也比 Gen1 协议标准的 8 位密码安全。Gen 2 协议标准采用了读卡器永远锁住电子标签内存并启用密码保护阅读的技术。

EPC global 和 ISO 标准组织还考虑了使用者和应用层次上的隐私保护问题。如果要避免通信渠道被偷听造成的隐私侵害或信息泄露，就需要关注安全漏洞在关键随机原始码的定义与管理。但是，Gen 2 协议标准还没有解决覆盖编码的随机数交换、电子标签可能被复制等一些关键问题。对于研究人员来说，最大的挑战是防止射频中的信息偷窃和偷听行为。很多 RFID 协议标准在解决无线连接下通信的安全和可信赖问题时，却受到电子标签处理能力小、内存小、能量少等问题的困扰。虽然为确保电子标签在各种威胁条件下的阅读可靠性和安全性，Gen 2 协议标准里采用了很多安全技术，但仍存在安全漏洞。

三、Gen 2 协议标准的一些技术改进

（一）操作的灵活性

Gen 2 协议标准的频率在 860 ～ 960 MHz 之间，覆盖了所有的国际频段，因而遵守 ISO 18000-6C 协议标准的电子标签在这个区间内的性能不会下降。Gen 2 协议标准提供了欧洲使用的 865 ～ 868 MHz 频段、美国使用的 902 ～ 928 MHz 频段，因此 ISO 18000-6C 协议标准是一个真正灵活的全球 Gen 2 协议标准。

（二）鲁棒防冲突算法

Gen 1 协议标准要求 RFID 读卡器只识别序列号唯一的电子标签，如果两个电子标签的序列号相同，它们将拒绝阅读，但 Gen 2 协议标准可同时识别两个或更多相同序列号的电子标签。Gen 2 协议标准采用了时隙随机防冲突算法，当载有随机（或伪随机）数的电子标签进入槽计数器时，根据读卡器的命令槽计数器会相应地减少或增加，直到槽计数器为 0 时电子标签回答读卡器。

Gen 2 协议标准的电子标签使用了不同的 Aloha 算法（也称 Aloha 槽）实现反向散射，Gen1 协议标准和 ISO 协议标准也使用了这种算法，但 Gen 2 协议标准在查询命令中引入一个 Q 参数。读卡器能从 0 ～ 15 之间选出一个参数对防冲突结果进行微调。例如，读卡器在阅读多个电子标签的同时也发出 Q 参数（初始值为 0）的查询命令，那么 Q 值的不断增加将会处理多个电子标签的回答，但也会减少多次回答的机会。如果电子标签没有给读卡器响应，Q 值的减少同时也会增加电子标签的回答机会。这种独特的通信序列使得反冲突算法更具鲁棒性，因此当读卡器与某些电子标签进行对话时，其他电子标签将不可能进行干扰。

（三）读取率和向后兼容性的改进

Gen 2 协议标准的一个特点是读取率的多样性，它读取的最小值是 40 kb/s，高端应用的最大值是 640 kb/s，这个数据范围的一个好处是向后兼容性，即读卡器更新到 Gen 2 协议标准只需要一个固件的升级，而不是任意固件都要升级。Gen 1 协议标准

中的 0 类与 1 类协议标准的数据读取速率分别被限制在 80 kb/s 和 140 kb/s，由于读取速率低，很多商业应用都使用基于微控制器的低成本读卡器，而不是使用基于数字信号处理器或高技术微处理控制器的读卡器。为享受 Gen 2 协议标准的真正好处，厂商就会为更高的数据读取率去优化他们的产品，这无疑需要硬件升级。

一个理想的适应性产品是使最终用户根据不同的应用从读取率的最低值到最高值间任意挑选。无论是传送带上物品的快速阅读还是在嘈杂昏暗环境下的低速密集阅读，Gen 2 协议标准的电子标签数据读取率都比 Gen 1 协议标准的快 3 ~ 8 倍。

（四）会话的使用

在任意给定时间与不同给定预期下，Gen 1 协议标准不支持一组电子标签与给定电子标签群间的通信。例如，在 Gen 1 协议标准中为避免对一个电子标签的多次阅读，读卡器在阅读完成后给电子标签一个睡眠命令。如果别处的另一个读卡器靠近它，并在这个区域寻找特定项目时，就不得不调用和唤醒所有的电子标签。这种情况下将中断发出睡眠命令读卡器的计数，强迫读卡器重新开始计数。

Gen 2 协议标准在读取电子标签时使用了会话概念，两个或更多的读卡器能使用会话方式分别与一个共同的电子标签群进行通信。

（五）密集阅读条件的使用

除使用会话进行数据处理外，Gen 2 协议标准的阅读工作还可以在密集条件下进行，即 Gen 2 协议标准可以克服 Gen 1 协议标准中存在的阅读冲突状态，它通过分割频谱为多个通道来克服这个限制，使得读卡器工作时不能相互干涉或违反安全问题。

（六）使用查询命令改进 Ghost 阅读

阅读慢和阅读距离短限制了 RFID 技术的发展，Gen 2 协议标准对此做了改进，其主要处理方法是 Ghost 阅读。Ghost 阅读是 Gen 2 协议标准为保证电子标签序列号合法性、没有来自环境的噪声、没有由硬件引起的小故障引入的机制，它利用一个信号处理器处理电子标签序列号的噪声。因为 Gen 2 协议标准是基于查询的，所以读卡器不能创造任何 Ghost 序列号，也就很容易地探测和排除电子标签的整合型攻击。

（七）覆盖编码（Cover Coding）

覆盖编码是在不安全通信连接下为减少偷听威胁而隐匿数据的一项技术。在开放环境下使用，所有数据既不安全也不好实现。假如攻击者能偷听会话的一方（读卡器到电子标签）但不能偷听到另一方（电子标签到读卡器），Gen 2 协议标准使用覆盖编码去阅读/写入电子标签内存，从而实现数据安全传输。

RFID 的应用越来越广，目前应用最多的是 Gen 1 协议标准电子标签。Gen 1 协议标准电子标签的主要应用领域有物流、零售、制造业、服装业、身份识别、图书馆、交通等，但应用中的突出问题主要有价格问题、隐私问题、安全问题等。随着国际通用的 Gen 2 协议标准的出台，Gen 2 协议标准电子标签的应用将会越来越多。目前，Gen 2 协议标准电子标签已有了一些应用案例。例如基于 Gen 2 协议标准的电子医疗系统，充分利用了 Gen 2 协议标准的灵活性、可测量性、更高的智能性。超高频 Gen 2 协议标准电子标签由于具有一次性读取多个电子标签、识别距离远、传送数据速度快、安全性高、可靠性和寿命高、耐受户外恶劣环境等特点，因此得到了世界各国的重视和欧美大企业的青睐。在我国，随着经济的高速发展和运用信息技术提高企业效益的形势推动，政府也提出大力发展物联网产业，加之电子标签价格逐年下降，这也将极大地促进超高频 Gen 2 协议标准电子标签的使用和推广。

目前，超高频 Gen 2 协议标准电子标签在我国市场的整体占有率还比较低，但预计未来十年内它将进入高速成长期。

第三章 RFID 系统的工作原理

第一节 RFID 的基本工作原理

电子标签与读卡器之间通过耦合元件实现射频信号的空间（无接触）耦合。在耦合通道内，根据时序关系，实现能量的传递、数据的交换。发生在读卡器和高频电子标签之间的射频信号的耦合主要采用电感耦合。图 3-1 是根据变压器模型，通过空间高频交变磁场实现耦合，依据的是电磁感应定律。

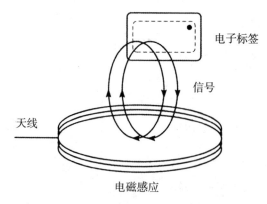

图 3-1 电感耦合的工作原理

电感耦合的原理是：两电感线圈在同一介质中，相互的电磁场通过该介质传导到对方，形成耦合。最常见的电感耦合是变压器，即用一个波动的电流或电压在一个线圈（称为初级线圈）内产生磁场，在该磁场中的另外一组或几组线圈（称为次级线圈）

上就会产生相应比例的磁场（与初级线圈和次级线圈的匝数有关），它是电感耦合的经典杰作。电感耦合方式一般用于高、低频工作的近距离RFID系统中。该RFID系统典型的工作频率有125 kHz、225 kHz和13.56 MHz；识别作用距离小于1 m，典型的作用距离为10～20 cm。

　　电子标签与读卡器之间的耦合通过天线完成。这里的天线通常可以理解为电磁波传播的天线，有时也指电感耦合的天线。

　　如前所述，一套完整的RFID系统如图3-2所示，它是由电子标签、读卡器、中间件和应用系统3个部分组成，其工作原理是读卡器发射一特定频率的电磁波能量给应答器，用以驱动应答器电路将内部的数据送出，读卡器依序接收并解读数据，送给应用程序做相应的处理。

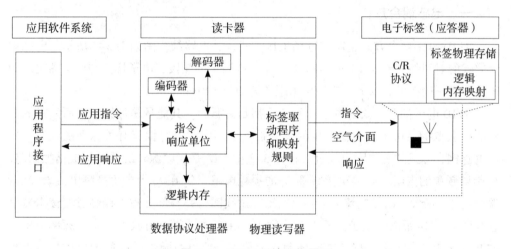

图 3-2　RFID 系统工作原理

　　RFID技术的工作原理并不复杂。首先，读卡器通过天线发送某种频率的射频（RF）信号，电子标签产生引导电流。当引导电流到达天线工作区的时候，电子标签被激活；之后，电子标签通过内部天线发送自己的代码信包；天线接收到由电子标签发射的载体信号后把信号发送给读卡器；读卡器对信号进行调整并进行译码，并将调整和译码后的信号发送给应用软件系统。然后，应用软件系统通过逻辑操作判断信号的合法性，再根据不同的设置进行相应的操作。

　　读卡器根据使用的结构和技术的不同可以是读装置或读/写装置，它是RFID系统信息的控制和处理中心。读卡器通常由耦合模块、收发模块、控制模块和接口单元组成。读卡器和应答器之间一般采用半双工通信方式进行信息交换，它通过耦合给无源应答器提供能量和时序。在实际应用中，可进一步通过Ethernet或WLAN等实现对物体识别信息的采集、处理及远程传送等管理功能。目前读卡器大多是由耦合元件（线圈、微带天线等）和微芯片组成无源单元。

第二节 RFID 的耦合方式

RFID 操作中的一个关键技术是通过天线进行耦合，实现数据的传输以及转换。根据 RFID 读卡器及电子标签之间的通信及能量感应方式的不同，RFID 的耦合方式可以分为电感耦合及反向散射耦合两种。一般低频的 RFID 大都采用电感耦合，而较高频的 RFID 大多采用反向散射耦合。

一、电感耦合方式

RFID 电感耦合方式也叫作近场工作方式，其电路结构图如图 3-3 所示。电感耦合方式的射频频率 f_c 为 13.56 MHz 和小于 135 kHz 的频段，电子标签与读卡器之间的工作距离一般在 1 m 以下，典型作用距离为 10～20 cm。

RFID 电感耦合方式的电子标签几乎都是无源的，其能量是从读卡器所发送的电磁波中获取的。由于读卡器产生的磁场强度受到电磁兼容性能有关标准的限制，所以电感耦合方式的工作距离较近。在图 3-3 中，U_s 是射频源，L_1、C_1 构成谐振回路，R_s 是射频源的内阻，R_1 是电感线圈 L_1 的损耗电阻。U_s 在 L_1 上产生高频电流 i，在谐振时电流 i 最大。高频电流 i 产生的磁场穿过线圈，并有部分磁力线穿过距读卡器电感线圈 L_1 一定距离的电子标签电感线圈 L_2。由于电感耦合方式所用工作频率范围内的波长比读卡器与电子标签之间的距离大得多，所以线圈 L_1、L_2 间的电磁场可以当作简单的交变磁场。

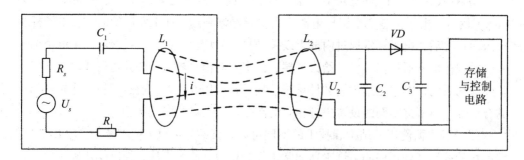

图 3-3 RFID 电感耦合方式的电路结构图

穿过电感线圈 L_2 的磁力线通过电磁感应，在 L_2 上产生电压 U_2，将 U_2 整流后就可以产生电子标签工作所需要的直流电压。电容 C_2 的选择应使 L_2、U_2 构成对工作频率谐振的回路，以使电压 U_2 达到最大值。由于电感耦合系统的效率不高，所以这种工作方式主要适用于小电流电路。电子标签功耗的大小对读写距离有很大的影响。

一般地，读卡器向电子标签的数据传输可以采用多种数字调制方式，通常采用较为容易实现的幅移键控（ASK）调制方式；而电子标签向读卡器的数据传输采用负载调制的方法，负载调制实质上是一种振幅调制，也称调幅（AM）。

二、反向散射耦合方式

RFID反向散射耦合方式也叫作远场工作方式。

RFID反向散射耦合采用雷达原理模型，发射出去的电磁波碰到目标后反射，同时携带回目标信息，依据的是电磁波的空间传播规律。

由于目标的反射性能随着频率的升高而增强，所以RFID反向散射耦合方式采用超高频（UHF）和特高频（SHF），电子标签和读卡器的距离大于1 m，典型工作距离为3～10 m。RFID反射散射耦合方式的原理框图如图3-4所示。

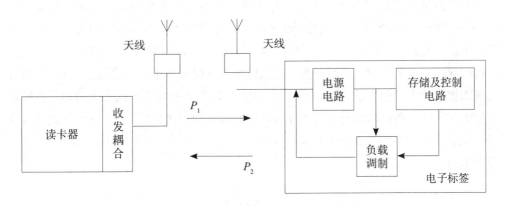

图3-4　RFID反射散射耦合方式的原理框图

（一）电子标签的能量供给

无源标签的能量由读卡器提供，读卡器天线发射的功率 P_1 经自由空间传播后到达电子标签。设到达功率为 $P_1{}'$，则 $P_1{}'$ 中被吸收的功率经电子标签中的整流电路后形成电子标签的能量供给。

（二）读卡器到电子标签的数据传输

读卡器到电子标签的命令及数据传输应根据RFID相关的标准来进行编码和调制。

（三）电子标签到读卡器的数据传输

反射功率 P_2 经自由空间传播到读卡器，被读卡器天线接收。接收信号经收发耦合器电路传输至读卡器的接收端，经接收电路处理后获得相关的有用信息。

RFID 电感耦合方式一般适用于中、低频工作的近距离射频识别系统中，而 RFID 反向散射耦合方式则一般适用于高频、微波工作的远距离射频识别系统中。

第三节　天线

一、天线的工作模式

与 RFID 系统的耦合方式相对应，RFID 天线的工作模式分为近场天线工作模式和远场天线工作模式。

（一）近场天线工作模式

感应耦合模式主要是指读卡器天线和电子标签天线都采用线圈形式。读卡器在阅读电子标签时，发出未经调制的信号，处于读卡器天线近场的电子标签天线接收到该信号并激活电子标签芯片，由电子标签芯片根据其内部存储的全球唯一的识别号（ID）来控制电子标签天线中电流的大小。这一电流的大小进一步增强或者减小读卡器天线发出的磁场。这时，读卡器的近场分量展现出被调制的特性，读卡器的内部电路检测到这个由于电子标签而产生的调制量解调并得到电子标签信息。当 RFID 的天线线圈进入读卡器产生的交变磁场中时，RFID 天线与读卡器天线之间的相互作用就类似于变压器，两者的线圈相当于变压器的初级线圈和次级线圈。由 RFID 的天线线圈形成的谐振回路包括 RFID 天线的线圈电感 L、寄生电容 C_p 和并联电容 C_r，其谐振频率为

$$f = \frac{1}{2\pi\sqrt{L \cdot C}}$$

其中 C 为 C_p 和 C_r 的并联等效电容。

RFID 应用系统就是通过这一频率载波实现双向数据通信的。常用的 ID-1 型非接触式 IC 卡的外观为一小型的塑料卡（85.72 mm × 54.03 mm × 0.76 mm），天线线圈谐振工作频率通常为 13.56 MHz。目前已研发出面积最小为 0.4 mm × 0.4 mm 天线线圈的短距离 RFID 应用系统。

某些应用要求 RFID 天线线圈外形很小，且需一定的工作距离，如用于动物识别的 RFID。但如果线圈外形即面积小，RFID 与读卡器间的天线线圈互感 M 将不能满足实际需要。作为补救措施通常在 RFID 天线线圈内插入具有高导磁率 p 的铁氧体，以增大互感，从而补偿因线圈横截面减小而产生的缺陷。

（二）远场天线工作模式

在反向散射工作模式中，读卡器和电子标签之间采用电磁波来进行信息的传输。当读卡器对电子标签进行阅读识别时，首先发出未经调制的电磁波。此时位于远场的电子标签天线接收到电磁波信号并在天线上产生感应电压，电子标签内部电路将这个感应电压进行整流并放大用于激活标签芯片。电子标签芯片被激活后，将用自身的全球唯一的标识号对电子标签芯片阻抗进行变化。当电子标签天线和电子标签芯片之间的阻抗匹配较好时，基本不反射信号。而阻抗匹配不好时，则将几乎全部反射信号，这样反射信号就出现了振幅的变化。这种情况类似于对反射信号进行幅度调制处理。读卡器通过接收到经过调制的反射信号判断该电子标签的标识号并进行识别。

远场天线主要包括微带贴片天线、偶极子天线和环形天线。微带贴片天线是由贴在带有金属底板介质基片上的辐射贴片导体所构成的。根据天线辐射特性的需要，可把贴片导体设计为各种形状。通常，微带贴片天线的辐射导体与金属底板间的距离为几十分之一波长。假设辐射电场沿导体的横向与纵向两个方向没有变化，仅沿约为半波长的导体长度方向变化，则微带贴片天线的辐射基本上是由贴片导体开路边沿的边缘场引起的，辐射方向基本确定。因此，微带贴片天线一般适用于通信方向变化不大的 RFID 应用系统中。在远距离耦合的 RFID 应用系统中，最常用的是偶极子天线（又称对称振子天线）。偶极子天线是由处于同一直线上的两段粗细和长度均相同的直导线构成，信号由位于其中心的两个端点馈入，使得在偶极子的两臂上产生一定的电流分布，从而在天线周围空间激发出电磁场。辐射场的电场可由下式求得：

$$E_\theta = \int_{-l}^{l} \frac{60\alpha I_z}{r} = \sin\theta \cos(\alpha z \cos\theta) \mathrm{d}z$$

式中，I_z 为沿振子臂分布的电流；α 为相位常数；r 是振子中观察点的距离；θ 为振子轴到 r 的夹角；z 为振子臂的方向；l 为单个振子臂的长度。

同样，也可以得到天线的输入阻抗、输入回波损耗、带宽和天线增益等特性参数。

当单个振子臂的长度 $l = \lambda/4$ 时（半波振子），输入阻抗的电抗分量为 0，天线输出为一个纯电阻。在忽略电流在天线横截面积内不均匀分布的条件下，简单的偶极子天线设计可以取振子的长度 l 为 $\lambda/4$ 的整数倍，如工作频率为 2.45 GHz 的半波偶极子天线，其长度约为 6 cm。

二、天线的基本参数

（一）方向图

天线的方向图又称波瓣图，是天线辐射场的大小在空间的相对分布随方向变化的图形。

天线的辐射场都具有方向性，方向性就是在相同的距离条件下天线辐射场的相对值与空间方向（子午角 θ、方位角 φ）的关系，常用归一化函数 $F(\theta, \varphi)$ 表示：

$$F(\theta, \varphi) = \frac{f(\theta, \varphi)}{f_{max}(\theta, \varphi)} = \frac{|E(\theta, \varphi)|}{|E_{max}|}$$

式中，$f_{max}(\theta, \varphi)$ 为方向函数的最大值；E_{max} 为最大辐射方向上的电场强度；$E(\theta, \varphi)$ 为同一距离（θ, φ）方向上的电场强度。

天线方向性系数的一般表达式为：

$$D = \frac{4\pi}{\int_0^{2\pi} |F(\theta, \varphi)|^2 \sin\theta d\theta d\varphi}$$

其中，$D \geqslant 1$。对于无方向性天线，才有 $D = 1$。D 越大，天线辐射的电磁能量就越集中，方向性就越强，它与天线增益密切有关。

实际上，天线因为导体本身和其绝缘介质都要产生损耗，导致天线实际的辐射功率 P_r 小于发射机提供的输入功率 P_{in}，因此定义天线的工作效率为：

$$\eta = \frac{P_r}{P_{in}}$$

（二）增益

增益是指在输入功率相等的条件下，实际天线与理想辐射单元在空间同一点处所产生的信号功率密度之比，它定量地描述了天线把输入功率集中辐射的程度。增益 G 定义为方向性系数与效率的乘积：

$$G = D \cdot \eta$$

（三）天线的极化

极化特性是指天线在最大辐射方向上电场矢量的方向随时间变化的规律，即在空间某一固定位置上，电场矢量的末端随时间变化所描绘的图形。该图形如果是直线，就称为线极化；如果是圆，就称为圆极化。线极化又可以分成垂直极化和水平极化，圆极化可分成左旋圆极化和右旋圆极化。当电场矢量绕传播方向左旋变化时，称为左旋圆极化；当电场矢量绕传播方向右旋变化时，称为右旋圆极化。圆极化波入射到一个对称目标上时，反射波是反旋向的。沿波的方向看去，当它的电场矢量矢端轨迹是椭圆时，则称该天线为椭圆极化波，其同样分左右旋，区别方法同圆极化波。如图 3-5 所示为天线的极化方式示意图。图 3-5 中，E_x、E_y、E_z 是指电场矢量在；x、y、z 轴上的投影，ωt 是电场矢量的相位角。

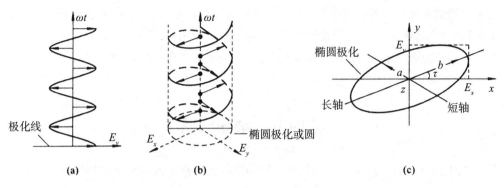

图 3-5 天线的极化方式示意图

（a）线极化；（b）圆极化或椭圆极化；（c）椭圆极化

4. 频带宽度

当天线的工作频率变化时，天线有关电参数变化的程度在所允许的范围内所对应的频率范围称为频带宽度（Bandwidth），它有如下两种不同的定义。

（1）在驻波比 VSWR ≤ 2 的条件下，天线的工作频带宽度。

（2）天线增益下降 3 dB 范围内的频带宽度。

根据频带宽度的不同，可以把天线分为窄频带天线、宽频带天线和超宽频带天线。若天线的最高工作频率为 f_{max}，最低工作频率为 f_{min}，对于窄频带天线，一般采用相对带宽，即用 $|(f_{max}-f_{min})/f_0|\times 100\%$ 来表示其频带宽度；而对于超宽频带天线，常用绝对带宽，即用 f_{max}/f_{min} 来表示其频带宽度。

三、天线的设计要求

（一）读卡器天线

对于近距离 125 kHz 的 RFID 应用，比如门禁系统，天线一般与读卡器集成在一起；对于远距离 13.56 MHz 或者超高频段的 RFID 系统，天线与读卡器采用分离式结构，并通过阻抗匹配的同轴电缆连接到一起。由于结构、安装和使用环境的多样性，以及小型化的要求，天线设计面临新的挑战。读卡器天线的设计要求低剖面、小型化以及频段覆盖。

（二）应答器天线

天线的目标是传输最大的能量进入电子标签芯片，这需要仔细地设计天线与电子标签芯片的匹配，当工作频率增加到尾端频段时，天线与电子标签芯片间的匹配问题更加重要。在 RFID 应用中，电子标签芯片的输入阻抗可能是任意值，并且很难在工作状态下准确测试，而缺少准确的参数，天线设计将难以达到最佳。此外，相应的小尺寸以及低成本等要求也对天线的设计带来挑战，因此天线的设计面临许多问题。电子标签天线的特性受所标识物体的形状及物理特性的影响，而电子标签到贴电子标签的物体的距离、贴电子标签物体的介电常数、金属表面的发射和辐射模式等都将影响到天线的设计。

第四节　谐振回路

按电路连接方式的不同，谐振回路有串联谐振回路和并联谐振回路两种。

一、串联谐振回路

图 3-4 可简化为如图 3-6 所示的串联谐振回路。

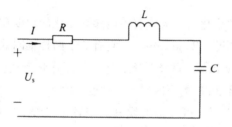

图 3-6　串联谐振回路

在具有电阻 R、电感 L 和电容 C 的串联谐振交流电路中，电路两端的电压与其中电流的相位一般是不同的。调节电路元件（L 或 C）的参数或电源频率使它们的相位相同，整个电路将呈现为纯电阻性，将电路达到的这种状态称之为谐振。在谐振状态下，电路的总阻抗达到极值或近似达到极值。研究谐振的目的就是要认识这种客观现象，并在科学和应用技术上充分利用谐振的特征，同时又要预防它所产生的危害。在电阻、电感及电容所组成的串联电路内，当容抗 X_C 与感抗 X_L 相等，即 $X_C = X_L$ 时，电路中的电压 U_S 与电流 I 的相位相同，电路呈现纯电阻性，这种现象叫串联谐振（也称为电压谐振）。当电路发生串联谐振时，电路的阻抗为：

$$Z = \sqrt{R^2 + \left(X_C - X_L\right)^2} = R$$

电路中的总阻抗最小，电流将达到最大值。

图 3-6 中，在可变频电压 U_S 的激励下，由于感抗、容抗随频率变动，所以电路中的电压、电流亦随频率变动。电路中的电感和电容串联在一起，可知该电路会发生串联谐振，其阻抗为：

$$Z = R + j\left(\omega L - \frac{1}{\omega C}\right)$$

当频率为 ω_0 时发生谐振，即当 $\omega_0 L = \frac{1}{\omega_0 C}$ 时，电路呈现纯阻性，$Z = R$。ω_0 是谐振角频率，是电路的固有频率，仅与电路的参数有关。

串联电路适合使用于理想电压源。

二、并联谐振回路

电子标签电路中的电感和电容是并联的，所以发生并联谐振。谐振时，电容的大小恰恰使电路中的电压与电流同相位，电源电能全部为电阻消耗，成为电阻电路。图 3-7 为并联谐振回路。

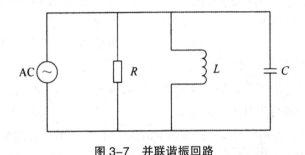

图 3-7　并联谐振回路

电路的导纳为：

$$Y = G + j\left(\omega L - \frac{1}{\omega C}\right)$$

当频率为 ω_0 时发生谐振，即当 $\omega_0 L = \frac{1}{\omega_0 C}$ 时，电路呈现纯阻性，$Y = G$。ω_0 是谐振角频率，是电路的固有频率，仅与电路的参数有关。发生谐振时，从 L、C 两端看进去的等效导纳为零，即阻抗为无限大，相当于开路；发生并联谐振时，在电感和电容元件中流过很大的电流，因此会造成电路的熔断器熔断或烧毁电气设备的事故，但在无线电工程中往往用来选择信号和消除干扰。

第五节　电磁波的传播

RFID 系统中的读卡器和电子标签通过各自的天线构建了两者之间非接触的信息

传输信道，这种信息传输信道的性能完全由天线周围的场区决定，遵循电磁传播的基本规律。

受媒质和媒质交界面的作用，产生反射、散射、折射、绕射和吸收等现象，使其特性参数如幅度、相位、极化、传播方向等发生变化。电磁波传播已形成电子学的一个分支，它研究无线电磁波与媒质间的这种相互作用，阐明其物理机理，计算其传播过程中的各种特性参量，为各种电子系统工程的方案论证、最佳工作条件的选择和传播误差的修正等提供数据和资料。根据电磁波传播的原理，用无线电磁波来进行探测，是研究电离层、磁层等的有效手段。电磁波传播为大气物理和高层大气物理等的研究提供了探测方法，积累了大批的资料，并为数据分析提供理论基础。

电磁波频谱的范围极其宽广，是一种巨大的资源。研究电磁波传播是开拓利用这些资源，它主要研究几赫兹（有时远小于 1 Hz）到 3 000 GHz 的无线电磁波，同时也研究 3 000 GHz ～ 384 THz 的红外线、384 ～ 770 THz 光波的传播问题。

电磁波传播所涉及的媒质有地球（地下、水下和地球表面等）、地球大气（对流层、电离层和磁层等）、日地空间以及星际空间等。这些媒质多数是自然界存在的，但也有许多人工产生的媒质，如火箭喷焰等离子体和飞行器再入大气层时产生的等离子体等，它们也是电磁波传播的研究对象。这些媒质的结构千差万别，电气特性各异，但就其在传播过程中的作用可以分为 3 种类型：连续的（均匀的或不均匀的）传播媒质，如对流层和电离层等；媒质间的交界面（粗糙的或光滑的），如海面和地面等；离散的散射体，如雨滴、雪、飞机、导弹等，它可以是单个的，也可以是成群的。这些媒质的特性多数随时间和空间而随机地变化，因而与它们相互作用的波的幅度和相位也随时间和空间而随机变化。因此，媒质和传播波的特性需要用统计方法来描述。

一、电磁波的频谱

在 RFID 系统中，特定频率范围内的无线电磁波经过编码，在读卡器和电子标签之间传输。整个电磁波包括 γ 射线、X 射线、紫外线、可见光、红外线、微波和无线电磁波，它们的不同之处在于波长或频率。无线电磁波可进一步划分成低频、高频、超高频和微波，RFID 技术一般采用的都是这些范围内的无线电磁波。通过无线电磁波进行能量的辐射，可以描述成光子流。每个光子流都以波的形式光速运动，每个光子都携带一定大小的能量，不同电磁波辐射之间的区别在于光子携带能量的大小。无线电磁波的光子能量最低，微波比无线电磁波的能量高一点，红外线的能量最高。电磁波频谱可以通过能量、频率或者波长来表示，但是由于无线电磁波的能量都很低，因此常采用频率和波长来描述。电磁波的特性是频率 f、波长 λ 和速度 v，可通过公式 $v = \lambda f$ 实现相互转换。

二、电磁波的自由空间传播

所谓的自由空间，指的是理想的电磁波传播环境。自由空间传播损耗的实质是因电磁波扩散损失的能量，其特点是接收电平与距离的平方以及与频率的平方均成反比。电磁波自由空间传播如图 3-8 所示。其中，T 为发射天线，R 为接收天线，T、R 相距 d。

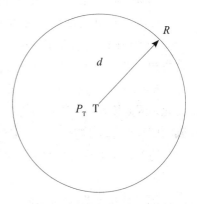

若发送端的发射频率为 P_T，距离 d 处的球形面积为 $4\pi d^2$，因此在接收天线的位置上，每单位面积上的功率为 $\dfrac{P_T}{4\pi d^2}$。如果接收端用的是无方向性的

图 3-8 电磁波自由空间传播

天线，根据天线理论，此时天线的有效面积是 $\dfrac{\lambda^2}{4\pi}$，因此接收到的功率为：

$$P_R = \frac{P_T}{4\pi d^2} \cdot \frac{\lambda^2}{4\pi} = P_T\left(\frac{\lambda}{4\pi d}\right)^2 = P_T\left(\frac{c}{4\pi df}\right)^2$$

路径损耗为：

$$L_S = \frac{P_T}{P_R} = \left(\frac{4\pi d}{\lambda}\right)^2 = \left(\frac{4\pi df}{c}\right)^2$$

式中，f 为信号的频率；c 为光速；λ 为信号波长。

自由空间损耗写成分贝值为：

$$L_s(\text{dB}) = 92.4 + 20\lg d(\text{km}) + 20\lg f(\text{GHz})$$

三、电磁波的多径传播和衰落

电磁波在传播的过程中，可能经历长期慢衰落和短期快衰落。

（一）电磁波传播的长期慢衰落

长期慢衰落是由传播路径上固定障碍物（如建筑、山丘、树林等）的阴影引起的，因此称为阴影衰落。阴影引起的信号衰落是缓慢的，且衰落的速率与工作频率无关，只与周围地形、地物的分布、高度和物体的移动速度有关。

长期慢衰落一般表示为电磁波传播距离的平均损耗（dB）加上一个正太对视分量，其表达式为：

$$L = L_d + X_\sigma$$

式中，L_d 是距离因素造成的电磁波损耗；X_σ 是满足正太分布的随机变量，其均值为 0，方差为 σ^2，移动通信环境中 σ^2 的典型值为 $8 \sim 10$ dB。

（二）电磁波传播的短期快衰落

由于电磁波具有反射、折射、绕射的特性，因此接收端接收到的电磁波信号可能是从发送端发送的电磁波经过反射、折射、绕射的信号的叠加，即接收信号是发送信号经过多种传播途径的叠加信号。另外，反射、折射、绕射物体的位置可能随时间的变化而变化，因此接收信号接收到的多径信号可能在这一时刻与下一时刻不同，即接收端接收到的信号具有时变特性。无线通信中的电磁波传播经常受到这种多径时变的影响。

考察信道对发送信号的影响。发送信号一般可以表示为：

$$s(t) = \mathrm{Re}\left[s_1(t)\mathrm{e}^{\mathrm{j}2\pi f_c t}\right]$$

假设存在多条传播路径，且与每条路径有关的是时变的传播时延和衰减因子，则接收到的带通信号为：

$$x(t) = \sum_n a_n(t)s\left[t - \tau_n(t)\right] = \sum_n \left\{a_n(t)\mathrm{e}^{-\mathrm{j}2\pi f_c \tau_n(t)}s_1\left[t - \tau_n(t)\right]\right\}\mathrm{e}^{\mathrm{j}2\pi f_c t}$$

式中，$a_n(t)$ 是第 n 条传播路径的时变衰减因子；$\tau_n(t)$ 是第 n 条传播路径的时变传播时延；$s_1(t)$ 是发送信号的等效低通信号；f_c 是载波频率。

可以看出，接收信号的等效低通信号为：

$$x_1(t) = \sum_n a_n(t)\mathrm{e}^{-\mathrm{j}2\pi f_c \tau_n(t)}s_1\left[t - \tau_n(t)\right]$$

而等效低通信道可以用下面的时变冲激相应表示为：

$$c(\tau;\ t) = \sum_n a_n(t)\mathrm{e}^{-\mathrm{j}2\pi f_c \tau_n(t)}\delta\left[t - \tau_n(t)\right]$$

第四章　RFID 系统的中间件

第一节　RFID 中间件

一、中间件概述

（一）中间件的概念

计算机技术迅速发展。从硬件技术看，CPU 速度越来越高，处理能力越来越强；从软件技术看，应用程序的规模不断扩大，特别是 Internet 及 WWW 的出现，使计算机的应用范围更为广阔，许多应用程序需在网络环境的异构平台上运行。这一切都对新一代的软件开发提出了新的要求。在这种分布式异构环境中，通常存在多种硬件系统平台（如 PC、工作站、小型机等）。在这些硬件平台上又存在各种各样的系统软件（如不同的操作系统、数据库、语言编译器等），以及多种风格各异的用户界面。这些硬件系统平台还可能采用不同的网络协议和网络体系结构连接。如何把这些系统集成起来并开发出新的应用，是一个非常现实而困难的问题。为解决分布异构问题，人们提出了中间件（Middleware）的概念。中间件是位于平台（硬件和操作系统）和应用之间的通用服务，如图 4-1 所示，这些服务具有标准的程序接口和协议。针对不同的操作系统和

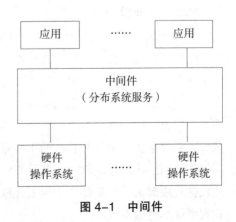

图 4-1　中间件

硬件平台，它们可以有符合接口和协议规范的多种实现。

中间件是介于应用系统和系统软件之间的一类软件，它使用系统软件提供的基础服务（功能），衔接网络上应用系统的各个部分或不同的应用，以达到资源共享、功能共享的目的。目前，它并没有很严格的定义，但是人们普遍接受的定义是，中间件是一种独立的系统软件或服务程序，分布式应用软件借助这种软件在不同的技术之间共享资源。中间件位于客户机服务器的操作系统之上，管理计算资源和网络通信，从这个意义上可以用一个等式表示中间件，即中间件 = 平台 + 通信。这也就限定了只有用于分布式系统中的系统软件或服务程序才能叫中间件，同时也把它与支撑软件和实用软件区分开来。

一般认为，中间件必须具有以下特点。

（1）标准的协议和接口。

（2）分布计算，提供网络、硬件、操作系统透明性。

（3）满足大量应用的需要。

（4）能运行于多种硬件和操作系统平台上。

其中，具有标准的接口和协议非常重要，因为它可以实现不同硬件和操作系统平台上的数据共享和应用互操作。

从理论上讲，中间件具有以下工作机制。在客户端上的应用程序需要从网络中的某个地方获取一定的数据或服务，这些数据或服务可能处于一个运行着不同操作系统的特定查询语言数据库的服务器中。客户 / 服务器应用程序中负责寻找数据的部分只需访问一个中间件系统，由中间件完成到网络中找到数据源或服务，进而传输客户请求、重组答复信息，最后将结果送回应用程序的任务。

在具体实现上，中间件是一个用 API 定义的软件层，是一个具有强大的通信能力和良好的可扩展性的分布式软件管理框架。

（二）中间件的分类

简单来说，中间件的作用就是试图通过屏蔽各种复杂的技术细节使技术问题简单化。具体地说，首先，中间件屏蔽了底层操作系统的复杂性，使程序开发人员面对一个简单而统一的开发环境，减少了程序设计的复杂性，将注意力集中在自己的业务上，不必再为程序在不同系统软件上的移植而重复工作，从而大大减少了技术上的负担。所以说，中间件带给应用系统的不只是开发的简便、开发周期的缩短，同时它也减少了系统维护、运行和管理的工作量，还减少了计算机总体费用的投入。其次，中间件作为新层次的基础软件，其重要作用是将在不同时期、不同操作系统上开发的应用软件集成起来，彼此像一个天衣无缝的整体一样协调工作，这是操作系统、数据库管理系统本身做不到的。

目前，针对不同的应用涌现出了各具特色的中间件产品。从不同的角度和层次来看，中间件有不同的分类。根据中间件在系统中所起的作用和采用的技术不同，可以把中间件大致分为以下几种。

1. 数据访问中间件

数据访问中间件（Data Access Middleware）处在系统中建立数据应用资源互操作的模式，实现异构环境下的数据库联结或文件系统联结的中间件，从而为在网络中虚拟缓冲存取、格式转换、解压等带来方便。数据访问中间件在所有的中间件中是应用最广泛、技术最成熟的一种。它的一个最典型的例子就是ODBC。不过在数据访问中间件处理模型中，数据库是信息存储的核心单元，中间件仅完成通信的功能。这种方式虽然是灵活的，但是并不适用于一些要求高性能处理的场合，因为它需要大量的数据通信，而且当网络发生故障时，系统不能正常工作。

2. 远程过程调用（RPC）中间件

远程过程调用中间件是另外一种形式的中间件，它在客户/服务器计算方面，比数据访问中间件又迈进了一步。它的工作方式如下：当一个应用程序 A 需要与另一个远程的应用程序 B 交换信息或要求 B 提供协助时，A 在本地产生一个请求，通过通信链路通知 B 接收信息成提供相应的服务，B 完成相关处理后将信息成结果返回给A。RPC 的灵活性使得它有比数据访问中间件更广泛的应用，它可以应用在更复杂的客户/服务器计算环境中。远程过程调用的灵活性还体现在它的跨平台性方面。RPC也有一些缺点，对于一些大型的应用，同步通信方式就不是很适合了，因为此时程序员需要考虑网络或者系统故障，处理并发操作、缓冲、流量控制以及进程同步等一系列复杂的问题。

3. 面向消息的中间件

面向消息的中间件（Message Oriented Middleware，MOM）指的处利用高效可靠的消息传递机制进行平台无关的数据交流，并基于数据通信进行分布式系统的集成。通过提供消息传递和消息排队模印，它可在分布式环境下扩展进程间的通信，并支持多通信协议、语言、应用程序、硬件和软件平台。目前流行的 MOM 产品有 IBM 公司的 MQSeries、甲骨文（Oracle）公司的 MessageQ 等。消息传递和排队技术有以下 3 个特点。第一，通信程序可在不同的时间运行。程序不在网络上直接相互通话，而是间接地将消息放入消息队列。因为程序间没有直接的联系，所以它们不必同时运行。消息放入适当的队列时，目标程序甚至根本不需要正在运行，即使目标程序正在运行，也不意味着要立即处理该消息。第二，对应用程序的结构没有约束。在复杂的应用场合中，通信程序之间不仅可以是一对一的关系，还可以是以对多和多对一方式，甚至是上述多种方式的组合。多种通信方式的构造并没有增加应用程序的复杂性。第三，程序与网络复杂性相隔离。程序将消息放入消息队列或从消息队列中取出消息进行通信，与此关联的全部活动，如维护消息队列、维护程序和队列之间的关系、处理网络的重新启动和在网络中移动消息等是 MOM 的任务，程序不直接与其他程序通话，并且它们不涉及网络通信的复杂性。

消息中间件能在不同平台之间通信，实现分布式系统中可靠的、高效的、实时的跨平台数据传输。它常被用来屏蔽各种平台及协议之间的特性，实现应用程序之间的协同。其优点在于能够在客户和服务器之间提供同步和异步的连接，并且在任何时刻都可以将消息进行传送或者存储转发，这也是它比远程过程调用更进一步的原因。另外，消息中间件不会占用大量的网络带宽，可以跟踪事务，并且通过将事务存储到磁盘上实现网络故障时系统的恢复。当然和远程过程调用相比，消息中间件不支持程序控制的传递。

消息中间件适用于需要在多个进程之间进行可靠的数据传递的分布式环境。它是中间件中唯一不可缺少的，也是销售额最大的中间件产品。

4. 面向对象的中间件

面向对象的中间件（Object Oriented Middleware）是对象技术和分布式计算发展的产物，它提供一种通信机制，透明地在异构的分布式计算环境中传递对象请求，而这些对象可以位于本地或者远程机器。在这些面向对象的中间件中，功能最强的是 CORBA，它可以跨任意平台，但是其体积太庞大；JavaBean 较灵活简单，很适合作为浏览器，但其运行效率差；DOOM 模型主要适合 Windows 平台，已被人们广泛使用。CORBA 和 DCOM 这两种标准相互竞争，而且两者之间有很大的区别，这在一定程度上阻碍了面向对象中间件的标准化进程。当前国内新建系统实际上主要是 Unix、Linux 和 Windows，因此针对这两个平台建立标准的面向对象中间件是很有必要的。

5. 事务处理中间件（TPM）

事务处理中间件是在分布、异构环境下提供保证交易完整性和数据完整性的一种环境平台，它是针对复杂环境下分布式应用的速度和可靠性要求而实现的。它给程序员提供了一个事务处理的 API，程序员可以使用这个程序接口编写高速而且可靠的分布式应用程序——基于事务处理的应用程序。事务处理中间件向用户提供一系列的服务，如应用管理、管理控制、已经应用于程序间的消息传递等。事务处理中间件常见的功能包括全局事务协调、事务的分布式两段提交（准备阶段和完成阶段）、资源管理器支持、故障恢复、高可靠性、网络负载平衡等。

6. 网络中间件

网络中间件包括网管、接入、网络测试、虚拟社区、虚拟缓冲等，也是当前研究的热点。

7. 终端仿真——屏幕转换中间件

屏幕转换中间件的作用在于实现客户机图形用户接口与已有的字符接口方式的服务器应用程序之间的互操作。

（三）中间件的技术标准

中间件技术的标准主要有 COM、CORBA、J2EE 这 3 个标准。下面就分别对它们进行详细的介绍。

1. COM

COM（Component Object Model）最初作为 Microsoft 桌面系统的构件技术，主要为本地的 OLE 应用服务。但是随着 Microsoft 服务器操作系统 NT 和 DCOM 的发布，COM 通过底层的远程支持使得构件技术延伸到了分布式应用领域。COM 是 Microsoft 提出的一种组件规范，多个组件对象可以连接起来形成应用程序，并且应用程序在运行时，可以在不重新连接或编译的情况下被卸下或换掉。COM 既是规范，也是实现，它以 COM 库（OLE32.dll 和 OLEAut.dll）的形式提供了访问 COM 对象核心功能的标准接口及一组 API 函数。这些 API 函数用于实现创建和管理 COM 对象的功能。Microsoft 对 COM 的发展包括 DCOM、MTS（Microsoft Transaction Server）以及 COM+。COM 把组件的概念融入 Windows 中，但它只能使本机内的组件进行交互。DCOM 则为分布在网络上不同节点上的组件提供了交互能力。MTS 针对企业 Web 的特点，在 COM/DCOM 的基础上添加了诸如事务特性、安全模型等服务。COM+ 把 COM 组件的应用提升到了应用层，它通过操作系统的各种支持使组件对象模型建立在应用层上，把所有组件的底层细节如目录服务、事务处理、连接池及负载平衡等留给操作系统。尽管有些厂商正在为 Unix 平台使用 COM+ 而奋斗，但 COM+ 基本上仍是 Windows 家族平台的解决方案。

2. CORBA

CORBA（Common Object Request Broker Architecture）分布计算技术是 OMG 组织基于众多开放系统平台厂商提交的分布对象互操作内容的公共对象请求代理体系规范。

CORBA 分布计算技术，是由绝大多数分布计算平台厂商支持和遵循的系统规范技术，具有模型完整、先进、独立于系统平台和开发语言、被支持程度广泛的特点，已逐渐成为分布计算技术的标准。COBRA 标准主要分为 3 个层次，即对象请求代理、公共对象服务和公共设施。最底层是对象请求代理（ORB），它规定了分布对象的定义（接口）和语言映射，实现了对象间的通信和互操作，是分布对象系统中的"软总线"。在 ORB 之上定义了很多公共服务，使它可以提供诸如并发服务、名字服务、事务服务、安全服务等各种各样的服务。最上层的公共设施则定义了组件框架，提供可直接为业务对象使用的服务，规定业务对象有效协作所需的协定规则。目前，CORBA 兼容的分布计算产品层出不穷，其中有中间件厂商的 ORB 产品，如 BEAM3、IBM Component Broker，也有分布对象厂商推出的产品，如 IONAObix 和 OOCObacus 等。

CORBA 是编写分布式对象的一个统一标准，这个标准与平台、语言和销售商无关。CORBA 包含了很多技术，而且其应用范围十分广泛，CORBA 中有一个被称为 IIOP（Internet Inter-ORB Protocol）的协议。它是 CORBA 的标准 Internet 协议，用户看不到 IIOP，因为它运行在分布式对象通信的后台。CORBA 中的客户通过 ORB 进行网络通信，它使得不同的应用程序不需要知道具体的通信机制也可以进行通信，它负责找到对象来服务方法调用，处理参数调用，并返回结果。它使得通信变得非常容易。CORBA 中的 IDL（Interface Definition Language）用来定义客户端和它们的调用对象之间的接口，这是一个与语言无关的接口，定义之后可以用任何面向对象的语言实现。现在有很多工具可以实现从 IDL 到不同语言的映射，CORBA 是面向对象的基于 IIOP 的二进制通信机制。

3. J2EE

为了推动基于 Java 的服务器端应用开发，Sun 公司于是在 1999 年年底推出了 Java2 技术及相关的 J2EE（Java 2 Platform Enterprise Edition）规范，J2EE 的目标是提供平台无关的、可移植的、支持并发访问和安全的、完全基于 Java 的开发服务器端中间件的标准。

在 J2EE 中，Sun 公司给出了完整的基于 Java 语言开发面向企业的分布应用规范，其中，在分布式互操作协议上，J2EE 同时支持 RMI 和 IIOP，而在服务器端分布式应用的构造形式上，则包括了 Java Servlet、JSP（Java Server Page）、EJB 等多种形式，以支持不同的业务需求，而且 Java 应用程序具有 "Write once, run anywhere" 的特性，使得 J2EE 技术在分布式计算领域得到了快速发展。

J2EE 简化了构件可伸缩的、基于构件服务器端应用的复杂度，虽然 Windows DNA 2000 也一样，但它们最大的区别在于，Windows DNA 2000 是一个产品，而 J2EE 是一个规范。不同的厂家可以实现自己的符合 J2EE 规范的产品，J2EE 规范是众多厂家参与制定的，它不为 Sun 公司所独有，而且其支持跨平台的开发。目前，许多大的分布计算平台厂商都公开支持与 J2EE 兼容的技术。

二、RFID 中的中间件

（一）RFID 中间件的定义

一般情况下，硬件系统一旦开发好以后就往往是相对固定的，而主机程序却是千差万别的，并且这种差别不可避免，具体原因如下。

（1）软件应用的背景领域可能不同，不可能各个领域使用同一套软件。

（2）开发时使用的软件语言和软件技术可能不同。

（3）软件运行的平台可能不同。

而对目前各式各样 RFID 的应用，企业最关注的问题是如何将企业现有的系统与新引进的 RFID 设备连接起来，并发挥这些新设备的作用。这个问题的本质是企业应用系统与硬件接口的问题。因此，通透性是整个应用的关键。正确抓取数据、确保数据读取的可靠性，以及有效地将数据传送到后端系统都是必须考虑的问题。传统的应用程序与应用程序之间（Application to Application）的数据通透由中间件架构解决，并发展出各种 Application Server 应用软件。同理，中间件的架构设计解决方案便成了 RFID 应用的一项极为重要的核心技术。

RFID 中间件扮演着 RFID 标签和应用程序之间的中介角色，从应用程序端使用中间件提供的一组通用应用程序接口（API），即能连到 RFID 阅读器，读取 RFID 标签数据。这样一来，即使存储 RFID 标签情报的数据库软件或后端应用程序增加或改由其他软件取代，或者读写 RFID 阅读器种类增加等情况发生时，应用端不需修改也能处理，省去了多对多连接的维护复杂性问题。

RFID 中间件是一种面向消息的中间件，信息（Information）以消息（Message）的形式，从一个程序传送到另一个或多个程序。信息可以以异步（Asynchronous）的方式传送，所以传送者不必等待回应。面向消息的中间件包含的功能不仅是传递（Passing）信息，还必须包括解译数据、安全性、数据广播、错误恢复、定位网络资源、找出符合成本的路径、消息与要求的优先次序以及延伸的除错工具等服务。

RFID 中间件技术拓展了基础中间件的核心设施和特性，将企业级中间件技术延伸到了 RFID 领域，是 RFID 产业链的关键性技术。RFID 中间件屏蔽了 RFID 设备的多样性和复杂性，能够为后台业务系统提供强大的支撑，从而驱动更广泛、更丰富的 RFID 应用。RFID 中间件技术重点研究的内容包括并发访问技术，目录服务及定位技术，数据及设备监控技术，远程数据访问、安全和集成技术，进程及会话管理技术等。

（二）RFID 中间件的意义

选用 RFID 中间件可以为企业带来以下几方面的好处。

（1）实施 RFID 项目的企业，不需要进行任何程序代码开发，便可完成 RFID 数据的导入，可极大地缩短企业实施 RFID 项目的周期。

（2）当企业数据库或企业的应用系统发生更改时，对于 RFID 项目而言，只需更改 RFID 中间件的相关设置即可实现将 RFID 数据导入新的企业信息系统。

（3）RFID 中间件可以为企业提供灵活多变的配置操作。企业可以根据自己的实际业务需求、企业信息系统管理的实际情况，自行设定相关的 RFID 中间件参数，将企业所需的 RFID 数据顺利地导入企业系统。

（4）当 RFID 项目的规模扩大时，如增加 RFID 阅读器数量，或其他类型的阅读器，或新增企业仓库，对于使用 RFID 中间件的企业，只需对 RFID 中间件进行相应设置，便可完成 RFID 数据的顺利导入，而不需要做程序代码开发，可以省去许多不必要的麻烦，还能为企业降低成本。

（三）RFID 中间件的功能和特点

根据 VDC（Venture Development Corporation）的分析、RFID 中间件各类市场的出现以及用户和 RFID 系统的使用经验总结，可以越来越明显地看出用户对 RFID 中间件的功能有明确的要求。

首先，用户对 RFID 中间件提出的功能要求必须具备以下 5 种特点。

（1）能够为 RFID 问答机（一种基础设施）提供不间断接口标准的接口功能，例如 RFID 问答机并不需要人—机—网络—应用。客户对 RFID 阅读器的功能要求是在以下几个方面都能适当满足。

① 在某些应用场合中，即使只有一个阅读器也可以工作。

② 能够为开发接口层面的软件提供资金，资金可以来自自身成者第三方。

③ 如果因为成本原因，例如没有有效的整合平台，可以不支持某些应用。

（2）有数据过滤和输送功能，与没有标准接口的情况类似。这时，用户关心的是在 RFID 系统应用和整合过程中中间数据的过滤、汇编、传输是否有效。用户希望 RFID 中间件能够面对两者之间的差别，能够作为阅读器引擎以及控制器的核心部件，有可靠的数据过滤和传输功能。

（3）能够管理 RFID 阅读器 / 问答机（基础设施），其主要功能应该包括能够实现近远距离监控，能够实现软件配置升级，能够完成电源通断和遥控通断。

（4）支持多个主平台的 RFID 数据请求。RF1D 应用项目繁多，应用环境也各有不同。IT 的基础设施，如 ERP 平台、功能模块、使用的电源等也各种各样。数据结构、交换格式以及各种各样的技术规格对 RFID 系统必然产生压力，所以 RFID 子系统必须满足多个主平台的数据请求。常见的主平台有仓库疗理系统、订货管理系统、运输管理系统、物流管理系统、流通环节管理系统以及数据库。

（5）支持现有系统。为使 RFID 项目投资回报最大化，或者满足客户提出的适应性要求，即客户要求能够支持现有系统，如各种跟踪和营销设施、网络基础设施、具体应用项目等，RFID 必须支持现有系统。这种支持通常是指对现有系统可以实施新旧两种处理方法。

其次，用户和鉴定人员对 RFID 中间件供应商提出的要求有以下 3 个。

（1）能够提供有关文件，分享有关经验。用户最喜欢与有经验的 RFID 系统或者

RFID 中间件供应商一起工作，它们应该对 RFID 用途、安装环境、营销环节、业务模型非常熟悉。这种要求不一定容易对付，因为有些用户非常熟悉 RFID，有些可能完全是外行。至于流通环节至今还没有成熟的经验可以公开分享，即使秘密分享也做不到。关于投资回报模塑，目前的情况是数量很少，即使有也很难在具体客户项目上进行移植。所以成功的供应商应该根据自己的经验和能力与用户实现分享。

（2）能够提供完整的系统。这项要求可能最难实现，因为 RFID 技术标准和系统性能生前还有很多不确定性。许多公司提供的 RFID 系统都有其独特的应用场合，RFID 本身还不很成熟，在性能与效果方面还有许多地方需要改进。所以，用户和鉴定人员讨厌原型试验、探索性或者首次亮相等解决方案是可以理解的。成功的供应商应该把资金投入到解决方案或者成套产品开发中，即 RFID 系统或者中间件供应商应该与互补技术和服务的供应商形成伙伴关系，一起为用户服务。

（3）真正实现 IT 巨头们的期待，提供良好的服务。许多非产品服务来自用户与 IT 巨头的合作经验。例如，用户认为与 RFID 系统以及中间件供应商合作的有利经验来自现场的专业服务、详细的软件功能说明、具体的操作经验等。

从技术的角度来讲，RFID 中间件在实际应用当中主要起到数据的处理、传递和阅读器的管理等功能。通过对 RFID 系统的分析，RFID 中间件应具备以下几个功能。

（1）数据读出和写入。目前市场上的电子标签，不但存储标识数据，有的还能够提供用户可进行自定义读写操作的附加存储器。当网络因某种原因失效时，通过读取附加存储器中的内容仍能够获得必要的信息。

RFID 中间件应提供统一的 API，完成数据的读出和写入工作。中间件应提供对不同厂家、不同协议的读写设备的支持，实现应用对设备的透明操作。

（2）数据的过滤和聚合。阅读器不断地从电子标签读取大量未经处理的数据。一般来说，应用系统并不需要大量的重复数据，因此数据必须进行去重和过滤。

不同的应用需要取得不同的数据子集，例如，装卸部门的应用关心的是包装箱的数据而不是包装箱内件的数据。RFID 中间件应能够聚合汇总上层应用系统定制的数据集合。

（3）RFID 数据的分发。RFID 设备读取的数据，并不一定只由某一个应用程序使用，它可能被多个应用程序使用（包括企业内部各个应用系统，甚至企业商业伙伴的应用系统），每个应用系统时能需要数据的不同集合，中间件应能够将数据整理后发送到相关的应用系统。数据分发还应支持分发时间的定制，例如，应立即将读取的 RFID 数据传送到生产线控制系统中以指导生产，在整批货物处理完成后再将完整的数据传送到企业合作伙伴的应用系统中，每天业务处理完成后再将当天的全部数据传送到决策支持系统中等。

（4）数据安全。RFID 的使用往往在不为人知的地方，在家用电器、服装甚至是食品包装盒上也许都嵌入有 RFID 芯片，在芯片的内部保存着 ID 信息，也许还有其他的附加信息，一些别有用心的人也许能够通过收集这些数据而窥探到个人隐私。RFID 中间件应该考虑到用户的这些担心，并在法律法规的指导下进行数据的收集和处理工作。

具体来讲，一个典型的基于 ALE 规范的 RFID 中间件基本上需要包括以下几个功能。

（1）实现 ALE 规范的所有必须要求。

① 实现 ALE 接口规范描述的工作状态机。

② 支持多类 EPC 事件接收客户端（HTTP、TCP、FILE）。

③ 处理 ECSpec、ECReport 等 XML，为第三方应用提供 Web Service 接口。

（2）集成业界主流的 RFID 阅读器，如

Symbol/Matrix 阅读器、Zebra 阅读器、Intermec 阅读器、ThingMagic 阅读器、Alien 阅读器、Avery 阅读器、SAMSys 阅读器、Printronix 阅读器。

（3）提供 RFID 中间件自身的配置管理。

① 配置阅读器集成参数，实现不同阅读器的集成。

② 配置 ALE 接口参数，实现第三方应用的访问。

③ 配置 Edge Server 工作参数，实现 RFID 中间件在特殊环境下的适应性工作。

④ 提供集中管理。

（4）提供对 RFID 阅读器的监控、基本配置和管理。

① 支持多个 RFID 阅读器的同时访问、监控。

② 支持对不同 RFID 阅读器的基本配置和管理。

（5）提供灵活扩展的框架，支持 ALE 规范的升级和快速集成新的 RFID 阅读器。

① 提供版本维护机制，支持 ALE 规范的升级。

② 提供开发工具包，快速集成新的 RFID 阅读器。

（6）提供企业级运行品质，稳定、高效、安全、可管理、扩展、互联。

① 由于 RFID 中间件运行在企业边缘层，在进行 RFID 中间件集中管理的同时，需要自身提供足够高的可用性。

② 海量级的 EPC 信息采集需要 RFID 中间件的高效工作，支持多 RFID 阅读器的并行操作。

③ 业务上的安全要求其 EPC 信息的采集行为必须是安全的。

④ 简洁直观的管理风格有助于企业更好地管理 RFID 中间件及其相关的 RFID 硬件设施

⑤ 扩展能力，除了前面提到的对标准和硬件的兼容性之外，还需要在性能提升

方面通过多个 RFID 中间件的并行工作来进一步优化性能。

⑥ 良好的互联性，实现与第三方应用的协同工作。

（四）RFID 中间件架构

RFID 中间件可以从架构分为以下两种。

1. 以应用程序为中心（Application Centric）

以应用程序为中心的设计概念是通过 RFID 阅读器厂商提供的 API，以 Hot Code 方式直接编写特定阅读器读取数据的 Adapter，并传送至后端系统的应用程序或数据库中，从而达到与后端系统或服务串接的目的。

2. 以架构为中心（Infrastructure Centric）

随着企业应用系统复杂度的增大，企业无法负荷以 Hot Code 方式为每个应用程序编写 Adapter，同时面对对象标准化等问题，企业可以考虑采用厂商提供的标准规格的 RFID 中间件。这样一来，即使存储 RFID 标签情报的数据库软件改由其他软件代替，或读写 RFID 标签的 RFID 阅读器种类增加等情况发生时，应用端不做修改也能应付。

（五）RFID 中间件的发展过程

RFID 中间件在发展的过程中经历了应用程序中间件（Application Middleware）发展阶段、架构中间件（Infrastructure Middleware）发展阶段和解决方案中间件（Solution Middleware）发展阶段 3 个发展阶段。

1. 应用程序中间件发展阶段

RFID 初期的发展多以整合、串接 RFID 阅读器为目的。本阶段多为 RFID 阅读器厂商主动提供简单 API，以供企业将后端系统与 RFID 阅读器串接。从整体发展架构来看，此时，企业的导入须自行花费许多成本去处理前后端系统连接的问题。通常企业在本阶段会通过试验计划方式来评估成本效益与导入的关键议题。

2. 架构中间件发展阶段

架构中间件发展阶段是 RFID 中间件成长的关键阶段。由于 RFID 的强大应用，沃尔玛公司与美国国防部等关键使用者相继进行 RFID 技术的规划并进行导入的试验计划，促使国际各大厂持续关注 RFID 相关市场的发展。本阶段，RFID 中间件的发展不但已经具备了基本数据搜集、过滤等功能，同时也满足了企业多对多（Devices-to-Applications）的连接需求，并具备了平台的管理与维护功能。

3. 解决方案中间件发展阶段

未来，在 RFID 标签、阅读器与中间件发展成熟的过程中，各厂商将针对不同领域提出各项创新应用解决方案。例如，美国曼哈特软件公司提出"RFID in a Box"，企业不需再为前端 RFID 硬件与后端应用系统的连接烦恼。该公司与美国意联科技公司在 RFID 硬件端合作，发展以 Microsoft.Net 平台为基础的中间件，针对该公司已有的 900 家供应链客户群发展 Supply Chain Execution（SCE）Solution，原本使用 Manhattan Associates SCE Solution 的企业只需通过"RFID in a Box"，就可以在原有的应用系统上快速利用 RFID 加强供应链管理的透明度。

（六）RFID 中间件标准现状分析

中间件是程序模块的集成器，程序模块通过两个接口与外界交互——识读器接口和应用程序接口。其中，识读器接口提供与标签识读器，尤其是 RFID 识读器的连接方法。中间件允许采用其他的协议与识读器进行通信，在《Auto-ID 识读器通讯协议 1.0》中，对接口的细节做了详细说明。应用程序接口是程序模块与外部应用的通用接口，使中间件与外部应用程序连接。这些应用程序通常是现有的企业采用的应用程序，也可能有新的具体 EPC 应用程序甚至是其他中间件。如果有必要，应用程序接口能够采用中间件服务器本地协议与以前的扩展服务进行通信。应用程序接口也允许采用与识读器协议类似的分层方法实现。其中，高层定义命令和抽象语法绑定，底层实现与具体语法和协议绑定。除了中间件定义的两个外部接口（识读器接口和应用程序接口）外，程序模块之间用它们自己定义的 API 函数交互，也可能会通过某些特定接口与外部服务进行交，其中的一种典型情况就是中间件之间的通信。

至今还没有统一的关于中间件之间通信方式的定义，现在存在多种实现方式，SOAP 接口是比较常见的一种。利用这种接口，用户可以设置接收器，定义中间件之间的通信协议，包括通信是否采用 TCP/IP 或 SSL 协议、通信的内容等，这些都可以在接收器中由用户自己定义。接收器可以是过滤器也可以是记录器。程序模块可以由 Auto-ID 标准委员会定义，或者由用户和第三方如生产商定义。

Auto-ID 标准委员会定义的模块叫作标准程序模块。其中，一些标准模块需要应用在中间件的所有应用实例中，这种模块叫作必备标准程序模块；其他一些可以根据用户定义包含或者排除于一些具体实例中，这些就叫作可选标准程序模块。其中，事件管理系统（Event Management System，EMS）、实时内存数据结构（Real-Time In-Memory Event Database，RIED）和任务管理系统（Task Management System，TMS）都是必需的标准程序模块。

第二节　RFID 中间件架构

一、RFID 中间件模型与各部分功能

（一）中间件模型

中间件在 RFID 系统中扮演着与现有流程数据整合以及处理 RFID 数据的重要角色。因此，中间件的设计必须达到下列 4 个目标。

（1）中间件具有协调性，提供一致的接口给不同厂商的应用系统。

（2）提供一个开放且具有弹性系统所需要的中间件架构。

（3）自动识别技术是将数据自动采集和阅读、自动输入计算机的重要方法和手段。近几年，将制定相关标准规定阅读器硬件厂商需要提供的功能标准接口。

（4）完成中间件的基本功能，并强化对多个阅读器接口的功能，及对其他系统的数据安全保护。

为了开发出符合国内应用需求的 RFID 中间件平台，规划出能符合国际标准的软件平台，根据各部分程序代码的不同职责，程序逻辑划分成以下几个功能层。

（1）表示逻辑层：指示用户如何与应用程序进行交互以及信息如何表示。

（2）业务逻辑层：装载应用程序的核心，即用来控制内联在应用程序中的业务处理（或其他功能）的规则。

（3）数据访问功能：本层控制与程序使用的数据源（一般是数据库）的连接，并从这些数据源中取得数据提供给业务逻辑层。

如图 4-2 所示，应用程序接口由 3 个截然不同的层次组成。

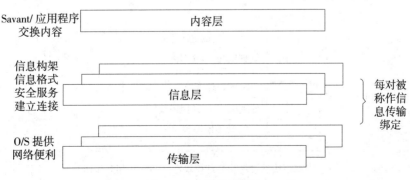

图 4-2　中间件的层次

（二）各模块功能

（1）内容层。这一层详细地说明了中间件和应用程序之间抽象的交换内容，是应用程序接口的核心部分，定义能够完成何种请求的操作。

（2）信息层。这一层说明了内容层中被定义的抽象内容是如何通过一种特殊的网络传输编译、传输的。安全服务也在这一层被给定。信息层详细阐述了一个基本的网络连接是如何被建立的，任何初始化信息都需要建立同步成者初始化安全服务，以及一些类似于通过每一条信息被执行的编译码的运行。

（3）传输层。这一层与操作系统规定的网络工作设备息息相关。

RFID 中间件规定了信息层多重选择的执行。每种执行都被称为信息／传输绑定（MTB）。不同的 MTB 提供了不同种类的传输，例如 TCP/IP 协议、蓝牙以及不同种类的通信协议，又如 SOAP、XML、MQSeries。不同的 MTB 提供不同种类的安全服务。

多种标准的 MTB 都有其各自的定义。其他没被定义的可能会逐步更新。不管使用何种 MTB，中间件的执行允许通过应用程序接口建立多重的、同步的独立连接。处理模块有一致动作连接的准备以及随时实现一些关闭操作或其他操作以确保同时连接的正确操作。

二、RFID 中间件系统框架

图 4-3 所示为中间件系统结构框架。中间件系统结构包括阅读器接口（Reader Interface）、处理模块（Processing Module）及应用程序接口（Application Interface）3 部分。阅读器接口负责前端和相关硬件的沟通接口；处理模块包括系统与数据标准处理模块；应用程序接口负责后端与其他应用软件的沟通接口及使用者自定义的功能模块。

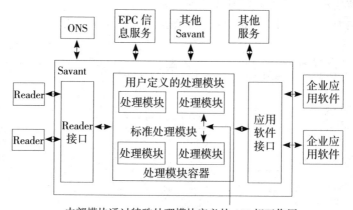

图 4-3　中间件系统结构框架

（1）阅读器接口的功能，包含下列 3 个部分。

① 提供阅读器硬件与中间件的连接接口。

② 负责阅读器和适配器与后端软件之间的通信接口，并能支持多种阅读器和适配器。

③ 能够接受远程命令，控制阅读器和适配器。

（2）处理模块的功能，包含下列 5 个部分。

① 在系统管辖下，能够观察所有阅读器的状态。

② 提供处理模块向系统注册的机制。

③ 提供 EPC 编码和非 EPC 转换的功能。

④ 提供管理阅读器的功能，如新增、删除、停用、群组等功能。

⑤ 提供过滤不同阅读器接收内容的功能，进行数据处理。

（3）应用程序接口功能，包括透过一致的 XML-RPC/SOAP-RPC 沟通方式。连接企业内部现有的数据库（如存货系统）或 EPC 相关数据库，使外部应用系统可透过此中间件取得相关 EPC/非 EPC 信息。

中间件被定义成具有一系列特定属性的"程序模块"或"服务"，并被用户集成以满足他们的特定需求。这些模块设计的初衷是能够支持不同群体对模块的扩展，而不是能满足所行应用的简单的集成化电路。中间件是连接标签阅读器和企业应用程序的纽带，代表应用程序提供一系列的计算功能，在将数据送往企业应用程序之前，它要对标签数据进行过滤、汇总和计数，压缩数据容量。为了减少网络流量，中间件只向上层转发它感兴趣的某些事件或事件摘要。

三、RFID 中间件处理模块

（一）RFID 事件管理系统

RFID 事件管理系统（RFID Event Management System，RFID EMS）应用在 Edge RFID 上用来采集标签解读事件，它与阅读器应用程序进行通信，管理阅读器发送的事件流。在中间件系统中，RFID EMS 是最重要的组件，它为用户提供了集成他应用系统的平台。图 4-4 所示为设计了 RFID 中间件的处理模块结构。

它的职责如下。

（1）允许不同种类的阅读器写入适配器。

（2）以标准格式从阅读器采集 EPC 数据。

（3）允许设置过滤器，以平滑或清除 EPC 数据。

（4）允许写各种记录文件，如记录 EPC 数据存储到数据库中的数据库日志，记录 EPC 数据广播到远程服务器事件中的 HTTP/JMS/SOAP 网络日志。

（5）对记录器、过滤器和适配器进行事件缓冲，使它们在不相互妨碍的情况下运行。

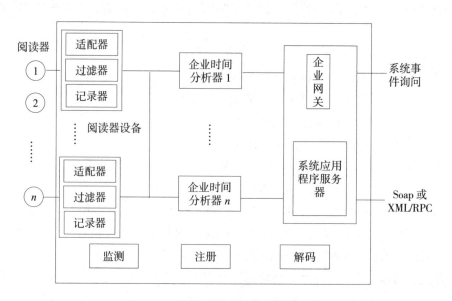

图 4-4　RFID 中间件的处理模块结构

RFID EMS 帮助 Edge RFID 采集、缓冲、平滑和组织从标签阅读器获得的信息。

标签阅读器每秒可以上传数百个事件。每个事件都能够在处理中间件请求的基础上被恰当的缓冲、过滤和记录。RFID EMS 是一个高性能的系统。不同种类的阅读器工作在不同的协议下，RFID EMS 支持多种阅读器协议，并采用不同协议的 EPC 阅读器。RFID EMS 读取的事件能够在中间件满足要求的基础上被过滤。

下面描述对过滤器的设计要求。

（1）平滑。有时阅读器会读错或丢失标签。如果 EPC 被读错，则称之为积极阅读错误，如果覆盖区内的 EPC 被漏读，则称之为消极阅读错误。平滑算法要清除那些被怀疑有积极或消极错误的阅读。

（2）协调。当多个阅读器相互之间离得很近时，它们可能读到相同的 EPC。如果同一个 EPC 被不同的阅读器上传两次，中间件的流程逻辑就会产生错误。协同过滤器会清除 EPC "不属于"的那个阅读器的阅读。协同工作可以采用不同的运算规则。如果刚刚的几毫秒中，一个解读事件涉及不同的阅读器阅读同一个 EPC，协同运算法则就可以删除这一事件。如果当前阅读器距离标签比它应该 "归属"的阅读器离标签近，那么附加的逻辑应该允许当前阅读器的事件通过。

（3）转发。一个事件转发器应该有一个或多个输出。根据事件类型的不同，转发器可将事件传送为一个或多个输出。例如，事件转发器可以选择只转发阅读器上传的非 EPC 阅读事件，如阅读时的温度。

因此，设计的 RFID EMS 支持具有一个输入事件流，一个或多个输出事件流的"事件过滤器"。

经过采集和平滑的事件最终会被恰当地处理（记录）。事件的记录方式有多种，下面介绍常用的几种。

（1）保存在像数据库这样的永久存储器中。

（2）保存在存储数据结构中，如实时内存事件数据库（RIED）。

（3）通过 HTTP、JMS 或 SOAP 协议广播到远程服务器。

（4）RFIDEMS 支持多种"事件记录器"。

这些具有采集、过滤和记录功能的"程序模块"，工作在独立的线程中，相互不妨碍。RFID EMS 在不同的线程中启动处理单元，而且能够在单元间缓冲事件流。RFID EMS 能够实例化和连接上面提到的事件处理单元。这些加工单元最普遍的组织形式是"有向图"，图的节点就是加工单元，图的边缘就是事件流。而且，因为事件不会形成循环，所以可以把图的结构简化，看成是"非循环有向图"。在图中，远程机器可以获得事件流中的一些事件。人们要求 RFIDEMS 能够在允许处理单元任意构造的基础上，将它们实例化为非循环有向图；处理单元在任何"非循环有向图"的配置下，RFID EMS 都能够实例化这些事件处理单元。RFID EMS 允许远方机器登录和注销到动态事件流中。

（二）实时内存事件数据库

实时内存事件数据库（Real-Time In-Memory Event Database，RIED）是一个用来保存 Edge RFID 信息的内存数据库。Edge RFID 保存和组织阅读器发送的事件。RFID 事件管理系统（RFID EMS）提供过滤和记录事件的框架，记录器可以将事件保存在数据库中。但是，数据库不能在 1 s 内处理几百次以上的交易。RIED 提供了与数据库一样的接口，但其性能要好得多。

应用程序可以通过 JDBC 或本地 Java 接口访问 RIED。RIED 支持常用的 SQL 操作，还支持一部分 SQL-92 中定义的数据操作方法。RIED 也可以保存不同时间点上数据库的"快照"。

RIED 是一个高性能的内存数据库。阅读器读取到 EPC，按要求设计应用的功能。假如阅读器每秒阅读并发送 10 000 个数据信息，内存数据每秒钟必须能够完成 10 000 个数据处理。而且这些数据是保守估计的，内存数据库需要高效率地处理读取的大量数据。

RIED 是一个多版本的数据库，即能够保存多种快照的数据库。此外，并不是阅读器发送的每个事件都能存储到内存数据库中。保存监视器的过期快照是为了满足监视和备份的要求。RIED 可以为过期信息保存多个阅读快照。例如，数据库中可以保存监视器的两个过期快照，一个是一天的开始，另一个是每一秒的开头，但现有的内存数据库系统不支持对永久信息的有效管理。

（三）任务管理系统

中间件用户定制的任务进行数据管理、数据监控，任务管理系统（Task Management System，TMS）负责管理由上级中间件或企业应用程序发送到本级中间件的任务。一般情况下，任务可以等价为多任务系统中的进程。管理任务类似于操作系统管理进程。TMS 任务管理系统具有许多一般线程管理器和多进程操作系统不具有的特点，举例如下。

（1）任务进度表的外部接口。

（2）独立的（Java）虚拟机平台，包含从冗余类服务器中根据需要加载的统一库。

（3）用来维护永久任务信息的健壮性的进度表，和在中间件碎片或任务碎片中重启任务的能力。

TMS 使分布式中间件的维护变得简单。企业可以仅仅通过在一组类服务器中保存最新任务和在中间件中恰当地安排任务进度来维护中间件。然而，硬件和核心软件，如操作系统和 Java 虚拟机，必须定期升级。

写入 TMS 的任务可以获得中间件所有的便利条件。TMS 可以完成企业的多种操作，举例如下。

（1）数据交互，即向其他中间件发送产品信息或从其他中间件中获取产品信息。

（2）PML 查询，即查询 ONS/PML 服务器获得产品实例的静态或动态信息。

（3）删除任务进度，即确定和删除其他中间件上的任务。

（4）值班报警，即当某些事件发生时，警告值班人员，如需要向货架补货、丢失或产品到期。

（5）远程上传，即向远处的供应链管理服务器发送产品信息。

由中间件任务管理系统的各种需求可以看到，为什么任务管理系统应该是一个行较小存储注脚，建立在开放、独立平台标准上的健壮性的系统。

中间件将要成为一个具有分布式产品管理框架的编译模块，但并不是所有等级式网络结构中的中间件都具有相同的处理、存储和接口要求。例如，内部中间件要求有较高的存储和处理能力，而 Edge Server 则必须通过接口与阅读器和警告消息服务器进行通信。

TMS 具有较小存储处理能力的独立系统平台。不同的中间件选择不同的工作平台。一些工作平台，尤其是那些需要大量中间件的工作平台，可以是进行低级存储和处理的低价的嵌入式系统。对网络上所有中间件进行定期升级是一项艰巨的任务，如果中间件基于简单维护的原则，对代码进行自动升级则是比较理想的。所以要求 TMS 能够对执行的任务进行自动升级。中间件需要为任务时序提供外部接口，为了满足公开和协同工作的系统要求，TMS 应该为任务的时间进度、监控和删除提供定义完美的、可协同工作的外部接口。为了将 TMS 设计从任务设计中分离出来，需要在一个独立的语言平台上，用简单、定义完美的软件开发工具包（SDK）来描述任务。

第三节　RFID 中间件系统设计要点

在进行 RFID 中间件设计过程中应注意以下一些问题。

（1）在客观条件限制下怎样有效利用 RFID 系统进行数据的过滤和聚集。

（2）明确聚集类型将减少和降低标签检测事件对系统的冲击。

（3）RFID 中间件中消息组件的功能特点。

（4）怎样支持不同的 RFID 阅读器。

（5）怎样支持不同的 RFID 标签内存结构。

（6）如何将 RFID 系统集成到客户的信息管理系统中。

一、过滤和聚焦

（一）过滤

过滤就是按照规则取得指定的数据，过滤有两种类型，即基于阅读器的过滤以及基于标签和数据的过滤，具体介绍如下。

（1）基于阅读器的过滤指仅从指定的阅读器中读取数据。

（2）基于标签和数据的过滤指仅关心指定的标签的集合，如在同一个托盘内的标签。过滤功能的设计最初主要用于解决阅读器与标签之间进行无线传输时带宽不足的问题，是否真正解决问题还不能够下定论，但至少可以优化数据传输的效率。

（二）聚集

聚集的含义是将读入的原始数据按照规则进行合并，如重复读入的数据只记录第一次和最后一次读入的数据。聚集的类型可以分为 4 种，即进入和移出、计数、通过和虚拟阅读。

（1）移入和移出。只记录标签进入读取范围和离开读取范围的数据。

（2）计数。只记录在读取范围内有多少标签数据，而不关心具体的数据内容。

（3）通过。只记录标签是否通过了指定的位置，如门口。

（4）虚拟阅读。几个阅读器之间可以通过组合形成一个虚拟的阅读器，这几个阅读器均读入标签数据，但只需要记录一次即可。

目前聚集功能的实现主要依靠代理软件，但也有一些功能较强的阅读器能够自己设置并完成聚集功能。

二、消息传递机制

在 RFID 系统中，一方面是各种应用程序以不同的方式频繁地从 RFID 系统中取得数据，另一方面却是有限的网络带宽，其中的矛盾使得设计一套消息传递系统成为自然而然的事情。消息传递系统的示意图如图 4-5 所示。

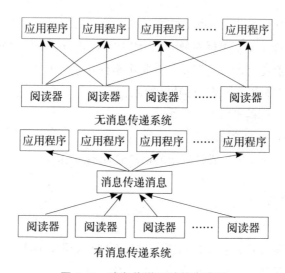

图 4-5　消息传递系统的示意图

阅读器产生事件，并将事件传递到消息传递系统中，由消息传递系统决定如何将事件数据传递到相关的应用程序中。在这种模式下，阅读器不必关心哪个应用程序需要什么数据，同时，应用程序也不需要维护与各个阅读器之间的网络通道，仅需要将需求发送到消息传递系统中即可。由此，设计出的消息传递系统应该有以下功能。

（一）基于内容的路由功能

对于阅读器获取的全部原始数据，应用程序在大多数情况下仅仅需要其中的一部分。例如，设置在仓库门口的阅读器读取了货物消息和托盘消息，但是业务管理系统只需要货物消息，固定资产管理系统只需要托盘消息，这就需要中间件必须提供通过事件消息的内容来决定消息的传递方向的功能，否则将导致消息传递系统不得不将全部信息都传递给应用程序，而应用程序不得不自己实现部分的过滤工作。

（二）反馈机制

消息传递系统的设计初衷之一就是减少 RFID 阅读器与应用程序之间的通信量，其中比较有效的方式就是使 RFID 系统能够明白应用程序对哪些 RFID 数据感兴趣，而不是需要获得全部的 RFID 数据。这样就可以将部分数据过滤的工作安排在 RFID 阅读器而不在 RFID 中间件上进行。目前，市场上的 RFID 阅读器有些已经具备了进行数据过滤等高级功能，RFID 中间件应该能够自动配置这些阅读器并将数据处理的规则反馈到阅读器，从而有效地降低对网络带宽的需求。

（三）数据分类存储功能

有些应用程序（如物流分拣系统或销售系统）需要实时得到读取的标签信息，所以消息传递系统几乎不需要存储这些标签数据。而有些系统则需要得到批量 RFID 标签数据，并从中选取有价值的 RFID 事件信息，这就要求消息传递系统应该提供数据存储功能，直到用户成功接收数据为止。

三、标签读写

RFID 中间件的一个重要功能就是提供透明的标签读写功能。对于应用程序来讲，通过中间件从 RFID 标签中读写数据，应该就像从硬盘中读写数据一样简单和方便。这样，RFID 中间件应主要解决两方面的问题，第一是要兼容不同阅读器的接口，第二是要识别不同的标签存储器的结构以进行有效的读写操作。

每一种阅读器都有自己的 API，根据功能的差异，其控制指令也是各不相同的。RFID 中间件定义一组通用的应用程序接口，对应用程序提供统一的界面，屏蔽各类设备之间的差异。

标签存储器分为只读和读写两种类型，存储空间可分为不同的数据块，每个数据块均存储定义不同的内容，可读写的存储器还可以由用户来定义存储的内容和方式。进行写入操作时，如果只针对指定的数据块进行而不是全部读写，则可以提高读写性能并降低带宽需求。为了实现这样的功能，中间件应该设计虚拟的标签存储服务。标签存储服务设计的虚拟的存储空间与实际的标签存储空间一一对应，RFID 中间件接收用户提供的数据（单个数据或一组结构数据），先写入虚拟存储空间，再由专用的驱动接口通过阅读器写入 RFID 标签。

如果写入操作成功，则中间件向应用程序返回信息并按照规则将已经写入的数据暂存在 RFID 中间件系统中；如果因标签的存储器损坏而导致写入失败，则可由中间件系统在虚拟存储空间中保存应写入的数据，对于而后应用程序发出的读出请求，均由中间件将虚拟存储空间的数据返回到应用程序中，在标签即将离开中间件部署范围之前将标签更新即可。类似这样的操作同样适用于标签能源不足、数据溢出等情况。实现虚拟存储空间的一个重要前提是虚拟存储空间应该是分布式的架构，所有的 RFID 中间件实例均能够访问虚拟存储空间。

由以上内容可知，RFID 中间件技术成功地将 RFID 数据采集与业务处理系统进行了分离，从而使应用程序专注于业务的流程和处理，而不再陷于修改适应各种不同的数据采集方式。由此可以联想到 RFID 中间件不仅可以用于采集 RFID 设备的数据，还可以扩展到条码、IC 卡等其他设备的数据采集，真正做到应用程序与设备无关。

第四节　常用 RFID 中间件产品

目前的 RFID 中间件供应商大多仍是传统的 J2EE 中间件供应商，包括 IBM、Sun 等公司。微软公司作为目前的主流操作系统供应商也在按计划实施自己的 RFID 中间件计划。Sybase（SAP）和甲骨文（Oracle）公司作为应用软件供应商，在提供 RFID 解决方案的同时也提供包含 RFID 中间件的产品。深圳立格公司是国内企业中较早涉及这一领域的企业，它已经推出了富有特色的、拥有自主知识产权的中间件产品，并与国际厂商积极开展合作。此外，国外也有一些公司如曼哈特软件、OATSystems 等公司也在从事这方面的研究工作。目前主要从事 RFID 中间件研究的企业及其产品如下。

一、IBM 公司的 RFID 中间件

与甲骨文的 RFID 中间件架构类似，IBM 的 RFID 中间件分为 IBM WebSphere RFID Device Infrastructure 和 IBM WebSphere RFID Premises Server 两个部分。

IBM WebsSphere Device Infrastructure 主要适配各种 RFID 阅读器，处理来自 RFID 阅读器的数据。因为阅读器厂家有很多，所以它支持的协议也不尽相同。Filter Agent 负责过滤不需要的数据，并且定制过滤规则，可发送数据到 Premises Server，通过 MicroBroker 的消息传送功能对数据进行后续处理。它包含 Device Agent 功能，可以接受远程的指令，包括软件分发、配置信息更新等操作。使用开发工具 WebSphere Studio Device Developer 及 Device Infrastructure 携带的工具包，可以开发客户定制的业务逻辑。

IBM WebSphere RFID Premises Server 将 RFID 事件与企业的商业模型.以及应用程序进行映射，提取应用程序关心的 RFID 事件和数据。由于 IBM WebSphere RFID Premises Server 运行在标准的 J2EE 环境下，因此基于 J2EE 的应用程序均可以运行。该产品动态配置网络拓扑结构，管理工具可以动态配置网络中的 RFID 阅读器，并且可以重新启动 Edge Controller。

2007 年，IBM 发布了一款名为"WebSphere RFID 信息中心（WebSphere RFID Information Center）"的中间件产品。该产品提供了一种新的收集传感器和 RFID 标签产生海量数据的方法，并将这些数据与现有流程连接起来，同时还可以将数据提供给其他部门使用。该产品的关键是为 RFID 数据提供了符合 EPC 标准的数据仓库，它符合 EPC global 颁布的"EPC 信息服务（EPC Information Services，EPCIS）"标准。WebSphere RFID 信息中心在医药品、零售业和物流这 3 大产业中率先得到应用。

二、微软公司的 BizTalk RFID

微软公司的 BizTalk RFID 为 RFID 应用的推广提供了一个功能强大的平台。它提供了基于 XML 标准和 Web Services 的开放式接口，方便软硬件合作伙伴在此平台上进行开发、应用、集成。它含有 RFID 器件设备的标准接入协议及管理工具。DSPI（设备提供程序应用接口）是微软公司和全球 40 家 RFID 硬件合作伙伴制定的一套标准接口。所有支持 DSPI 的各种设备（RFID、条码、IC 卡等）在 Microsoft Windows 上即插即用。对于软件合作伙伴，微软 RFID 开发服务平台提供了 OM/API's（对象模型 / 应用程序访问接口），这是为上层的各类软件解决方案服务的。OM/API's 可以使用各种 Managed Code（如 C++.Net、VB.Net 等）来实现，也可以使用现成的适配器（不需要编码，需通过简单配置）来实现。平台也提供了编码 / 解码器的插件接口，不管将来 RFID 标签采用何种编码标准，都可以非常方便地接入到解决方案中。对 RFID 传感信号的处理引擎包括完整的逻辑处理能力。BizTalk RFID 作为 BizTalkn Server R2 的个组件，还继承了 BizTalk Server 的业务流程处理能力和 EAI 能力。微软企业应用平台，包括 .NET Framework、SQL Server、开发工具和管理工具，为 RFID 应用的后台处理提供了开发、部署和管理平台。

作为产业链中的一个环节，微软 BizTalk RFID 平台为硬件提供商、软件提供商、系统集成商和终端用户提供了一个互利的环境。该产品在系统设计、实现、测试、部署和运营阶段都可以提供相关支持，例如，设备模拟程序、实时设备状态监控、设备属性配置、数据列表查询、部署安装向导等。

作为微软公司的一个平台级软件，微软 BizTalk RFID 平台不仅和微软公司的其他产品有良好的集成，而且能和其他产品进行良好的集成。

三、甲骨文公司的 BEA WebLogic RFID 系列产品

甲骨文公司的 BEA WebLogic RFID 产品（BEA WebLogic RFID Product Family）是一个端到端、基于标准的 RFID 基础架构平台，能自动运行具有 RFID 功能的业务流程。射频识别（RFID）基础架构技术与面向服务架构（SOA）驱动的平台结合，

使企业可利用网络边缘和数据中心资产，并在所有层次上获得扩展性能。该产品包括 BEA WebLogic RFID Edge Server、BEA WebLogic RFID Compliance Express、BEA WebLogic RFID Enterprise Server3 部分。

（一）BEA WebLogic RFID Edge Server

BEA WebLogic RFID Edge Server 解决了 RFID 的关键问题，它提供广泛的设备支持、数据筛选和汇总、RFID 基础架构监控和管理功能以及数据与现有平台的无缝集成。它支持大量的设备，包括流行的 RFID 阅读器和打印机，还有各类条码识读设备、灯（Stack Light）、LED 显示、电眼和可编程逻辑控制器（PLC）。它可以运行在独立的计算机上，也可以嵌入其他设备，包括路由器和阅读器。它还符合 EPC global 应用级别事件（ALE）标准，提供易于使用的标签写入和其他类设备的扩展，并支持 ISO 和 EPC global 标签标准（包括 Gen 2）。RFID 阅读器每秒能够生成连续的低级原始数据流。BEA WebLogic RFID Edge Server 能够在企业的外缘执行关键性任务，连接多个 RFID 阅读器，同时处理它们生成的实时数据。EPC global 应用级别事件（ALE）标准规定了一个接口，客户机可以从此接口获得来自各类设备的经过筛选和汇总的电子产品代码数据，标准还为报告汇总和筛选的 EPC 数据提供了标准化的格式。该应用程序编程接口支持大量流行的编程语言和协议，允许企业的开发者使用他们现有的开发环境，包括 Web 服务、.NET 和 Java。当部署扩大时，能够集中监控和管理整个的基础架构。BEA WebLogic RFID Edge Server 确保数据与现有企业工具和应用的集成，包括仓库管理、供应链管理系统和 ERP 应用。

（二）BEA WebLogic RFID Compliance Express

BEA WebLogic RFID Compliance Express 在 BEA WebLogic RFID Edge Server 的基础上构建，使企业能满足 RFID 标签的需要，提高内部运营的效率。利用该产品丰富的流程和设备快捷地标记和识别集装箱及货盘，可以部署低成本的标签解决方案，不仅能够满足目前的 RFID 设备要求，缩短实施时间并降低成本，还可提供快速扩展的平台，以便提升工厂自动化程度，提高企业应用集成水平，完善 RFID 标准和产品。BEA WebLogic RFID Compliance Express 采用了开放的接口和协议，简化了与通用企业应用、框架和工具的集成；当需要多个并行的标签打印终端时，还能方便地扩展；除支持手动操作外，还支持运行半自动和全自动标签打印。

（三）BEA WebLogic RFID Enterprise Server

BEA WebLogic RFID Enterprise Server 支持集中化 EPC 事件管理、跨设备的数据集成、持久性和分布标签操作的集中化编码管理，还支持主机环境下的多任务处理。它允许实时使用多个分布式 RFID 操作产生的 RFID 数据，其模块化结构还允许组织选择当前环境迫切需要的功能，并集成了 RFID 解决方案和现有的 IT 基础架构。

四、甲骨文公司的 Oracle Sensor Edge Server

Oracle Sensor Edge Server 是 Oracle Application Server 10g Release 2 中的全新组件，负责连接传感器和基础架构的其他部分，以便降低传感器导向信息系统的成本，尤其是可以协助管理传感器、过滤传感器资料与本地传感器事件处理，安全、可靠地将事件信息发送到中央核心应用软件与数据库中。它提供了传感器数据采集、传感器数据过滤、传感器数据发送、传感器服务器管理、装置管理等主要功能。

Oracle Sensor Edge Server 提供可扩展的驱动程序架构与周边设备配合，包括 RFID 阅读器、打印机、位置传感器等装置。使用者可以轻松地将开发和自定义的设备插入到 Sensor Edge Server 架构中。客户、系统集成商与设备厂商可以开发连接它的标准驱动程序界面，也可以通过 Sensor Edge Server 灵活使用设备的各种功能。可以支持多种国际主流的 RFID 相关设备。

Oracle Sensor Edge Server 可使传感设备上传的数据变成统一的格式。和驱动程序架构一样，Oracle Sensor Edge Server 的插入式过滤器架构可使开发人员根据资料自定义处理设备。Oracle Sensor Edge Server 10g Release2 包括下列过滤器。

（1）Pass-Thru Filter——过滤重复读取的同一 ID，为每一标签提供单一的读取。

（2）Pallet Pass-Thru Filter——根据标签内容读取不同的标签或货架。

（3）Shelf Filter——标签进出各读取设备时，提供最新数据。

（4）Pallet Shelf Filter——在货架过滤功能之上提供集群功能。

（5）Checktag Filter——在 RFID 阅读器范围内检查标签和临近阅读器的状态。

（6）Cross Reader Redundant Filter——过滤各种阅读器，复制 RFID 标签。

Oracle Sensor Edge Server 提供插入式架构，让用户能够自建发送机制。为传感器导向的应用软件设置多个节点，使用者可以选择插入式发送架构，或使用自定义的传输机制，或选择 4 个提供的发送界面之一，具体介绍如下。

（1）HTTP——可使用 GET 与 POST 方式，快速整合至即有的后端系统。

（2）Web Services（SOAP）——运用 SOAP 的标准网络服务通信协议。

（3）JMS——Sensor Edge Server 与用户 IT 基础架构的其他部分之间以 Java 为基础的通信提供所有的 JMS 功能。

（4）Oracle Streams——Oracle Streams 提供安全、可扩展而且可靠的传输方法，将信息传回。

Oracle Sensor Edge Server 提供完整的平台支持，包括 Windows、Unix/Linux 系列。Oracle Sensor Edge Mobile 支持运行于手持设备的 Windows CE 操作系统。Oracle Sensor Edge Server 完全基于 J2EE 架构，它本身作为一个标准的 J2EE 应用程序部署

和运行于 Oracle 的 J2EE 容器上。用户对 Oracle Sensor Edge Server 的管理和配置均采用标准的 J2EE 程序的管理方式，可以通过 Web 的方式在本地和远程之间进行。

Oracle Sensor Edge Server 由驱动器、管理平台、过滤器、缓冲队列和分发程序组成。开发以及使用人员可以专注于自身相关的部件，其他部件对用户完全透明，从而实现硬件驱动开发、平台管理和应用软件开发的完全独立。而实施人员则可以通过监控各个部件接口的数据来提高现场部署和实施的进度，从而了解整个系统的运行状态。

标准版的 Oracle Sensor Edge Server 可以配置在小规模环境中的单机服务器中，在初期阶段只需极少的管理与架构。企业版的 Oracle Sensor Edge Server 是专供大负荷设备使用的，有集中管理功能。

五、Sybase 公司的 RFID Anywhere2.1

RFID Anywhere 2.1 可以支持新一代固定式或者手持式 RFID 器件。软件可以为开发商提供全套 RFID 阅读器的性能，外加动态支持新一代标签如 Gen 2、简化的通用输出 / 输入管理（GPIO），以及在阅读器密布场合对阅读器进行同步管理。RFID Anywhere 是一种软件平台，其特点是可以提供可扩充的应用环境，用户可以自行开发和管理各种分散的 RFID 解决方案。对于使用掌上 RFID 器件的用户，RFID Anywhere 2.1 可以为器件提供移动通信服务，可以把器件与 RFID Anywhere 的开发架构及管理工具紧密结合。通过上述功能可以简化移动 RFID 的开发以及确保掌上器件的信息送达企业系统。

RFID Anywhere 2.1 的主要特点如下。

（1）在阅读器密集环境中协调阅读器工作，提高作业效率。

（2）可扩展架构可以支持新一代标签，如 Gen 2 以及 ISO 协议。

（3）可以让各个 RFID 阅读器独立工作，可以支配和配置阅读器的工作以及进行 GPIO 通信。

（4）可以进行 GPIO 通信的器件有各种传感器，可以监视温度、邻近的物体及其移动。

（5）还有各种信息反馈装置，如各种灯光装置以及 LED 信息板，可以把掌上 RFID 器件整合到 RFID Anywhere 环境中，扩大其应用和管理功能，即使是临时性连接也可以做到。

RFID Anywhere 安全中间件是专门针对安全问题的 RFID 中间件，但它的推广和应用目前还主要集中在国外市场中。

六、深圳立格公司的 AIT LYNKO-ALE

深圳立格公司的 AIT LYNKO-ALE 中间件是国内为数不多的 RFID 中间件产品。目前，该产品已经实现了 ALE 规范的必须要求、ALE 接口规范所描述的工作状态，支持多类 EPC 事件接收客户端，如 HTTP、TCP、FILE 等，可处理 ECSpec、ECReport 等 XML 格式，并可为第三方应用提供 Web Service 接口。

AIT LYNKO-ALE 集成了业界主流的 RFID 阅读器，如 Symbol/Matrix、Zebra、Intermec、ThingMagic、Alien、Avery、SAMSys、Printronix、AWID 等厂商的产品。该软件提供了 RFID 中间件自身的配置管理，如配置阅读器集成参数，实现不同阅读器的集成；配置 ALE 接口参数，实现第三方应用的访问；配置中间件工作参数，实现 RFID 中间件在特殊环境下适应性工作；提供集中管理功能。

（一）控制中心（CCS）

控制中心负责配置管理 AIT ReaderServer、AALE Server，以及管理控制物理识读设备。系统采用 B/S 结构，管理员使用浏览器登录 CCS，即可对中间件进行管理。该模块功能包括系统管理及配置管理两大模块。系统管理模块提供系统登录，退出系统，增、删、改、查操作员等操作。配置管理模块提供配置 AIT Reader Server、Reader 及 AALE Server 等操作。

（二）事件处理系统（AALE）模块

AALE 模块主要对物理识读设备进行集中管理、配置。它主要包括启动和停止识读设备、保存所有相关识读设备的配置信息、向 Control Center 发送识读设备配置信息、响应 ALE 的命令并作相应的处理和将读取的 EPC 信息经过简单处理发送到 ALE 中等功能。该模块具备良好的可扩展性，具有分布式处理能力，对不同的识读设备实现统一的接口层，简化了上层处理。

（三）识读器系统（RSS）模块

RSS 模块主要是将 Reader Server 传送的数据进行合成整理，以及把标签数据封装成标准的数据格式，为上层的应用系统提供服务。它主要包括将逻辑识读设备与物理识读设备建立映射、接收 Reader Server 传送的数据和根据上层应州的定制信息对服务进行定制等。该模块具备良好的可扩展性，具有分布式处理能力，采用了高效处理算法和特殊数据结构，使其总体性能比较高。

（四）AIT 网关（AGW）模块

AGW 模块主要实现管理服务和数据服务协议的转换。它具有较高的安全性和可扩展性。外部传输协议采用 HTTP，具有防火墙穿透功能，在 Internet 上很好地实现了远程服务请求功能。

从目前的 RFID 中间件产品市场可以看出，中间件产品都是从流程及架构这两个层面实现的。从目前 RFID 中间件产品提供的功能看，大多处于将数据顺利转换成有效业务信息的阶段，满足企业用户连接 RFID 系统前后端实现数据的捕获、监控到传送一条龙的基本需求。在安全性等更多深层次的问题上，目前尚缺乏更多表现优秀的产品。人们期待着兼容性更好、架构更合理、流程更优化、运行更安全的 RFID 中间件产品的问世。

第五章 RFID 系统的关键技术

第一节 RFID 系统中的防碰撞技术

一、RFID 系统中的防碰撞技术简介

（一）碰撞产生的原因

RFID 技术是利用射频信号和空间耦合（电感或电磁耦合）传输特性自动识别目标物体的技术。RFID 系统中阅读器负责发送广播并接收标签的标识信息，标签收到广播命令后将自身的标识信息发送给阅读器。然而由于阅读器与所有标签共用一个无线信道，所以在 RFID 系统应用过程中，经常会有多个阅读器和多个标签的应用场合，这样就会造成标签之间或阅读器之间的相互干扰，这种干扰统称为碰撞（Collision）。

电子标签含有可被识别的唯一信息（序列号），RFID 系统的目的就是要读出这些信息。如果只有一个标签位于阅读器的可读范围内，则无须其他命令形式即可直接进行阅读；但如果有多个标签同时位于一个阅读器的可读范围内，则标签的应答信号就会相互干扰形成所谓的数据冲突，从而造成阅读器和标签之间的通信失败。为了防止这些碰撞的产生，在 RFID 系统中需要设置一定的相关命令，并通过适当的操作解决碰撞问题，这些操作过程被称为防碰撞命令或防碰撞算法（Anti-Collision Algorithms）。

RFID 的碰撞问题与计算机网络的冲突问题类似，但是由于 RFID 系统中的一些限制，使得传统网络中的很多标准的防碰撞技术都不适于或很难在 RFID 系统中应用。这些限制因素主要有：标签不具有检测冲突的功能而且标签间不能相互通信，因此冲

突判决需要由阅读器来实现；标签的存储容量和计算能力有限，这就要求防碰撞协议尽量简单和系统开销较小，以降低其成本；RFID 系统的通信带宽有限，因此需要防碰撞算法尽量减少阅读器和标签间传送信息的比特数目。因此，如何在不提高 RFID 系统成本的前提下，提出一种快速高效的防冲突算法，以提高 RFID 系统的防碰撞能力，同时满足识别多个标签的需求，从而将 RFID 技术大规模地应用于各行各业，是当前 RFID 技术亟待解决的技术难题。

（二）碰撞产生的类型

随着 RFID 技术的发展，出现了多个阅读器密集分布在同一区域的 RFID 传感网络。在这个传感网络中，存在两类信息碰撞问题：一类称为多标签信息碰撞问题，即多个标签同时回复一个阅读器时产生的信息碰撞；另一类称为多阅读器信息碰撞问题，即相邻的阅读器在其信号交叠区域内产生相互干扰，导致阅读器的阅读范围减小，甚至无法读取任何标签。

1. 标签的碰撞

阅读器发出识别命令后，各个标签都会在某一时间做出应答，但是在标签应答过程中会出现两个或多个标签在同一时刻应答或在一个标签没有应答完成时其他标签就做出应答的情况。这会使标签之间的信号互相干扰，降低阅读器接收信号的信噪比，从而造成标签无法被正常读取。如图 5-1 所示为标签碰撞示意图。图中的标

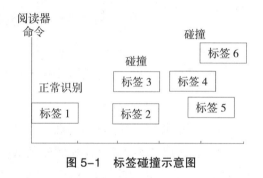

图 5-1　标签碰撞示意图

签 1 能被阅读器正常识别，而标签 2、3、4、5、6 都将被错识读取或漏读取。

2. 阅读器的碰撞

阅读器碰撞问题的分析：在密集阅读器的 RFID 传感网络中，阅读器的碰撞问题主要分为以下两种情况。

（1）多阅读器与标签之间的干扰。当多个阅读器同时阅读同一个标签时会引起多阅读器与标签之间的干扰。这里分为两种情况，一种情况是两个阅读器的阅读范围重叠，如图 5-2 所示。从阅读器 R_1 和 R_2 发射的信号，可能在标签 T_1 处产生干扰。在这种情况下，标签 T_1 不能解密任何查询信号且阅读器 R_1 和 R_2 都不能阅读 T_1。另外一种情况是两个阅读器的阅读范围没有重叠，如图 5-3 所示。虽然阅读范围没有重叠，但处于干扰范围之内，在同一时间占用相同频率与标签 T_1 通信，阅读器发射的信号对阅读器 R_1 发射的信号在标签 T_1 处产生干扰，从而导致通信质量下降。

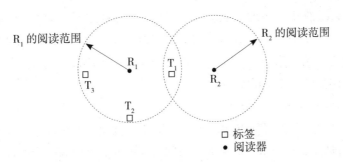

图 5-2　阅读器范围重叠的多阅读器对标签的干扰

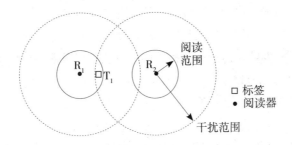

图 5-3　阅读范围不重叠的多阅读器对标签的干扰

（2）阅读器与阅读器之间的干扰。当一个阅读器发射较强的信号与一个标签反射回的微弱信号相干扰时就引起了阅读器与阅读器之间的干扰，如图 5-4 所示。阅读器 R_1 位于阅读器干扰区。从射频标签 T_1 反射回的信号到达阅读器 R_1，很容易被阅读器 R_2 发射的信号干扰。这种干扰即使在两个阅读器的阅读范围没有重叠时也有可能产生。

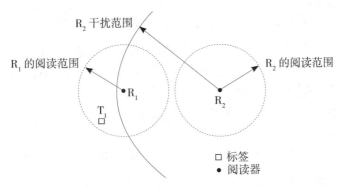

图 5-4　阅读器与阅读器之间的干扰

现有解决多阅读器信号碰撞问题的方法主要可以分为两类：协调计划算法和功率控制算法。协调计划算法的主要思想是通过建立一个全网的体系结构，统一收集阅读器间的信息碰撞消息，将系统可用的资源合理分配给各个阅读器进行使用，其代表性算法有 Colorwave 算法、HiQ2leaming 算法和 PULSE 算法等。这些算法的主要问题在于系统通常需要耗费相当多的资源来建立和实时维护这种全网的控制结构，并且需要根据系统微小的变化重新调整全网范围内的资源分配，协议开销大，收敛速度慢。功率控制算法则能克服上述问题。

（三）防碰撞的主要方法

RFID 技术的一个主要优点就是多目标识别。当系统工作时，阅读器周围可能会有多个标签同时存在，当多个标签同时向阅读器传送数据时就会产生冲突问题。无线电通信系统中的多路存取方法一般有以下几种：空分多路法（SDMA）、时分多路法（TDMA）、频分多路法（FDMA）和码分多路法（CDMA）。而 RFID 系统多路存取技术的实现则对射频标签和阅读器提出了特殊的要求，因为它必须使人们感觉不到时间的浪费，且必须可靠地防止由于射频标签的数据相互碰撞而不能读出等问题的出现。

1. 空分多路法（SDMA）

空分多路法（SDMA）是指在分离的空间范围内进行多个目标的识别技术，如图 5-5 所示，就是一种使用定向天线的自适应的空分多路法的示意图。

空分多路法在 RFID 系统中的应用主要有两种方式：一种方式是将阅读器和天线的作用距离按空间进行划分，把多个阅读器和天线放置在这个阵列中，这样当标签进入不同的阅读器范围时，就可以从空间上将所有电子标签区分开来；另外一种方式是在阅读器上使用一个相控阵天线，并且让天线的方向性图对准某个电子标签，这样不同的电子标签可以根据它在阅读器工作区域的角度位置而区别开来。空分多路法的缺点是复杂的天线系统和比较高的实施费用，因此采用这种技术的系统一般为某些特殊场合，如它应用在大型的马拉松活动中来区分所有的参赛运动员。

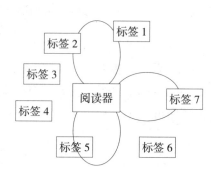

图 5-5　一种使用定向天线的自适应的空分多路法的示意图

2. 频分多路法（FDMA）

频分多路法（FDMA）是把信道分解成若干个不同载波频率提供给多个用户使用的技术，如图 5-6 所示。

一般情况下，采用这种方法的 RFID 系统从阅读器到标签的频率均是固定的，用于能量供应和命令传输。而对于从标签到阅读器，则可以采用不同的副载波频率进行数据传输。阅读器有多个接收器，每个接收器都具有各自的工作频率，而每个接收器只响应和自己相同频率的电子标签，通过这种方式即可将工作区域内的电子标签区别开来。FDMA 的缺点是阅读器的成本比较高，因为每个接收通路都必须有自己单独的接收器以供使用，电子标签的差异更为麻烦。因此，这种防碰撞算法也用在极少数特殊场合上。

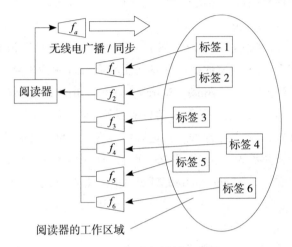

图 5-6　频分复用的示意图

3. 时分多路法（TDMA）

时分多路法把整个可供使用的通路容量按照时间分配给多个用户的技术。在 RFID 系统中，TDMA 构成了防碰撞算法中最大的一族。这种方法又可分为阅读器驱动法（询问驱动）和电子标签驱动（电子标签控制法），如图 5-7 所示。

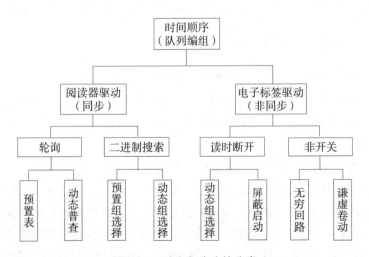

图 5-7　时分多路法的分类

电子标签控制法的工作是非同步的。按照电子标签成功地完成数据传输后是否通过阅读器的信号而断开，它又可分为"读时断开"法和"非开关"法。电子标签控制法一般是很慢而且不灵活的，但这种方法可以同步进行观察，因为所有电子标签可同时由阅读器进行扫描和控制。阅读器驱动法又可以称为定时双工法。

4. 时分多路法的具体分析

目前存在的时分多路法主要分为基于二进制树的确定性算法和基于 ALODA 的不确定性算法。基于二进制树的确定性算法主要有二进制搜索算法（Binary Search）和动态二进制搜索（Dynamic Binary Search）算法。此外，还有智能的寻呼树算法（Intelligent Query Tree）、自适应的被动标签防碰撞算法（Adaptive Memoryless Tag Anti-collision Protocol）及基于返回式二进制树形搜索的反碰撞算法等。基于 ALODA 的不确定性算法分主要为 ALODA 算法、时隙 ALODA 算法（Slotted ALODA）、动态时隙 ALODA 算法（Dynamic Slotted ALODA）。此外，还有帧时隙 ALODA 算法（Frame-slotted ALODA）、动态帧时隙 ALODA 算法（Dynamic Frame-slotted ALODA）等。下面将对几种重要算法进行描述。

（四）防碰撞方法的设计要求

防碰撞技术主要解决 RFID 系统一次对多个标签的识别问题。假设同时进入阅读器天线区域的标签共有 n 个，则防碰撞设计要求如下。

（1）当 $1 \leqslant n \leqslant N$，其中 N 为阅读器一次可识别标签数量的上限时，则在碰撞发生（$n > 1$）的情况下，能识别 n 个标签并依次与它们完成通信。

（2）平均响应时间 τ 足够短，τ 为某一时段内完成通信的所有标签在系统内的平均停留时间，τ 与算法有关，允许 $\tau \leqslant \tau_0$，τ_0 为不同应用中所允许的最大时延。

二、ALODA 的防碰撞技术

在 RFID 无源标签系统中，目前广泛使用的防冲突算法大都是 TDMA（Time Division Multiple Access），主要分为两大类：基于 ALODA 的算法和基于二进制树的算法。本节主要分析目前基于 ALODA 的各种算法的特点。

（一）ALODA 算法

ALODA 算法最初用来解决网络通信中的数据包拥塞问题，它是一种非常简单的 TDMA 算法，被广泛应用在 RFID 系统中。其基本思想是采取标签先发言的方式，当标签进入阅读器的识别区域内就自动向阅读器发送其自身的 ID，在标签发送数据的过程中，若有其他标签也在发送数据，则发生信号重叠并导致完全冲突或部分冲突，阅读器检测接收到的信号有无冲突，一旦发生冲突，阅读器就发送命令让标签停止发送，随机等待一段时间后再重新发送以减少冲突。ALODA 算法的模型图如图 5-8 所示。

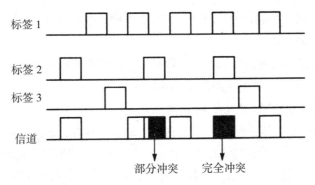

图 5-8 ALODA 算法的模型图

纯 ALODA 算法虽然算法简单，易于实现，但是存在一个严重的问题就是阅读器对于同一个标签，如果连续多次发生冲突，就将导致阅读器出现错误判断认为这个标签不在自己的作用范围。同时还存在另外一个问题，就是其冲突概率很大，假设其数据帧为 F，其冲突周期为 $2F$。针对以上问题，有人提出了多种方案来改善 ALODA 算法在 RFID 系统的可行性和识别率，如 H.Vogt 提出了一种改进的算法 Slotted ALODA 算法，该算法在 ALODA 算法的基础上把时间分成多个离散时隙，每个时隙长度 T 等于标签的数据帧长度，标签只能在每个时隙的分界处才能发送数据。这种算法避免了原来 ALODA 算法中的部分冲突，使冲突周期减少了一半，提高了信道的利用率。但是这种方法需要同步时钟，对标签要求较高，标签应有计算时隙的能力。

（二）时隙 ALODA 算法

在 ALODA 算法中，标签是通过循环序列传输数据的。标签数据的传输时间仅仅为循环时间的一个小片段，在第一次传输数据完成后，标签将等待一个相对较长的时间，然后才再次传输数据。每个标签的等待时间很短。按照这种方式，所有的标签将数据全部传输给阅读器后，重复的过程才会结束。分析 ALODA 算法的运行机制，不难发现，当一个标签发送数据给阅读器时，另外一个标签也开始发送数据给阅读器，这样标签数据碰撞便会不可避免地发生。

鉴于以上缺点，有关专家提出了时隙 ALODA 算法，如图 5-9 所示。在该算法中，标签仅能在时隙的开始传输数据。用于传输数据的时隙数由阅读器控制，只有当阅读器分配完所有的时隙后，标签才能利用

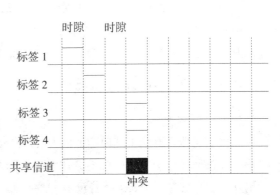

图 5-9 时隙 ALODA 算法

这些时隙传输数据。因此，与纯 ALODA 算法不同，时隙 ALODA 算法是随机询问驱动的 TDMA 防冲撞算法。

因为标签仅仅在确定的时隙中传输数据，所以该算法的冲撞发生的频率仅仅是纯 ALODA 算法的一半，但其系统的数据吞吐性能却会增加一倍。

（三）帧时隙 ALODA 算法的基本原理

虽然时隙 ALODA 算法提高了系统的吞吐量，但是当大量标签进入系统时，该算法的效率并不高，因此帧时隙 ALODA 算法（图 5-10）被提出。帧时隙 ALODA 算法是指将多个时隙打包成为一帧，而标签必须选择一帧中的某个时隙向阅读器传输数据。这也是帧时隙 ALODA 算法与纯时隙 ALODA 算法的不同之处。

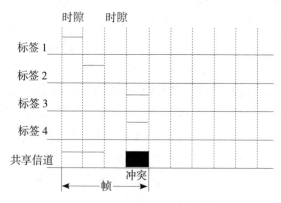

图 5-10　帧时隙 ALODA 算法

（四）动态帧时隙 ALODA 算法

在帧时隙 ALODA 算法中，所有的帧具有相同的长度，即每一帧中的时隙数是相同且固定的。由于阅读器并不知道标签数量，所以当标签数量远大于一帧中的时隙数时，一帧中的所有时隙都会发生碰撞，阅读器不能读取标签信息；当标签数量远小于一帧中的时隙数时，识别过程中将有许多时隙被浪费掉。动态帧时隙 ALODA 算法通过根据识别标签的数量来改变帧长度，从而克服了动态帧时隙的不足。

三、二进制树搜索防碰撞技术

1. 二进制树搜索算法

二进制树搜索算法（其模型如图 5-11 所示）的基本思想是将处于冲突的标签分成左、右两个子集 0 和 1。先查询子集 0，若没有冲突，则正确识别标签；若仍有冲突则再分裂，把子集 0 分

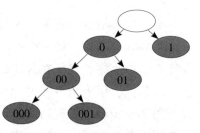

图 5-11　二进制数搜索算法模型

成 00 和 01 两个子集。依此类推，直到识别出子集 0 中的所有标签为止，然后再按此步骤查询子集 1。

二进制树搜索算法是以一个独特的序列号识别标签为基础的，其基本原理如下。阅读器每次查询发送的一个比特前缀 $P_0 P_1 \cdots P_i$，只有与这个查询前缀相符的标签才响应阅读器的命令。当只有一个标签响应，阅读器成功识别标签；当有多个标签响应的就发生冲突。在下一次循环中，阅读器给查询前缀增加一个比特 0 或 1，并在阅读器中设一个队列 Q 来补充前缀，这个队列 Q 用 0 和 1 来初始化，阅读器从 Q 中查询前缀并在每次循环中发送此前缀，当前缀 $P_0 P_1 \cdots P_i$ 是一个冲突前缀时，阅读器就把查询前缀设为 $P_0 P_1 \cdots P_i$，并把前缀 $P_0 P_1 \cdots P_i$ 放入队列 Q 中，然后阅读器继续这个操作直到队列 Q 为空为止。通过不断增加和减少查询前缀，阅读器能识别其阅读区域内的所有标签。

（二）二进制树搜索算法的实现步骤

（1）阅读器广播发送最大序列号（11111111），查询前缀 Q 让其作用范围内的标签响应，同时传输它们的序列号至阅读器。

（2）阅读器对比标签响应的序列号的相同位数上的数，如果出现不一致的现象（即有的序列号的该位为 0，而有的序列号的该位为 1），则可判断出有碰撞。

（3）确定有碰撞后，把有不一致位的数的最高位置 0 再输出查询前缀 Q，依次排除序列号大于 Q 的标签。

（4）识别出序列号最小的标签后，对其进行数据操作，然后使其进入"无声"状态，则对阅读器发送的查询命令不进行响应。

（5）重复步骤（1），选出序列号为倒数第二的标签。

（6）多次循环完后完成所有标签的识别。

假设有 4 个标签，其序列号分别为 10110010、10100011、10110011、11100011，则其二进制树搜索算法实现流程见表 5-1。

表 5-1　二进制树搜索算法实现流程

查询前缀 Q	第一次查询 11111111	第二次查询 10111111	第三次查询 10101111
标签响应	$1 \times 1 \times 001 \times$	$101 \times 001 \times$	10100011
标签 A	10110010	10110010	
标签 B	10100011	10100011	10100011
标签 C	10110011	10110011	
标签 D	11100011		

注：× 表示存在冲突。

针对标签发送数据所需的时间和所消耗的功率，有人提出了改进的二进制树搜索算法，其改进思路是把数据分成两部分，阅读器和标签双方各自传送其中的一部分数据，由此可把传输的数据量减小一半，达到缩短传送时间的目的。根据二进制树搜索算法的思路再进行改良，即当标签 ID 与查询前缀相符时，标签只发送其余的比特位，这样也可以减少每次传送的位数，进而缩短传送的时间，最终缩短防碰撞执行时间。表 5-2 说明了动态二进制数搜索算法的实现过程。

表 5-2　动态二进制树搜索算法的实现过程

查询前缀 Q	第一次查询 11111111	第二次查询 0111111	第三次查询 01111
标签响应	1X1 × 001 ×	× 001 ×	00011
标签 A	10110010	10110010	
标签 B	10100011	10100011	10100011
标签 C	10110011	10110011	
标签 D	11100011		

注：× 表示存在冲突。

（三）二进制搜索算法

二进制搜索算法类似于天平中采用的逐次比较方法。它通过多次比较，不断筛选出不同的序列号，时分复用地进行阅读器和标签之间的信号交换，并以一个独特的序列号识别标签为基础。为了从一组标签中选择一个，阅读器发出一个请求命令，有意识地将标签序列号传输时的数据碰撞引导到阅读器上，即通过阅读器判断是否有碰撞发生，如果有碰撞，则缩小范围进行进一步的搜索。

二进制搜索算法由一个阅读器和多个标签之间规定的一组命令和应答规则构成，目的在于从多卡中选出任一个来实现数据的通信。

该算法有 3 个关键要素：选用适当的基带编码（易于识别碰撞）；利用标签卡序列号唯一的特性；设计一组有效的指令规则，高效、迅速地实现选卡。

1.曼彻斯特（Mancherster）编码

在二进制搜索算法的实现中，起决定作用的是阅读器所使用的信号编码必须能够确定碰撞的准确比特位置。曼彻斯特编码可在多卡同时响应时，译出错误码字，可以按位识别出碰撞，这样可以根据碰撞的位置，按一定法则重新搜索标签。曼彻斯特编码与防冲撞该编码采用以下规则：逻辑"1"表示下降沿跳变；逻辑"0"表示上升沿跳变；若无状态跳变，作为错误被识别。

当多个标签同时返回的数位有不同值时，上升和下降沿互相抵消，以至无状态跳变，则阅读器知道该位出现碰撞，产生了错误。

利用曼彻斯特编码来识别碰撞位如图 5-12 所示。假如有两个标签，其 ID 为 10011111 和 10111011，则利用曼彻斯特可识别出 D5 和 D2 位的碰撞。

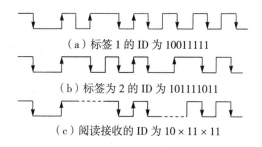

（a）标签 1 的 ID 为 10011111

（b）标签为 2 的 ID 为 101111011

（c）阅读接收的 ID 为 10×11×11

图 5-12　曼彻斯特按位识别碰撞位

2. 防碰撞指令规则

典型的防碰撞指令规则有以下几个。

（1）REQUEST——请求（序列号）。此命令发送一序列号作为参数给标签。其应答规则是：标签把自己的序列号与接收到的序列号进行比较，如果其自身的序列号小于或等于 REQUEST 指令的序列号，则此标签回送其序列号给阅读器，这样可以缩小预选的标签的范围；如果其自身的序列号大于 REQUEST 指令的序列号，则不响应。

（2）SELECT——选择（序列号）。此命令将某个（事先确定的）序列号作为参数发送给标签，具有相同序列号的标签将以此作为执行其他命令（如读出和写入数据）的切入开关，即选择这个标签，具有其他序列号的标签只对 REQUEST 命令进行应答。

（3）READ-DATA——读出数据，即选中的标签将存储的数据发送给阅读器。

（4）UNSELECT——去选择。取消一个事先选中的标签，则标签将进入"无声"状态，在这种状态下标签完全是非激活的，对收到的 REQUEST 命令不作应答。为了重新激活标签，必须先将标签移出阅读器的作用范围再进入作用范围，以实行复位。

3. 二进制搜索算法的改进分析

（1）二进制搜索算法的传输时间。由二进制搜索算法的工作流程可知，防碰撞处理是在确认有碰撞的情况下，根据高低位不断降值的序列号一次次筛选出某一标签的过程，由此可知标签的数量越多，防碰撞执行时间就将越长。搜索的次数 N 可用下式来计算：

$$N = \mathrm{Integ}(10M / \lg 2) + 1$$

式中，M 是终端作用范围内的标签片数；Integ 表示数值取整。

UID 的位数越多（如 ICODE 达 64 位），每次传送的时间越长，数据传送的时间也就会增大。例如，每次都传输完整的 UID，每次时间为 T 则用于传输 UID 的通信时间为

$$t = T \times N$$

也就是说，终端作用范围内的标签片数越多，UID 位数越多，传送时间越长，总的防碰撞执行时间肯定也就越长。

（2）动态二进制搜索算法。动态二进制搜索算法考虑的是在 UID 位数不变的情况下，尽量减少传输的数据量，使传送时间缩短，提高 RFID 系统的效率。其改进思路是把数据分成两部分，收发双方各自传送其中的一部分数据，由此可把传输的数据量减小到一半，达到缩短传送时间的目的。

通常序列号的规模在 8 B 以上，为选择一个单独的标签，每次不得不传输大量的数据，效率非常低。根据二进制搜索算法的思路进行改良，可以减少每次传送的位数，也可缩短传送的时间，从而缩短防碰撞执行时间。

（3）动态二进制搜索算法的工作步骤。

① 阅读器第一次发出一个完整的 UID 位数码 N，每个位上的码全为 1，让所有标签都发回响应。

② 阅读器判断有碰撞的最高位数 X，把该位置 0，然后传输 $N \sim X$ 位的数据后即中断传输。标签接到这些数据后马上响应，回传的信号位是（$X-1$）$\sim$ 1，即阅读器和标签以最高碰撞位为界分别传送前后信号。传递的总数据量可减小一半。

③ 阅读器检测第二次返回的最高碰撞位数 X' 是否小于前一次检测回传的次高碰撞位数。若不是，则直接把该位置 0；若是，则要把前一次检测的次高位也置 0，然后向标签发出信号。发出信号的位数为 $N \sim X$，标签收到信号后，如果这一级信号出现小于或等于相应数据的情况则马上响应，回传的信号只是序列号中最高碰撞位后的数，即（$X-1$）$\sim$ 1 位。若标签返回信号表示无碰撞，则对该序列号的标签进行读 / 写处理，然后使其进入"不响应状态"。

④ 重复第一步，多次重复后可完成标签的交换数据工作。

动态二进制搜索算法与工作步骤相对应的示例如下。在本例中使用的标签有 3 张，其序列号分别为：卡 1，11010111；卡 2，11010101；卡 3，11111101。

① 例如，$N = 8$，传送数据为 11111111b。最高位为第 8 位，最低位为 1 位。根据响应可判断第 6 位、第 4 位、第 2 位有碰撞。

② $X = 6$，即第 6 位有碰撞，则传送数据变为 11011111b。传送时，只传送前面 3 位数 110b，这时卡 1 和卡 2 响应，其序列号的前 3 位与标签相同，不回传，只回传各自的后 5 位数据，即卡 1 为 10111b，卡 2 为 10101b。由此可判断第 2 位有碰撞。

③ $X' = 2$，根据要求第 4 位也要补零，则传送数据变为 11010101b，传送时只传送 1101010b。这时只有卡 2 响应，并返回 1b，表明无碰撞。阅读器选中卡 2 进行数据交换，读 / 写完毕后卡 2 进入"不响应状态"。

④ 重复第一步，依序可读 / 写卡 1、卡 3。

在动态二进制搜索算法的工作过程中，要注意通过附加参数把有效位的编号发送给标签，从而保证每次响应的位置是正确的。

四、UHF 频段 RFID 系统的防碰撞方案

在 UHF 工作频段，主要是 ISO/IEC 18000-6 标准，包括 A、B、C（EPC Class 1 Gen 2 标准纳入 18000-6C）三种类型，如表 5-3 所示。它们采用的防碰撞算法都不同，但均是基本算法的改进应用。Type A 采用的是一种动态时隙 ALODA 算法防碰撞协议。标签内的硬件需有随机数发生器和比较器，其设计相对简单。Type A 防碰撞机制的不足之处是：若标签数目与初始时隙数相差较大时，防碰撞的过程会比较长。Type B 应用的防碰撞机制要比 Type A 的更有效一些，它利用随机产生的 0、1 信号来达到二进制树搜索的效果，但防碰撞的效率会随标签数量的增多而下降。Type C 应用的防碰撞算法是时隙随机防碰撞仲裁机制，是动态时隙 ALODA 算法的改进，在帧大小调整方面比以往的动态帧时隙 ALODA 算法有很大改进，但目前没有找到这样调整的理论依据。它具有较高的阅读速率，在美国已达到 1 500 标签 / 秒，在欧洲可达到 600 标签 / 秒，它同时也适合在高密度多个阅读器环境下工作。

表 5-3 ISO/IEC 18000—6 标准三种类型的比较

技术特征 类型		Type A（CD）	Type B（CD）	Type C
阅读器到标签	工作频段	860 ～ 960 MHz		
	速率	33 kb/s	10 kb/s 或 40 kb/s	26.7 ～ 128 kb/s
	编码方式	PIE	曼彻斯特	PIE（脉冲宽度编码）
标签到阅读器	速率	40 kb/s	40 kb/s	FM0：40 ～ 640 kb/s 子载频调制：5 ～ 320 kb/s
	编码方式	FM0	FM0	FM0 或 Miler 调制子载频
	唯一识别符长度	64 b	64 b	可变，最小 16 b，最大 496 b

续　表

技术特征 ＼ 类型		Type A（CD）	Type B（CD）	Type C
防碰撞算法	算法	ALODA	二进制树	时隙随机防碰撞
	类型	概率	概率	概率
	线型	250 个标签 /256 个时隙，自适应分配，基本呈线形	多达 2^{256} 个标签呈线形进入	多达 2^{15} 个标签呈线形，大于此数的具有唯一电子产品编码（EPC）的标签为 $N \cdot \log_2 N$
	标签查询能力	≥ 250 个	≥ 250 个	具有唯一标识的标签数量不受限制

五、阅读器的防碰撞技术

RFID 系统中的阅读器和标签通信具有空间受限的特性。在某些 RFID 系统的应用中，需要 RFID 阅读器能在一个大的范围内的任何地方都能阅读标签，因此必须在整个范围内配置很多阅读器。RFID 系统的不断增多增加了阅读器冲突的概率。随着 RFID 应用的不断增长，人们逐渐重视 RFID 阅读器冲突的问题，并进行了一些研究。Daniel 及 Engels 等最早提出了 RFID 阅读器冲突问题，他们指出阅读器冲突是一种类似于简单图着色的问题。随后 WMdmp 和 Engels 等提出了一种阅读器防冲突算法 Colorwave。Colorwave 是一种基于时分多址（TDMA）原理的分布式防冲突算法，当网络中的阅读器数量比较小时该方法是有效的和可行的。欧洲电信标准协会（ETSI）发布的 EN 302208 标准采用一种基于载波侦听多路访问（Carrier Sense Multi-Access，CSMA）原理的先侦听后发言的方法（Listen Before Talk，LBT）来减少阅读器冲突的情况。尽管该方法的实现简单，但是可能导致某些阅读器长时间无法获得信道。EPC Class 1 Gen 2 标准阐述了采用频分多址（FDMA）原理来避免阅读器冲突的算法。但是由于大部分的标签不具备频率分辨能力，所以在该标准中仍然存在阅读器冲突的情况。互联 RFID 阅读器冲突模型（Interconnected RFID Reader Collision Model，IRCM）是一种基于 P2P 结构的无须中央服务器参与的阅读器信息交互模型。阅读器之间通过协商和调整读取速度、读取时间等参数来减少冲突发生的概率。尽管不需要中央服务器，但是 IRCM 使得阅读器经常陷于互相交互与协商的过程，这显然会大大减少阅读器的标签扫描时间和工作效率。

针对上述情况，本节提出了通过中央服务器集中控制阅读器分时隙操作来实现避免阅读器冲突的方法，并建立了一种基于模拟退火策略的混沌神经网络进行阅读器时隙分配问题求解的模型。这是一种基于 TDMA 原理的集中控制式防冲突方法，可以根据阅读器冲突关系的变化在线进行阅读器的时隙分配求解与控制，而且在不影响阅读器工作效率的同时，可以消除密集阅读器环境下的阅读器冲突问题。

（一）RFID 阅读器冲突及解决途径

1. 密集阅读器环境中的阅读器冲突

密集阅读器环境就是指在 RFID 系统应用中，在预定区域内部署多个 RFID 阅读器，以满足对区域内的所有标签进行完全的、高可靠的读取要求。系统网络中包含多个阅读器和一个中央计算机，阅读器与中央计算机之间一般采用局域网（LAN）或无线局域网（WLAN）方式进行通信连接。网络中的每个阅读器通常具有不同范围的识读区域，各阅读器的识读区域可能有交集，即识读区域有相互重叠的部分。为了便于说明，用图 5-13 近似地描绘了密集阅读器环境下的阅读器冲突。每个圆圈代表一个阅读器的识读区域（实际应用中的识读区域可能为不规则形状），圆点代表相应的阅读器。如果两个阅读器的识读区域有相互重叠，如图 5-13 中的 R_1 和 R_2，则当 R_1、R_2 同时工作时，如果不采取防冲突措施，就会产生阅读器冲突，甚至使整个 RFID 系统无法正常工作。

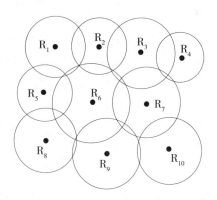

图 5-13　密集阅读器环境下的阅读器冲突

2. 分时传输解决阅读器冲突

标签是通过电磁耦合的方式从阅读器获得能量的，由于获得的能量非常有限，所以无源标签只具备简单的功能而不具备区分不同频率信号的能力。因此，RFID 阅读器的防冲突无法通过 FDMA 来实现，而只能靠 TDMA 方法解决。可以将阅读器的防冲突看成阅读器时隙分配问题。时隙分配可能的实现方法可分为分布式时隙控制与集中式时隙控制两种。分布式时隙控制方法以防冲突算法 Colorwave 和 IRCM 为代表，时隙分配过程以网络中的每个阅读器为中心，各阅读器之间相互反复通信协商来确定各自的工作时隙。发生冲突时，往往通过增加新的时隙来解决，结果使得时隙分配过程较长且需要的总时隙数目多。集中式时隙控制方法几乎不占用阅读器的资源，通过中央计算机或服务器运行优化算法进行时隙分配问题的求解，这种方法求解速度快且不占用阅读器资源。

因此，这里采用集中式时隙控制，即根据阅读器之间的冲突关系，由中央计算机执行时隙分配的优化算法。在得到时隙分配结果后，中央计算机指定各个阅读器在分配到的时隙内进行读写操作，从而消除阅读器冲突情况。

（二）平面图着色与阅读器防冲突

RFID 阅读器冲突问题类似于一个简单的平面图 $G = (R, E)$。顶点集合 R 是 RFID 阅读器集合，即 $R = (r_1, r_2, \cdots, r_n)$。边集合 E 描述了 RFID 系统中阅读器之间的冲突关系。也就是说，如果阅读器 Ri 和阅读器 Rj 的识读区域之间存在交集，就将顶点 r_i 和 r_j 用一个无向线段连接起来。据此建立图 5-13 中的阅读器冲突问题的平面图 $G = (R, E)$ 如图 5-14 所示。

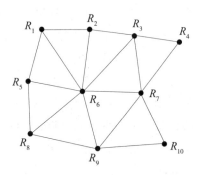

图 5-14　阅读器冲突问题的平面图

有关文献已经证明了任意一个平面图均可用 4 种颜色来进行着色。因此，一个阅读器网络的防冲突问题即类似于一个平面图的四色着色问题。因此，阅读器防冲突问题可以看成阅读器网络的四时隙分配问题。这里采用基于退火策略的混沌神经网络模型来进行阅读器四时隙分配问题的求解。

（三）阅读器防冲突问题的混沌神经网络模型

采用神经网络方法求解阅读器网络防冲突问题前，需要确定网络中阅读器之间可能存在的冲突关系，即获得平面图 $G = (R, E)$ 的边集 E。

1. Hopfield 神经网络模型

下面采用二维 Hopfield 神经网络（HNN）模型对阅读器防冲突问题进行建模。

首先，为了获得阅读器防冲突神经网络的能量函数，需要建立一个二维 Hopfield 神经网络，构造一个 $n \times 4$ 阶的矩阵 V。其中，n 为网络中阅读器的数目。矩阵 v 的每一行包括 4 个神经元，代表一种时隙。4 个时隙 T_1, T_2, T_3, T_4 分别表示为 "1000"，"0100""0010""0001"。n 个阅读器的四时隙分配结果就可以由 $n \times 4$ 个神经元表示出来。

设 $n \times n$ 阶对称矩阵 D 为阅读器冲突关系矩阵，它描述网络中阅读器之间是否存在冲突，当阅读器 R_i 和阅读器 R_j 之间具有冲突关系时，$d_{ij} = 1$，否则 $d_{ij} = 0$。对于图 5-14 所示的阅读器网络，可以构造的阅读器冲突关系矩阵为：

$$V = \begin{bmatrix} 0 & 1 & 0 & 0 \\ 0 & 0 & 0 & 1 \\ 1 & 0 & 0 & 0 \\ 0 & 0 & 1 & 0 \\ 1 & 0 & 0 & 0 \\ 0 & 0 & 1 & 0 \\ 0 & 1 & 0 & 0 \\ 0 & 1 & 0 & 0 \\ 0 & 0 & 0 & 1 \\ 1 & 0 & 0 & 0 \end{bmatrix} \qquad D = \begin{bmatrix} 0 & 1 & 0 & 0 & 1 & 1 & 0 & 0 & 0 & 0 \\ 1 & 0 & 1 & 0 & 0 & 1 & 0 & 0 & 0 & 0 \\ 0 & 1 & 0 & 1 & 0 & 1 & 0 & 0 & 0 & 0 \\ 0 & 0 & 1 & 0 & 0 & 0 & 0 & 1 & 0 & 0 \\ 1 & 0 & 0 & 0 & 0 & 1 & 0 & 1 & 0 & 0 \\ 1 & 1 & 1 & 0 & 1 & 0 & 1 & 1 & 1 & 0 \\ 0 & 0 & 0 & 1 & 0 & 1 & 0 & 0 & 1 & 1 \\ 0 & 0 & 0 & 1 & 0 & 1 & 0 & 0 & 1 & 0 \\ 0 & 0 & 0 & 0 & 0 & 1 & 1 & 1 & 0 & 1 \\ 0 & 0 & 0 & 0 & 0 & 0 & 1 & 0 & 1 & 0 \end{bmatrix}$$

$n \times 4$ 阶矩阵　　　　　　　　　　　　$n \times n$ 阶对称矩阵

　　为了消除网络中的阅读器冲突问题，必须使网络中存在冲突关系的阅读器工作在不同的时隙。根据这样的约束要求，建立如下阅读器防冲突神经网络的能量函数：

$$E = \frac{A}{2} \sum_{x=1}^{n} \sum_{i=1}^{4} \sum_{\substack{j=1 \\ j \neq i}}^{4} v_{xi} v_{yj} + \frac{B}{2} \left(\sum_{x=1}^{n} \sum_{i=1}^{4} v_{xi} - n \right)^2 + C \sum_{x=1}^{n} \sum_{\substack{y=1 \\ y \neq x}}^{n} \sum_{i=1}^{4} d_{xy} v_{xi} v_{yi}$$

式中，A、B、C 是常数；$n \times n$ 阶对称矩阵 D 为阅读器冲突关系矩阵；矩阵 V 是神经网络的输出矩阵。

　　在上式中，第一项 $\dfrac{A}{2} \sum\limits_{x=1}^{n} \sum\limits_{i=1}^{4} \sum\limits_{\substack{j=1 \\ j \neq i}}^{4} v_{xi} v_{yj}$ 是行约束，在矩阵 V 的每一行 4 个神经元中，只有一个神经元的值为 "1"，其余 3 个神经元的值全部为 0。也就是说，当每个阅读器都分配了 T_1、T_2、T_3、T_4、四个时隙中的任意一个时，该项的值为 0。上式中的第二项是一个全局约束，它有助于神经网络收敛于有效解，即当神经网络收敛于有效解时，输出矩阵 v 中每行只有一个神经元的值为 1，对 $n \times 4$ 神经元矩阵 V 来说，所有值为 1 的神经元的个数是 n，这时该项的值为 0。式中最后一项为边界惩罚函数，只有当任意两个存在冲突关系的阅读器被分配了不同的工作时隙时，该项的值为 0。因此，当神经网络的能量函数 E 的值等于 0 时，当前的输出矩阵 V 的值就是阅读器防冲突神经网络的可行解。

　　根据二维 Hopfield 神经网络能量函数的一般表达形式：

$$E = \frac{1}{2} \sum_{x} \sum_{i} \sum_{y} \sum_{j} w_{xi,\,yj} v_{xi} v_{yj} - \sum_{x} \sum_{i} v_{xi} I_{xi}$$

式中，$W_{xi,\,yj}$ 表示神经元 V_{xi} 和 V_{yj} 之间的连接权重；I_{xi} 表示神经元 V_{xi} 的外部输入偏差。比较上面两个式子，可以得到：

$$w_{xi,\,yi} = -A\delta_{xy}\left(1-\delta_{ij}\right)-B-Cd_{xy}\delta_{ij}$$

$$\delta_{ij} = \begin{cases} 1, & i=j \\ 0, & i \neq j \end{cases}$$

$$I_{xi} = nB$$

因此，阅读器防冲突神经网络的微分方程为：

$$\frac{\mathrm{d}u_{xi}}{\mathrm{d}_t} = -\frac{u_{xi}}{\tau}-A\sum_{j\neq i}v_{xi}-B\sum_{x}\sum_{j}\left(v_{xj}-n\right)-C\sum_{y\neq x}d_{xy}v_{yi}$$

$$u_{xi} = f\left(u_{xi}\right)$$

式中，f 为神经元的输入 / 输出函数；u 为神经元的内部输入；t 为时间常数。解这个微分方程组就可以得到阅读器防冲突神经网络的有效解。根据输出矩阵的每行各个元素的值就可以确定分配给每个阅读器的时隙。

2. 基于退火策略的混沌神经网络模型

Hopfield 神经网络模型可以收敛到一个稳定的平衡解上，但会经常陷入局部最优。因此，在前面所建立的 Hopfidd 神经网络模型基础上引入混沌机制和模拟退火策略，为阅读器防冲突建立基于退火策略的混沌神经网络模型，如下所示：

$$f\left(x\right) = \frac{1}{1+\mathrm{e}^{-\frac{x}{\mathrm{e}}}}$$

$$v_{xi}\left(t\right) = f\left(u_{xi}\left(t\right)\right)$$

$$v_{xi}\left(t+1\right) = ku_{xi}\left(t\right)+a\left(\sum_{y}\sum_{j}w_{xi,yj}v_{yj}\left(t\right)+I_{xi}\right)-z\left(t\right)\left(v_{xi}-I_0\right)$$

$$z\left(t+1\right) = z\left(t\right)\left(1-\beta\right)$$

式中，v_{xi}、u_{xi} 和 I_{xi} 分别为神经元的输出、输入和外部输入偏差；$w_{xi,\,yj}$ 为神经元连接权重系统；I_0 是一个正的常数；a 为比例系数；k 是神经元的退火速度系数；$z\left(t\right)$ 为自反馈权重系数，β 是 $z\left(t\right)$ 的衰减系数。

其中，$z\left(t\right)\left(v_{xi}-I_0\right)$ 项起自抑制反馈作用，从而为系统带来混沌状态。而混沌具有随机搜索的特质，因此可以避免算法陷入局部最优。同时为了有效地控制混沌行为，引入模拟温度 $z\left(t\right)$。$z\left(t\right)$ 在算法搜索过程中逐渐衰减，这样使得神经网络经过一个倒分岔过程而逐渐趋于稳定的平衡点。当模拟温度衰减至趋近于"0"时，混沌状态消失，此后算法获得一个较好的初值，并按照 Hopfield 神经网络算法继续进行搜索并逐渐收敛于有效解。

（四）仿真实验

1. 仿真流程

采用 MATLAB 对基于退火策略的混沌神经网络阅读器时隙分配算法进行仿真。仿真流程如下。

步骤 1，设置 A、B、C、I_0、ε、k、a、$z(0)$，β、$u_{xi}(0)$ 等参数的值，如表 5-4 所示。实验中，$u_{xi}(0)$ 取 [0，1] 区间的随机数。

步骤 2，根据公式计算 $v_{xi}(t)$。

步骤 3，根据公式计算能量函数 E。

步骤 4，根据公式计算 $u_{xi}(t+1)$。

步骤 5，判断能量函数是否满足稳定条件。如果满足进行步骤 6，否则进行步骤 2。能量函数的稳定判据为：E 的值在连续 10 次迭代中的变化量小于 0.01。如果 $E \leq 10^{-6}$，则停止迭代；如果算法在 1 000 次迭代中无法收敛到有效解，则停止仿真。

步骤 6，输出仿真结果，即输出 V 和 E。

表 5-4　参数表

参数	A	B	C	β	ε
取值	1	1	1	0.02	0.004
参数	k	α	I_0	$z(0)$	
取值	0.99	0.015	0.6	0.1	

2. 仿真实验结果

对于图 5-13 和图 5-14 所示的阅读器冲突网络，用基于退火策略的混沌神经网络算法经过 162 次迭代后，便得到了阅读器防冲突的时隙分配有效解。输出矩阵的值为：

$$V^{out} = \begin{bmatrix} 0 & 1 & 0 & 0 \\ 0 & 0 & 1 & 0 \\ 0 & 1 & 0 & 0 \\ 1 & 0 & 0 & 0 \\ 0 & 0 & 1 & 0 \\ 1 & 0 & 0 & 0 \\ 0 & 0 & 0 & 1 \\ 0 & 0 & 0 & 1 \\ 0 & 1 & 0 & 0 \\ 0 & 0 & 1 & 0 \end{bmatrix}$$

如图 5-15 所示为参数 $\beta = 0.02$ 时神经元的演变过程。从图 5-15 中可以看出，v_{11} 逐渐地完成由混沌过程到稳定输出的转变过程。当混沌状态消失后，基于退火策略的混沌神经网络的动态响应就退化为普通的 Hopfield 神经网络。

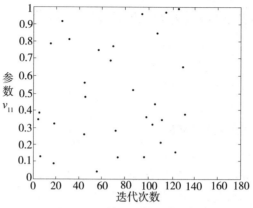

图 5-15　神经元的演变过程

根据 v^{out} 矩阵的每行元素，得到各阅读器的时隙分配结果如表 5-5 所示。

表 5-5　阅读器的时隙分配结果

阅读器	R_1	R_2	R_3	R_4	R_5
时隙	T_2	T_3	T_2	T_1	T_3
阅读器	R_6	R_7	R_8	R_9	R_{10}
时隙	T_1	T_4	T_4	T_2	T_3

若以 4 种形状分别代表时隙 T_1、T_2、T_3、T_4 对图 5-14 所示的阅读器网络按照表 7-5 的结果进行着色填充的结果如图 5-16 所示。

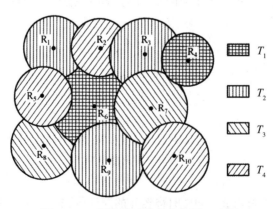

图 5-16　阅读器时隙着色分配示意图

从图 5-16 可以看出，任意两个识读区域存在交集的阅读器（即存在冲突约束的阅读器）的识读区域分别采用了不同的填充方式，由此表明了求解结果的正确性。V^{out} 尽管与式 Hopfieid 神经网络模型的矩阵值不同，但仍然是阅读器防冲突时隙分配问题的可行解。

为了验证算法的可靠性和效率，对不同的阅读器网络规模（阅读器数目）$n = 10$、15、20、25、30 进行了 50 次实验，所有 50 次实验均得到了阅读器防冲突问题的有效解。对于不同网络规模，算法求解的平均迭代次数分别为 171 次、236 次、282 次、314 次及 375 次。实验结果表明了算法的可靠性及高效性。

3. 算法性能分析

首先，基于退火策略的混沌神经网络阅读器防冲突算法是基于 TDMA 原理的，因此运用该算法来解决阅读器冲突问题从原理上讲是可行的。

其次，该算法属于集中式控制算法，算法的执行过程在中央计算机上实现，几乎不占用阅读器的扫描时间（只在确定阅读器之间的冲突关系时占用极少的时间）。而分布式算法在执行的全过程中，所有的阅读器要相互通信来协调时隙分配，在时隙分配完成前无法扫描标签。因此，从应用的角度来说，本节提出的方法更具有合理性和实用性。

最后，在密集阅读器环境中，Colorwave 和 IRCM 算法大概需要 10 个时隙数量才能得到 96% 以上的传输成功率，而本节提出的新算法仅需 4 个时隙即可完成几乎100% 的传输成功率（除去算法执行时间外都可以成功传输），显然这里提出的新算法使得每个阅读器具有更大的标签吞吐能力。

综上所述，本节提出了一种阅读器冲突问题的集中控制方法，该方法根据平面图着色理论，将密集阅读器网络的阅读器防冲突问题等效为阅读器网络的四时隙分配问题，建立了解决阅读器冲突问题的神经网络模型，并引入了模拟退火策略及混沌思想对阅读器防冲突神经网络模型进行求解，仿真实验结果表明该算法是可靠的、高效的。与现有的 Colorwave 和 IRCM 等分布式算法相比较，本节提出的方法可以保证RFID 网络中的阅读器具有更大的对标签的吞吐能力和实时响应能力。

第二节 RFID 系统中的定位技术

定位管理被认为是 RFID 技术的一个重要发展方向，RFID 技术在实现定位管理系统的灵活性、可维护性和可扩展性方面具有巨大的潜力。基于 RFID 的定位管理系统必须能够根据不同应用的需求进行快速部署，并且能够快速有效地生成位置信息。

一、RFID 定位技术概述

各个领域对定位管理的要求日益突出，定位技术的研究也日趋成熟，其中 GPS、Wi-Fi 和 RFID 技术较为成熟。下面对这几种主要定位技术进行分析和比较。

（一）GPS 卫星定位技术

GPS 是美国从 20 世纪 70 年代开始研制的系统，于 1994 年建成。它是一套具有在海、陆、空进行全方位实时三维导航与定位能力的新一代卫星导航与定位系统，具有全天候、高精度、自动化、高效益等显著特点。

1.GPS 卫星定位技术的原理

从整体上说，GPS 主要由三大部分组成：空间部分、控制部分、用户部分。

空间部分由卫星星座构成。GPS 系统由 24 颗位于高空的卫星群提供信息。各个卫星以 55° 等角均匀地分布在 6 个轨道面上，并以 11 h 58 min 的时间周期环绕地球运转。在每一颗卫星上都载有位置及时间信号。客户端的 GPS 设备在地球上任何地方都可以接收到至少 5 颗卫星的信号。

控制部分由地面卫星控制中心进行管理。这是为了追踪及控制上述卫星的运转，所设置的地面管制站的主要工作为修正与维护使每个卫星保持正常运转的各项参数数据，以确保每个卫星都能提供正确的信息供使用者接收机接收。

用户部分则负责追踪所有的 GPS 卫星，并实时地计算出接收机所在位置的坐标、移动速度及时间，Garmin GPS 即属于此部分。

2. GPS 卫星定位技术的精度与应用分析

目前，GPS 系统提供的定位精度优于 10 m。虽然 GPS 定位系统发展得比较成熟，在民用领域中的应用也越来越广泛，但由于 GPS 定位原理的限制，则 GPS 接收器至少要先从 3 个卫星上获取信号，然后根据信号画出三角坐标。在空旷的场地上，接收器能够畅通无阻地收到卫星发出的信号，这时 GPS 的接收效果就会很好；但如果有高山、建筑或者隧道挡在接收器和卫星之间，GPS 的接收效果就会很差。

（二）Wi-Fi 定位技术

GPS 在应用上有着很大的局限性，为了弥补 GPS 定位技术的不足之处，Wi-Fi 定位技术便成为一种新的解决方案。

1.Wi-Fi 定位技术的原理

Wi-Fi 网络会像 GPS 卫星一样发出信号。Wi-Fi 设备先搜索信号，然后通过以前就识别出来的连接或者一系列可用连接来接驳到 Wi-Fi 网络上。这个搜索过程和 GPS 接收器搜索卫星信号并无区别，只不过装有 Wi-Fi 设备的计算机搜索的是地面上的 Wi-H 无线网络的信号。

Wi-Fi 定位系统的硬件层由无线接入点和可以具有无线上网功能的设备、信号发送者或者基站组成。无线网卡则使用了 802.11bWi-Fi 通信协议。

2. Wi-Fi 定位技术的精度

在室外，由于接入点不普及，以及接入点位置不明确，其定位精度不理想；在室内，由于采用各种定位方式不同，以及对环境因素的适应性不同，一般定位精度可以达到 3m 到 15m 不等。

3. Wi-Fi 定位技术的应用分析

虽然 Wi-Fi 定位技术比 GPS 定位技术有一定的优势，这些优势在场馆建筑内的定位实现中更为明显，但 Wi-Fi 定位技术也有其局限性。由于 AP 所发送的无线信号的工作频率为 2.4 GHz，很容易受到环境因素的影响，则无线信号会被环境中的一些元素所削减。这些信号包括场馆中的金属设施设备、场馆中的人员流动情况、场馆内的空气湿度，以及场馆中的门窗关闭情况。而这些因素在一个复杂的大型活动现场是很难被控制的，所以这些因素对 Wi-Fi 定位精度有着不可估计的影响。

（三）RFID 定位技术

1. 无源标签的定位原理

在使用无源标签进行定位时，常常使用辅助标签来提高定位的精度。辅助标签的部署和使用如图 5-17 所示。

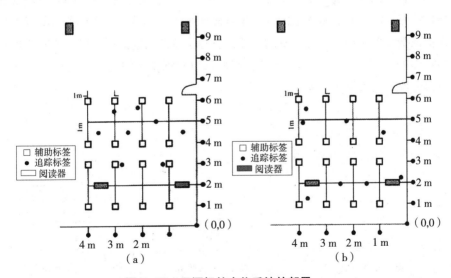

图 5-17　无源标签定位系统的部署

应根据场所的具体情况，按需要均匀地部署辅助标签和阅读器。一般可以通过以下两种方法来表示辅助标签离阅读器的距离远近。

第一种方法是使用可以通过调节能量层来调节读写距离的阅读器，每一个辅助标签在哪一层能量层上被阅读器读取到，则这一能量层的数据就表示出这个辅助标签离阅读器距离的远近。能量层数据越小，辅助标签离阅读器越近；能量层数据越大，辅助标签离阅读器越远。

第二种方法是根据阅读器发送信号至读取到标签信息之间的延迟来表示辅助标签离阅读器距离的远近。延迟时间越短，辅助标签离阅读器的距离越近；延迟时间越长，辅助标签离阅读器的距离越远。

使用上述两种方法中的一种，即可统一标示出各辅助标签离各阅读器的距离。当一个待定位的标签进入定位范围内，它也将获得类似的标识来表示它离各阅读器的距离。可以使用差分法计算出离该标签最近的几个辅助标签的信息，然后根据 k- 近邻算法计算出标签的位置坐标。

2. 有源标签的定位原理

有源标签与阅读器的工作方式有以下三种。

第一种方式是标签定时回报方式，可以在电子标签设定定时回报，将识别号码定时传回阅读器，如图 5-18（a）所示。

第二种方式是阅读器主动搜索方式，利用阅读器主动去搜寻覆盖范围内的电子标签，如图 5-18（b）所示。

第三种方式是指位器方式，在一个阅读器的读取范围内，可以部署多个指位器，各指位器有自己不同的覆盖范围。当半有源标签进入了某一个指位器的范围内，此标签即被该指位器激活，并将自身的标签信息和指位器的信息同时发送给阅读器。每一个指位器的范围为 2～30 m，可调，因此可以根据实际情况要求的定位精度部署与调节指位器，以满足实际需求。

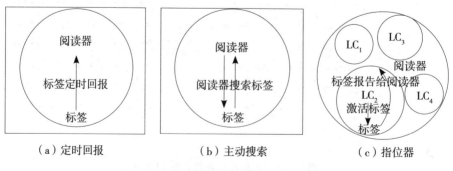

图 5-18　定位方式

在图 5-18（c）中，一个阅读器的读取范围内部署了 4 个指位器，形成了 4 个圆形的覆盖区域。当一个携带有半有源标签的人员进入 LC_2 所覆盖的范围内，此标签被激活，并将标签信息和 LC_2 的信息发送给阅读器，由此就可以知道该人员的当前位置处于 LC_2 的覆盖范围中了。

从 RFID 技术定位原理和各种 RFID 定位系统的实际应用中可以发现，无源标签一般被使用在定位精度要求不高，或者定位区域地形简单（如通道，楼道等地形狭长、出口唯一区域）的场合；而有源标签的应用范围更为广泛，它可以满足各种精度要求和各种地形要求。

随着 RFID 技术的发展，特别是有源 RFID 标签的迅速发展，RFID 技术在定位领域中逐渐显示出其优越性来，而 RFID 定位技术则体现出多变性、灵活性、部署便捷等优势。现有的各种方案都是为了满足某一特定领域所设计实现的，不具有很强的移植性，因此对通用的 RFID 定位管理系统的研究已成为 RFID 技术应用研究的一部分。

二、RFID 无线定位方法

工作在 UHF 频段的 RFID 系统可以借鉴比较成熟的无线定位方法。与传统的无线定位方法一样，按照定位方式的不同，RFID 无线定位方法可分为三大类：时间信息定位（TOA 和 TDOA）、信号强度信息定位（RSSI）和到达角度定位（AOA）。

（一）利用到达时间信息的定位方法

在这种定位方法中，阅读器利用测量标签发射的无线电波的到达时间来进行定位。按照定位原理的不同，它可以分为到达时间定位（TOA）和到达时间差定位（TDOA）。

1. 到达定位（TOA）

由于已知电磁波在自由空间的传播速度 c（3×10^8 m/s），若阅读器测得电磁波从标签到阅读器的传播时间为 Δt_1、Δt_2、Δt_3，则标签到各阅读器的距离即为 $R_i = \Delta t_i$（$i = 1$、2、3）。而且系统已知阅读器的位置坐标（x_i, y_i），则

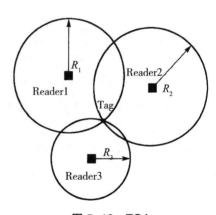

图 5-19　TOA

根据几何原理，标签一定位于以阅读器 i 所在位置为圆心，R_i 为半径的圆周上，如图 5-19 所示。标签位置（x_0, y_0）与阅读器位置（x_i, y_i）之间满足如下关系：

$$(x_i - x_0)^2 + (y_i - y_0)^2 = R_i^2$$

联立方程式就可以求出标签的位置坐标（x_0, y_0）。

2. 到达时间差定位（TDOA）

阅读器 Reader1、Reader2 与标签之间的距离差可以通过测量得出，即通过测出

从两个阅读器同时发出的信号到达目标标签的时间差 h 来确定。$R_{21} = ct_{21}$。其中，c 为电磁波在空中的传播速度。根据几何原理，在已知阅读器和标签之间的距离差时，标签必定位于以两阅读器 Reader1 和 Reader2 为焦点、与两个焦点的距离差恒为 R_{21} 的双曲线对上。当同时知道阅读器 Reader1、Reader3 与标签的距离差 $R_{31} = ct_{31}$ 时，可以得到另一组以两阅读器 Reader1 和 Reader3 为焦点、与该两个焦点距离差为 R_{31} 的两组双曲线，如图 5-20 所示。两组双曲线的交点代表对标签位置的估计。

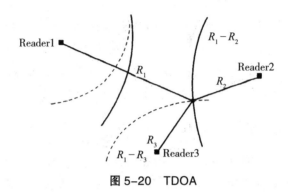

图 5-20　TDOA

在 TDOA 中，标签坐标 (x_0, y_0) 和阅读器坐标 (x_i, y_i)（$i = 1$、2、3）有如下关系：

$$\begin{cases} \sqrt{(x_0 - x_2)^2 + (y_0 - y_2)^2} - \sqrt{(x_0 - x_1)^2 + (y_0 - y_1)^2} = R_{21} \\ \sqrt{(x_0 - x_3)^2 + (y_0 - y_2)^2} - \sqrt{(x_0 - x_1)^2 + (y_0 - y_1)^2} = R_{31} \end{cases}$$

求解该方程组即得到标签的位置坐标。

（二）利用到达场强信息的定位方法

根据电磁波传播理论，考虑标签到阅读器的上行链路，如果标签在自由空间中以额定功率辐射电磁波，则根据 Friis 传输理论，空间任一点的接收功率或场强（功率正比于场强的平方）仅与距离有关。自由空间传播模型为：

$$P_{r_i} = \frac{P_t \cdot G_t \cdot G_{r_i} \cdot \lambda^2}{4\pi \cdot D_i^2}$$

式中，P_t 表示标签的发射功率；P_{r_i} 表示第 i 个阅读器接收到的功率；λ 表示电磁波的波长；G_t、G_{r_i} 分别表示标签及第 l 个阅读器天线的增益；D_i 是标签到第 i 个阅读器的距离。在实际系统中，由于 P_t、λ、G_t、G_{r_i} 都是已知的，可以测量得到，因此根据上式可以计算出标签到阅读器距离 D_i。

在图 5-21 中，三个阅读器 Reader1、Reader2、Reader3 的位置坐标均已知，通过测量标签到达阅读器的电波功率可以由上式计算出三个阅读器到标签的距离 D_1、

D_2、D_3。这样标签的位置就在分别以三个阅读器为圆心，以 D_1、D_2、D_3 为半径的圆的交点处。

根据到达场强信息定位的方法有两种：经验定位和信号传播模型定位。

1. 经验定位

采用经验定位时，物体定位的全过程分为两个阶段。

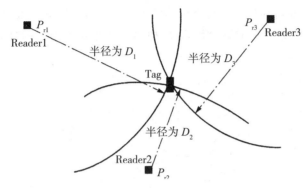

图 5-21　基于场强的定位方法

第一个阶段是离线状态阶段，即数据收集阶段。在系统覆盖的范围内取一些关键的位置作为参考点 P_n（n 是参考点的总数），然后把移动终端摆在这些位置确定的参考点上，系统中的 3 个阅读器分别接受移动终端发来的信号强度 s_1、s_2、s_3，3 个阅读器接收的信号强度和移动终端当前所在的参考点的位置信息一并发往后台数据库。数据库为参考点建立这样的数据记录（s_1，s_2，s_3，P_n），n 从 1 取到 N。可以看出这个过程是个学习积累经验的过程，参考点的数目和位置的选取会直接影响到物体定位的精度。

第二阶段是数据处理阶段，即实时的物体定位过程。当移动终端处在某个位置时，系统中的 3 个阅读器将测得 RF 信号强度（s_1，s_2，s_3）和当前时间 t 作为时间戳一起送往数据库，这个时间戳用于对移动的物体进行实时的追踪。数据库将送来的（s_1，s_2，s_3）依次与每条记录（S_1，S_2，S_3，P_n）做 $R = s\sqrt{(S_1-s_1)(S_1-s_1)+(S_2 s_2)(S_2-s_2)+(S_3-s_3)(S_3-s_3)}$，找出 R 值最小的 k 条记录，则 k 位置的均值就是估算出来的物体位置。

2. 信号传播模型定位

信号传播模型定位的目的是减少定位对经验数据的依赖。其定位过程是：结合具体的应用环境在 Rayleigh 衰减模型、Rician 分布模型等中选取一个或者设计一个新的信号传播模型，利用合适的信号传播模型为参考位置计算出理论上的信号强度。实时的定位过程与经验定位相似，不同之处是 R 值是由接收信号强度和按传播模型计算得到的强度来计算的。虽然其信号传播的定位精度不如经验定位，但是不需要经验定位在离线阶段做的大量测量工作。

3. 利用到达角信息的定位方法

到达角（Angle of Arrival，AOA）定位方法是指每一个阅读器都安装天线阵列，阅读器通过阵列天线测出从标签到 2 个以上阅读器的传输路径的到达方向（电波的入射角）来获得位置信息。

如图 5-22 所示，通常标签处于天线阵元的远区场，因此可近似地将标签的来电磁波波前看作平面波，则间隔位置为 d 的相邻阵元所接收到的来自同一标签的到达角为 θ 的相位差 φ 为：

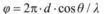

$$\varphi = 2\pi \cdot d \cdot \cos\theta / \lambda$$

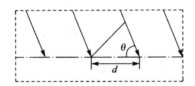

图 5-22　接收信号到达角的确定

式中，λ 表示空中传播的无线信号的波长。根据上式测量不同阵元接收信号的相差 φ，可得到来波信号的到达角 θ。根据两个阅读器接收到同一个标签信号的到达角信息，可以利用几何知识计算出标签的位置。如图 5-23 所示，阅读器 Readerl、Reader2 测得的无线电波的到达角为 α_1、α_2，标签位于分别经过阅读器 Readerl、Reader2 且以 $\tan\alpha_1$、$\tan\alpha_2$ 为斜率的直线交点处。

本节阐述了 RFID 定位常用的定位方法 TOA、TDOA 和 AOA 的工作原理，其定位精度、受环境影响情况和使用条件的比较如下。

（1）TOA 定位方法的定位精度高，但标签和阅读器在时间上要保持精确同步。此外，在室内，由于阻挡物较多，所以阅读器有可能收不到标签发出的信号。室内用户之间的距离较短，而且存在较严重的反射、衍射和绕射等非直线传播情况，加上同一用户信号的各条多径分量时间上相当接近，因此，精确定位更困难。

（2）TDOA 定位方法的定位精度高，但要求所有参与定位的阅读器之间必须完全时间同步。此外，在室内，由于阻挡物较多，所以阅读器有可能收不到标签发出的信

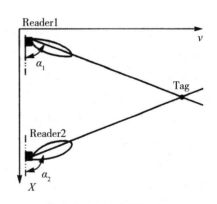

图 5-23　AOA 定位方法

号。室内存在着较为严重的多径和噪声，以及参考时钟的精确性，都将会使距离估计的效果变差。

（3）基于场强定位方法的定位精度不高，但系统容易搭建，在定位要求不高的情况下无须修改标签和阅读器的硬件配置。在室内，由于阻挡物的存在，所以接收信号的强度受到较大影响。经验法所需时间成本高，前期需要一个较长的经验积累的阶段，后期需要搜索数据库，若改变室内布局则需重新积累；信号传播模型法虽然不需要做大量测量工作，但需要制作室内信号传播模型，若改变室内布局则需重新建模型。

（4）AOA 定位方法为了高精确地测量无线信号的到达角度，其阅读器必须安装昂贵的接收天线阵列，因此所需成本较高。在室内非视距（NLOS）情况下，由于周围的物体或墙体的阻挡，会使 AOA 定位出现很大的定位误差，所以 AOA 技术不适用于低成本的室内定位系统。

第三节　RFID 系统中的测试技术

一、RFID 系统的测试技术概述

（一）RFID 系统测试的重要性

世界各发达国家和国际跨国公司对 RFID 技术非常重视，都在加速推动 RFID 技术的研发和应用进程，而 RFID 系统测试则是 RFID 技术研发和应用实施过程中的重要技术保障。

由于 RFID 系统应用的现场环境大多比较复杂，如需经历反复击打、高温或低温、油污影响等传统条码无法胜任的场合，所以必须考虑 RFID 设备的故障率问题。在现实运行过程中，诸如多个物品堆积时相互干扰而造成读取率下降、阅读器部署不当引起的重复信息读取、电子标签所附物品的介质对电磁信号的干扰、安全架构考虑不周造成非法读取等问题，都会影响系统整体的应用效果，甚至打击最终用户对 RFID 技术本身的信心。通常在设备上线调试之初，一般把设备（包括电子标签、阅读器、网络和软件）不能正常处理信号的概率保守地设为 5% 左右。因此，在投资和实施 RFID 解决方案之前，按照测试方法和流程进行一定的测试及仿真试验是必要的。

（二）RFID 系统测试的研究现状

鉴于 RFID 测试的重要性，国际上一些 RFID 的推动者（如惠普、IBM、Sun 及微软等公司）已开始在世界各地建立相应的测试实验室，开展相关的研究和实验。IBM 在欧洲成立了测试和互操作性实验室，用于指导并提供 RFID 技术，这个实验中心将测试 RFID 芯片、数据识别器和相关的应用软件以验证它们之间的相互配合情况；Sim 则在整合了硬件、软件和服务后推出了多层的 Sun EPC 网络架构，并在全球各地部署了多个 RFID 测试中心；韩国提出了"测试床建设计划"（Test-Bed Building Plan），建立了 RFID/USN 综合测试中心。

我国对 RFID 测试工作也很重视，已经开始着手建立自己的 RFID 测试中心，有中国科学院自动化研究所的 RFID 研究中心、上海复旦大学的 Auto-ID 中国实验室、国家 RFID 检测中心及相关行业公司的演示中心等。

（三）RFID 系统测试的主要内容

RFID 系统测试可以分成以下几类：功能测试、性能测试、安全性测试、一致性测试。由于典型的 RFID 系统包括 RFID 标签、RFID 阅读器和 RFID 后台系统 3 个部分，所以 RFID 系统测试的内容也主要包括这 3 个方面。

1.RFID 系统的功能测试

（1）RFID 标签的功能测试：包括标签解调方式和返回时间的测试、标签反应时间的测试、标签反向散射的测试、标签返回准确率的测试、标签返回速率的测试等。

（2）RFID 阅读器的功能测试：包括阅读器调制方式的测试、阅读器解调方式和返回时间的测试、阅读器指令的测试等。

（3）RFID 后台系统的功能测试：包括 RFID 中间件系统的测试和 RFID 应用系统的测试。

2. RFID 系统的性能测试

（1）RFID 标签的性能测试：包括工作距离的测试、标签天线方向性的测试、标签最小工作场强的测试、标签返回信号强度的测试、抗噪声的测试、频带宽度的测试、各种环境下标签读取率的测试、标签读取速度的测试等。

（2）RFID 阅读器的性能测试：包括识别速率的测试、灵敏度的测试、发射频谱的测试等。

（3）RFID 系统通信链路的性能测试：包括不同参数（改变标签的移动速度、附着材质、数量、环境、方向、操作数据大小及多标签的空间组合方案等）的系统通信距离、系统通信速率的测试。

（4）RFID 标签及阅读器空中接口的性能测试：针对标签和阅读器相互通信的测试，以确定 RFID 标签与阅读器的通信参数，如工作频率、工作场强、数据速率和编码、调制参数、帧结构、通信时序等。

（5）RFID 后台系统的性能测试：包括 RFID 中间件系统的性能测试和 RFID 应用系统的性能测试。

3. RFID 系统的安全性测试

（1）RFID 标签的安全性测试：主要对标签上的存储器、采用的加密机制、标签上不同信息区进行测试。

（2）阅读器的安全性测试：主要对阅读器上的存储器、采用的加密机制、使用的系统软件进行测试。

（3）RFID 标签和阅读器通信链路的安全性测试：包括标签的访问控制、安全审计的测试，标签内容操作（如读、写、复制、删除、修改等）的安全性测试，标签和阅读器之间的空中接口通信协议的安全性测试。

（4）RFID 后台系统的安全性测试：包括 RFID 中间件与阅读器之间通信过程的安全性测试、RFID 中间件系统自身的安全性测试、RFID 应用系统的安全性测试。

4. RFID 系统的一致性测试

RFID 系统的一致性测试主要是指测试待测目标是否符合某项国内或国际标准（如 ISO/IEC1 8047 系列标准）定义的空中接口协议，包括标签空中接口的一致性测试、阅读器空中接口的一致性测试。

（四）RFID 系统的测试环境

RFID 系统的测试环境应包含以下几个主要方面。

（1）测试场地：由于 RFID 产品性能参数不同，其读取范围也从几厘米到几十米、上百米不等，所以需要有多样的测试场地。

（2）测试设备：针对 RFID 标签及阅读器的数据采集设备，如场强仪、测速仪等；专业的数据分析设备，如实时频谱分析仪、矢量网络分析仪、射频阻抗 / 频谱 / 网络分析仪、精密 LCR 表、矢量信号发生器、EMI/EMC 预兼容测试系统等。

（3）测试工具：RFID 标签测试系统、阅读器测试系统、射频设计与仿真软件系统、辅助分析工具等。

（4）辅助测试设施：如贴有标签的货箱、托盘、叉车、集装箱等。

除此之外，在部分测试过程中还可能需要用到特殊设备。例如，要测试系统在无干扰环境下的表现就需要对外界信号进行屏蔽，这就需要屏蔽室、电波暗室或 RFID 终端系统模拟实验室等。

二、RFID 系统测试的流程、规范和方法

研究 RFID 测试技术，最重要的是研究 RFID 系统测试的流程、规范和方法。根据国内外最新研究进展，本节总结了 RFID 测试流程及方法的总体结构图，如图 5-24 所示。

（一）RFID 系统测试的流程

根据总体结构图，可得到设计流程及方法，具体介绍如下。

首先针对托盘级识别（Pallet Level）、包装箱级识别（Case Level）、单品级识别（Item Level）分别进行逐级测试。在逐级测试中，再展开进行不同阅读模式下的测试。在实际情况中，端口阅读模式是物流管理中最为有效和普遍的一种阅读模式，因此在测试中对端口阅读模式进行了较为细致的划分。端口阅读模式首先可分为动态阅读和静态阅读，而动态阅读中又可以分为步行速度下和速度可调的传送带两种不同情况。

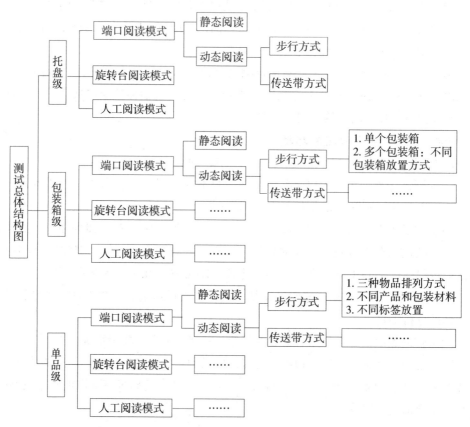

图 5-24　RFID 测试流程及方法的总体结构图

1. 托盘级识别（Pallet Level）

托盘级识别指在每个托盘上贴上具有唯一编码的射频标签，用阅读器识别各个托盘。需要说明的是，在端口阅读模式中，静态阅读方式是指端口天线固定，由远及近调整托盘到端口的距离。当在某一位置上端口天线可以识别出射频标签时，端口天线到托盘的距离即为端口天线的阅读距离（Read Range）。而动态阅读方式则是指端口天线固定，以人工步行速度或者传送带上的可调速度通过端口时，端口天线对托盘的识别性能（如果可读，阅读距离也发生变化）。

2. 包装箱级识别（Case Level）

（1）单个包装箱识别：包装箱贴上具有唯一编码的射频标签，标签放置于托盘上面，用阅读器识别包装箱。其三种阅读模式均与托盘级识别相同。

（2）多个包装箱识别：每个包装箱贴上具有唯一编码的标签，将多个包装箱同时放置于托盘上面，用阅读器识别各个包装箱。可以识别出的包装箱的数目占所有包装箱数目的百分数称为阅读率。在其3种阅读模式中，是通过测试包装箱的阅读率来衡量其性能的。需要注意的是，在每种阅读模式下，通过改变各个包装箱的摆放位置，调整各个标签的摆放位置，可观测性能的变化。例如，在图5-25所示各种情况中，5-25（a）与图5-25（b）相比，标签离托盘外沿的平均距离较远，而在图5-25（c）中，两个包装箱上的标签相邻。在端口识别模式的静态识别中，端口天线固定，由远及近调整托盘到端口的距离，当在某一位置上端口天线对射频标签有100%的阅读率时，端口天线到托盘的距离即为端口天线的阅读距离。

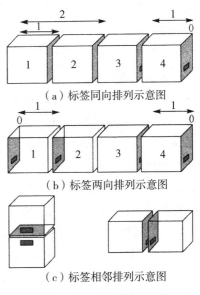

（a）标签同向排列示意图

（b）标签两向排列示意图

（c）标签相邻排列示意图

图5-25 包装箱级识别

3. 单品级识别（Item Level）

在单品级识别情况下，托盘上有3种货品排列形式，即均匀的货品排列、复合的货品排列、异质的货品排列。这3种货品排列形式互补而又呈现复杂度上的递增。下面比较它们在各种测试情况下的阅读器的性能。

（1）均匀的货品排列。如果货品的排列是均匀的，包装箱中的各个单品上贴上具有唯一编码的标签，用阅读器识别单品。在3种阅读模式中，分别测试单品的阅读率，即可衡量其性能。需要注意的是，在每种阅读模式下，通过使用不同材料和包装的单品，可观测阅读器性能的变化；通过改变标签的放置，可观测阅读器性能的变化。

② 复合的货品排列：同均匀的货品排列。

③ 异质的货品排列：同均匀的货品排列。

（二）RFID 系统测试的规范

在测试中需要对标签的测试、阅读器的测试、空中接口一致性的测试、协议一致性的测试、中间件的测试等进行规范。

1. 标准符合性测试

标准符合性测试是指测试待测目标是否符合某项国内或国际标准（如 ISO 18000 标准）定义的空中接口协议。其具体内容包括阅读器的功能测试（阅读器的调制方式测试、阅读器的解调方式和返回时间测试、阅读器的指令测试）和标签的功能测试（包括标签的解调方式和返回时间的测试、标签反应时间的测试、标签的反向散射测试、标签的返回位准确率测试、标签的返回速率测试等）。

2. 可互操作性测试

可互操作性测试是指测试待测设备与其他设备的协同工作能力。例如，测试待测品牌的阅读器对其他电子标签的读写能力，待测品牌的电子标签在其他阅读器的有效工作距离范围内的读写特性，待测品牌的阅读器读取其他阅读器写入标签的数据等。该测试又可分为单阅读器对单标签、单阅读器对多标签、多阅读器对单标签、多阅读器对多标签等不同环境的测试。

3. 性能测试

性能测试的具体内容有 RFID 标签的测试、RFID 阅读器的测试和 RFID 系统的测试。RFID 标签的测试包括工作距离的测试、标签天线方向性的测试、标签最小工作场强的测试、标签返回信号强度的测试、抗噪声的测试、频带宽度的测试、各种环境下标签读取率的测试、标签读取速度的测试等；RFID 阅读器的测试包括灵敏度的测试、发射频谱的测试等；RFID 系统的测试包括电子标签和阅读器的测试、测试时应配置不同参数（改变标签的移动速度、附着材质、数量、环境、方向、操作数据及多标签的空间组合方案等）、测试系统通信距离及通信速率等。

（三）RFID 系统测试的方法

测试过程并不是自由的，对于不同产品的测试报告，其可比性是建立在相同的测试条件和测试程序基础上的。因此，应该有一套完整的测试规范来控制整个测试过程。

针对 RFID 系统的测试应首先从应用出发，根据影响读取率的因素逐一进行测试，如速度、介质、环境、标签方向、干扰等。只有通过这样的测试，才能了解产品在实际应用过程中的表现，从中得出有用的结论，指导产品的使用。

举例来说，针对 RFID 标签读取率的静态测试流程如下。

1. 布置测试环境

选择一个合适的测试场地，首先应保证尽量减少外界干扰，如附近不能有会向外发射电磁信号的设备，还应避免在测试场地布置与测试无关的金属制品，因为它们对天线所发出的信号影响较大，可能改变天线所发出电磁波的分布，进而影响测试结果的准确性。

其次，布置测试用标签、货箱及阅读器。不同的测试需要用到不同材料的货箱，根据目前物流行业的应用，金属、塑料、木质和纸质货箱的应用最广泛。由于这几种货箱对读取率的影响不同，所在在同一次测试中，应保证货箱材料的统一，最好使用相同的货箱。特别是在对不同厂家生产的标签和阅读器进行测试时，这一点更加重要。因为从工艺角度出发，即使是相同规格的不同货箱从外形尺寸到材料分布也不可能做到完全相同，而有些参数对于读取率的影响是不能忽视的。因此本着客观公正的原则，在这种情况下，应保证测试所用货箱、放置位置及外界环境的一致性。

2. 记录环境数据

记录测试时间、测试时的温度、湿度及外界场强。

3. 测试不同位置的读取率

改变标签与天线的相对位置，分别记录各个位置的读取率，并做记录。在每次测试过程中，最多只能改变一项测试参数。

研究标签与天线距离对读取率的影响时，应把距离向量作为唯一的变量，将测试结果填入读取率与距离的关系表格中。目前采用的是每个位置读取 500 次，用读取成功的次数和读取总次数的比值表示读取率。这样就可以降低由于特殊情况造成的读取率变化对最终结果的影响。在距离变化上，一般以 10 cm 为单位递增，但这并不是固定的，在读取率比较稳定的情况下，可以适当增加距离变化的幅度。而在读取率变化剧烈的情况下，为了更加准确地得到读取率随距离变化的规律，就应该减小这一数值。测试范围应从读取率为 100% 开始直至读取率降为 0，其采样点应尽可能多，这样才能如实反映读取率与距离的关系。

此外，还应研究标签方向对读取率的影响。改变标签的方向，与前面所说的过程类似，记录在不同放置方向的情况下标签读取率与距离的关系。由于实际应用中货箱的形状及摆放都是笔直的，所以在测试过程中也可以忽略标签倾斜的情况，而只研究标签与天线平行或垂直的情况。

这一测试过程只是最简单的流程，在实际测试中可根据情况增加测试项目，如在标签与天线之间放置木板、纸板、金属板，从而得到有障碍情况下的读取率数据；也可以将标签与天线的位置固定，改变周围的环境来研究环境对读取率的影响。

4. 分析测试数据

可以将测试所得到的数据输入计算机，使用相关软件对其进行分析或转化为图表，使结果更加直观地反映出来。多次测试的结果还可以汇总起来，这样就可得到被测产品的全面特性。对这些数据和图表进行归纳和总结，可以知道在影响读取率的众多因素中，哪些是最主要的，哪些的影响相对小一些，这对于进一步改善产品性能，指导产品的应用都是十分重要的。

实施 RFID 系统测试有两种方法：手动测试和自动化测试。手动测试的挑战在于如何模拟系统中同时存在的多种行为，如何协调各组件的工作顺序，以及如何保持测试方法的客观性及可重复性等。而自动化测试通过行为分析和虚拟脚本，不仅可以解决上述问题，还可以最小化测试过程中可能产生的认为错误的风险，因此它可以作为 RFID 系统测试的首选。RFID 系统性能的指标评价体系如表 5-6 所示。

测试数据，可以通过采用软件（如 MATLAB）绘制图表进行分析，以找出杂乱的数据中的规律性。例如，在单品级标签性能测试中，对于贴在不同单品上的标签性能，可以先分别对标签在各种单品中进行测试，最后用软件绘图进行对比。

表 5-6　RFID 系统性能的指标评价体系

序 号	指标评价体系
1	识别范围（Identification Range）
2	识别率（Identification Rate）
3	读取率（Read Rate）
4	写入范围（Write Range）
5	写入率（Write Rate）
6	标签数量（Tag Population）
7	指每秒可读出标签的数目（Tags per Second）

（四）RFID 设备部署方案与系统架构的仿真

随着 RFID 系统的深入应用，对于 RFID 设备部署方案和系统架构的测试验证已成为重要需求。RFID 系统一般由两级网络组成，即由标签、阅读器组成的无线通信网络，连接后端应用的信息通信网络。前端设备网络的部署重点是设计无线网络组网和协调技术，而 RFID 系统复杂的硬件体系架构和数据的海量性都对系统测试提出了新的挑战。为此，可采用虚拟测试与关键实物测试相结合的方法。它是指通过对 RFID 设备部署方案和系统架构的分析，确定部署方案和系统架构的主要性能指标和约束，如无线覆盖约束、信号干扰约束、RFID 性能指标等，对 RFID 设备和网络实体进行抽象，建立其面向对象的组件模型，进而构建 RFID 设备部署和系统架构仿真测试平台。

仿真测试平台提供图形化的组件及虚拟阅读器、标签、TCP/IP 连接等各种组件，生成 RFID 部署方案和网络系统架构。在虚拟测试的基础上，对关键性能结点再进行场景实物测试，以保证测试结果的可信度。

仿真测试平台内容包括：RFID 阅读器、天线、标签及网络节点的仿真模型、图形化设备部署组态界面的开发、虚拟 RFID 环境的开发、RFID 协议仿真的开发、RFID 与传感网络、无线网络的仿真开发。

仿真的基本步骤如下。

第一步，采用 RFID 标签建模工具对电子标签单独建模，分析标签的各种属性（回波损耗、方向性等），选择部分最优设计待用。

第二步，对 RFID 阅读器和天线建模，分析阅读器和天线的各种属性（读取范围、最快响应时间等），选择部分最优设计待用。

第三步，建立 RFID 应用环境的仿真，通过测试和经验数据给出该环境下多种材质的电磁反射与吸收情况，给出应用所能使用的部分最佳布局。

第四步，使用第三步所选择的布局在应用环境中部署第一、二步所选择出的 RFID 阅读器、天线和定义标签的参数（运动方向、速度、数量等）。

第五步，建立网络模型和通信协议，使得设备与设备之间、设备与业务逻辑模块之间、业务逻辑模块与上层应用系统之间交互，完成对整个应用的仿真。

第六步，对仿真进行分析，评价该应用模型的性能、效果、可能产生的瓶颈。

客观性、可控性、可重构、灵活性是建设可模拟现场物理应用的测试环境的关键需求，配置先进的测试仪器、辅助设备可在一定程度上保证测试结果的客观性。通过为实验室配置温、湿度控制器，可实现对温度、湿度的控制；通过配置速度可调的传送带，可实现物体移动速度对读取率的影响；通过配置各种信号发生器、无线设备，可产生可控电磁干扰信号和检查无线网络和 RFID 设备协同工作的有效性。测试实验室由多个测试单元组成，测试单元可灵活组合，动态地实现多种测试场景。

仿真测试平台的基本单元包括以下几个。

（1）门禁测试单元：由 RFID 阅读器、可调整天线位置的门架等组成，可模拟物流的进库、出库、人员进出控制等场景。

（2）传送带综合测试单元：由可调速传送带、传送带附属天线架、天线架屏蔽罩、配套控制软件系统等组成，可模拟生产领域的流水线、邮政的邮包分拣等所有涉及传送带的应用场景。

（3）机械手测试单元：主要由机械手组成，可模拟各种标签在一定空间范围内的移动。

（4）高速测试单元：主要由高速滑车组成，用于测试高速运动标签的读取性能，可模拟高速公路上的不停车收费等应用。

（5）复杂网络测试单元：主要由服务器、路由器、无线 AP 等网络设备组成，通过这些设备的不同组合和设置，可模拟多种网络环境，以验证实际网络是否可以承受 RFID 的海量数据。

（6）智能货架测试单元：主要由货架、RFID 设备、智能终端等组成，可测试仓库中货物的定位技术、零售业商品的自动补货、智能导购系统。

（7）集装箱货柜测试单元：主要由温湿度可调的集装箱、传感器、GPRS、智能终端等组成，用于测试供应链可视化系统，模拟监测陆运，在海运过程中运用 RFID 技术对集装箱内货物的监控。

测试系统还包括一系列测试平台软件，其主要功能为测试场景的组态、测试仪器的连接和组态、自动获取和图形化展示数据，自动生成测试报告，从而进一步减少人为因素对测试过程和结果的干扰，提高测试的自动化程度。

第四节　RFID 贴标技术

RFID 贴标就是将 RFID 标签与标识对象紧密相连，使"签物不分离"。贴标可以采用手工贴标、贴标机贴标和标签机贴标等形式。为一件产品的包装上加上 RFID 标签面临着诸多潜在的挑战。条码可以直接印刷有产品的包装上，而 RFID 标签却不能，因为 RFID 嵌体体积较大及其他一些特征，在将其与一件产品集成前必须考虑到。这不是一件简单的工作！包装设计涉及形式、配合、功能与美学。这些元素组成了几乎所有产品包装的基础，必须面面俱到，以达到吸引消费者注意、提供合适的包装特点和方便性、具有完整性、满足环保要求等目的。因而，增加一个 RFID 标签并不是一件小事，这需要认真仔细地规划。

一、RFID 标签贴标的影响因素

（一）影响读取率的射频特性

下面介绍影响读取率的射频特性。

1. 半透明

一些材料在被射频能量穿过时，仅有很少或根本就没有任何阻碍作用。而用有机纤维和人造纤维做的衣服、纸质产品、木头、绝缘的塑料和纸板对射频都是半透明的，但是带箔片衬里的纸包装可能会阻挡射频能量。

2. 吸收

液体、含液体的物质（如某些食物），特别是含盐的液体和食物，都会吸收超高频（UHF）射频能量。某些碳，如固体状或粉状的石墨，也会吸收 UHF 射频能量。吸收会削弱或者衰减从阅读器天线发出或者从电子标签天线反射回的电磁场，它会随着物质和信号频率而变化。通过计算对各物质在某个频率的吸收率，可以得出介电损耗。将电子标签贴在瓶盖正下方的空气间隙上可以减少吸收部分电磁波能量。

3. 屏蔽

金属和非常薄的金属箔片尤其会让无线电波偏离目标，阻止无线电波穿过。屏蔽材料可以被当成感应线圈。电子标签天线里的感生电流让电子平行运动，产生一个反向电磁场，这样就会削弱信号。一般来讲，较高频率的射频信号比低频更容易被屏蔽。

4. 失谐

电子标签的天线受周围环境的影响很大。例如，电子标签贴在水箱上（箱子顶、箱子底等）时，对标签的影响超过其他任何因素；罐子的吸收和屏蔽作用将降低到达电子标签的能量，并且减弱反射给阅读器的信号；电子标签彼此太靠近，会形成电容性耦合，使天线失谐；传送器、叉车和其他操作设备上的金属会阻碍和反射信号，造成失谐。电子标签拥有合适的天线形状，将其贴在包装箱子上的合适位置，并且使其托盘上的摆放方向合适，都能提高读取率。为此，可能还需要重新设计包装。

5. 反射

反射是由于材料的表面有与周围环境空气不同的介电常数而产生的。信号反射可能是 RFID 技术在 UHF 频段遭到的最严重的问题。举例来说，因为反射，阅读器信号可能无法穿过塑膜包装的托盘，导致电子标签接收不到足够的启动能量。金属会反射几乎所有无线电信号，而某些类型的塑料薄膜、镀膜玻璃和建筑材料也会反射电磁波，使电磁波无法穿过。

6. 干扰

干扰造成的所谓"死区"主要归因于环境因素。传送设备因为自身的电动机、控制器产生的震动或者电磁波释放会导致"死区"的出现。其 RFID 系统、无线计算机、无线电和电话都会产生干扰，但是通常阅读器/电子标签的空中接口可以过滤掉这些干扰。静电放电是由于材料累积静电并且没有正确接地导致的，它也会引起干扰。由于来自其他材料表面的多径反射，阅读器信号会自我干扰。干扰的例子包括信号穿过一个狭窄空隙后到达电子标签时发生的表面衍射，或者从金属物体反射并几乎同时到达电子标签的信号。

（二）影响读取率的稳定因素

标签的选用与附着贴标、天线架设方式、阅读器功率与参数设定这 3 个因素决定了 RFID 的读取率是否稳定。

1. 选择合适标签

标签的选择需根据阅读器操作距离、物品外形及材质、标签读取环境 3 个方面来综合考虑。

（1）阅读器操作距离：根据读取操作距离需求来决定采用何种频带系统的标签。

短距离手动读取。如果应用情境都是以手持式读取器来操作的，读取范围需求在20 cm 之内，而且每次只读取一个标签，则选择近场（Nearfield）磁感应方式的 LF 或 HF 标签，适当改变手持式设备感应角度，以达到最佳磁场切割作用。此时，得到稳定读取率一般没有大问题。

短距离移动读取。如果应用情境是在输送带上读取物品标签，只要天线架设的有效读取区与物品移动方向构成磁场切割作用，慢速移动物品仍然可以采用 HF 标签。但是快速移动的物品建议还是采用远场（Farfield）电波共振式 UHF 标签，这样才可能有较好的读取率。

长距离读取。有在超过 1.5 m 以上距离的读取需求时，标签就要求有足够的敏感度（Sensitivity）。不管是固定或手持方式读取，1.5 m 距离基本上已超过 LF 或 HF 标签的极限。在目前的被动式（Passive）标签中，UHF 标签是长距离读取的唯一选择，否则就要选择主动型（Active）标签才能确保长距离的稳定读取率。

（2）物品外形及材质：根据物品外形与材质选择合适标签规格。

敏感度。物品外形及材质会影响电磁场的穿透力（Penetration），也会影响标签的敏感度。通常标签的敏感度与其本身天线设计有关，敏感度越好的标签外形尺寸就越大。但是如果搭配天线架设角度，找到最好的极化面（Polarization），即使是小尺寸标签也能得到稳定的读取率。

感应角度。当环境有其他 RFID 阅读器同时运作时，标签感应角度就显得很重要。标签应根据物品移动方向选择最佳感应角度来附着物体，目的是与天线发射产生最佳的极化面，以确保较佳的读取方向，避免读取到其他不相干的标签。

（3）标签读取环境。

金属与含水分的环境。物品本身或环境若带有水汽或金属成分也会影响标签的敏感度性能。水汽会吸收部分电磁波能量，影响标签感度，金属制品则会全面反射电磁波从而影响标签的电磁耦合，两者都会造成读取率恶化。对于水气环境，只要空气湿度控制得宜应该不难解决；对于液体产品，只要标签与容器间保持固定间隙，仍然可以得到稳定的读取率。最难处理的就是金属反射环境，因为反射的电磁波强度会盖住标签背向散射（Backscatter）的信号，让读取器无法辨识标签的响应内容。因此在选择 RFID 读取环境时应该尽量避开金属反射环境。

金属专用标签或客制化金属标签。若标的物本身就是金属制品，欲达到满意的读取率恐怕只有使用金属专用标签或客制化金属标签。金属专用标签有一个特别设计的隔离层，可以避免金属材料对标签的特性影响，其读取距离为 2 ～ 3 m。但是若背景环境的反射电波太强，则仍然无法保证 100% 读取率。如果标签需求量够大或标的物属于高单价物品，建议使用客制化金属标签。客制化金属标签的设计原理是将金属物体视为与标签芯片共振的部分天线，这样得到的读取距离与读取率部将大幅提升。在 4 ～ 6 m 距离时，读取率可达到 99.5% 的水平。

2. 天线架设

天线架设要点是要达到最佳电磁场形态，同时避开电波反射干扰。

（1）读取区。目前固定型阅读器通常至少搭配有 4 组输出天线，适度控制读取器的输出功率与调整 4 组天线的发射方向，就可以消除读取死角，建构有效标签读取区。值得注意的是，在标签读取区最好避免金属直接反射平面。这种金属平面造成高强度反射电波，往往会将微弱的标签响应信号盖住，影响阅读器的信号辨识能力。

（2）极化面天线。目前，阅读器使用的天线主要有线性波与旋转波两种极化面天线，线性波天线的穿透力比旋转波天线的穿透力强，而旋转波天线的方向性比线性波天线的方向性宽广。该选择何种极化面天线应根据标签在物品上的贴附方向来决定。标签贴附方向杂乱的选用旋转波天线的读取效果较佳，标签贴附方向一致的选用线性波天线会有较远的读取距离。

3. 阅读器功率与参数的设定

（1）功率的设定。阅读器发射功率可以通过程序操作来控制，功率太强容易产生折射干扰，功率不足则无法达到启动标签电磁场的最低能量要求。在此，建议以由弱渐渐加强的方式改变阅读器的功率输出，找出最低启动标签电源的阅读器输出功率（Minimum Turn on Power）平均值。再运用阅读器内建的 RSSI（Received Signal Strength Indication）接收信号强度指针来分析标签灵敏度的平均值。比较标签的 RSSI 及最低标签启动电源的阅读器输出功率，找出适用于标签最佳读取率的功率设定条件。换言之，可利用 RSSI 与标签启动功率两个参数来判断目前架设的天线所发射的电波环境是否具备合理性。

（2）碰撞参数的设定。一个阅读器针对同一群标签通信时，在同一时刻接收到大量的标签传递的数据而产生了信号碰撞。结果就会造成读取率不佳。碰撞的解决与 Q 值的设定有关，Q 值太大会影响读取器进行盘点所需时间，因此必须根据标签总数来决定，找出 Q 值与标签总数之间的优化关系，也即当标签数量为多少，找出最佳建议 Q 值。

（3）利用 RSSI 值过滤。阅读器在读取某一区域内的标签数据时，同时也会接收到其他区域的标签数据。阅读器程序可以根据标签响应的 RSSI 值差异性进行过滤，减少误判现象。

④ 避开盲点。由于环境折射波与天线直接波会产生相位加成与抵消作用，其中相位抵消的点会在有效读取区内产生读不到标签的盲点，所以可以利用不同角度天线架设组合，并由阅读器程控改变天线切换开关，达到读取区中盲点的位置，减少因盲点造成的读取率不稳的现象。

（三）智能标签的贴放方法

1. 贴标机的工作原理

首先，箱子在传送带上以一个不变的速度向贴标机进给。然后，机械上的固定装置将箱子之间分开一个固定的距离，并推动箱子沿传送带的方向前进。贴标机的机械系统包括一个驱动轮、一个贴标轮、标签带和一个卷轴。驱动轮间歇性地拖动标签带运动，标签带从卷轴中被拉出，同时经过贴标轮贴标。贴标轮会将标签带压在箱子上。在卷轴上采用了开环的位移控制，用来保持标签带的张力。因为标签在标签带上是彼此紧密相连的，所以标签带必须不断启停。

标签是在贴标轮与箱子移动速度相同的情况下被贴在箱子上的。当传送带到达某个特定的位置时，驱动轮会加速到与传送带匹配的速度，待贴上标签后，它再减速直到停止。

由于标签带有可能会产生滑动，所以它上面有登记标志，用来保证每一张标签都被正确地放置。登记标志通过一个传感器来读取，在标签带的减速阶段，驱动轮会重新调整位置以修正标签带上的任何位置错误。

2. 套标机的工作原理

当推瓶电眼发现有瓶子过来并认为有连续生产的必要时，进瓶螺杆开始运作推瓶（进瓶螺杆的作用就是将不等距而来的瓶子重新等距、等初速度分瓶），然后瓶子进入套标系统的核心单元。当套标电眼感应到有瓶子过来时，马上将信息传输给控制中心 PLC，并通过 PLC 依次并连续下达 4 个指令（送标、定位、切标、射标）。当射标结束，一个瓶子的套标过程便完成，之后便进入标签整理、收缩单元。

智能标签的贴放方法主要取决于何时需要贴放标签，在货箱的什么位置贴放标签及设备的频率。在考虑任何贴标方法之前，应对货箱做分析测试来寻找最佳贴放位置，以保证能成功读取标签。如果分析测试非常成功，就可以确认在货箱的什么位置贴放标签，以及最佳的标签天线和阅读器天线配置。可以采用一种或多种贴标方法来满足生产要求和客户要求。

标签贴在什么位置？包装需不需要预处理？这些看似简单而又直接影响系统识读率的主要因素，需要通过模拟实验和现场测试进行贴标分析，因此正确的贴标取决于很多因素，如图 5-26 所示。其中，很多看起来最佳的方法后来往往被证明是错误或者成本昂贵的。下面将对这些方法分类并进行简单的分析。

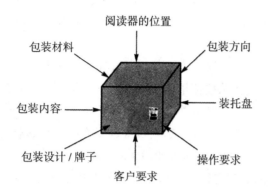

图 5-26 RFID 标签贴标的影响因素

（1）将标签嵌入包装。嵌有 RFID 芯片的一次性纸箱有几个吸引人的特性，其中最显著的是无须在包装和封装过程中对标签进行处理，为标签编码这一步骤在包装前、后均可进行，而且读取标签的成本和阅读器的成本都可由供应商承担。不过这种方法的缺点也很多。首先，业界预测包装公司要用三四年来解决物理上的障碍并提供完整的解决方案。错误修正、重新制作和退款都会增加成本，如果你有多种产品，不仅要求采用不同标签，而且标签粘贴位置也不同，那么你不得不采购、存储、和管理多种包装，使之和产品内容配套。其次，不仅纸箱生产商会因为对制造流程进行大改动而投入大量资金，纸箱包装产品的运输链和供应链也都需要重新设计。目前，纸箱往往堆放在室外，其环境不可控制。堆叠积压、叉车的粗糙处理和恶劣的环境都不利于嵌有电子元件的产品。最后，带有电子标签的纸箱包装可能还会遇到环保问题和回收再利用的问题，这取决于不同国家和地区之间的各种环保法规。

（2）先贴标，后编码。如果货箱上预先印刷了条码，那么可以在编码之前先将背面带粘胶的 RFID 标签贴到货箱上。其工作流程具体为：用上游贴放器把标签固定到货箱上，当货箱通过包装线时，由一台固定在包装线上方的阅读器为它编码。这种方法可以使处理过程流程化，而且能够降低成本，特别是在现有的贴放设备能处理贴标任务的情况下。但这种方法的一个不足之处是无法在现有的贴标之前检查出"哑"标签和坏标签，这极有可能导致很多货箱要重新贴标。这个方式的另一个缺点是不可避免地会为碰巧在附近的标签也进行编码。目前市场上大多数贴放器的设计中没有处理成卷 On-Pitch 标签的功能。当某些标卷轴绕得过紧时，容易导致标签卡在贴放器中，甚至会造成严重损害。此外，如果标签背面的粘胶不牢固，那么标签可能会在未经发现的情况下从货箱上脱落。标签行业花费了数年时间为不同的应用寻找完美的粘胶解决方案，但许多只供应标签的供应商才刚刚接触这方面的知识。因此，这种方式因为潜在的"哑"标签和坏标签、标签受损或掉落及的误编码问题而增加了流程的不稳定因素。

（3）先编码，后贴标。这个方法解决了先贴标、后编码方法的一些缺点，其具体流程是：首先采用嵌在贴放器里的编码器对标签进行编码，然后再贴标。遗憾的是，截至本书发布之时，这种方法还没有得到相关的证实。On-Pitch 标签卷的灵活性和功能比智能标签要差。此外，标签自身也因为可选择的胶有限而难以贴放到货箱上。最后，这种方法往往不能满足 RFID 标识原则，该原则规定要使用 EPC global Inc. 图标对带 RFID 的货箱进行清晰标记，以便消费者识别。货箱上预打印的消费者提升可能会因标记标准不断变化而不得不改变。

（4）先编码、印刷，然后贴标签。智能标签便是依照这种方法贴标的，该方法的具体流程为贴放器先为标签编码，并印刷标签，然后把标签贴到货箱上。它通过校验、检测错误、恢复功能可保证标签的正常工作。这种方法可以在包装流程中合适的环节进行。采用同样的保证措施可以检验印刷是否完成。

二、RFID 标签贴标的位置要求

RFID 标签的贴标位置经常会影响到标签的读取率。在单品贴标的情况下，由于货品排放紧凑，标签发射的信号可能会互相干扰，所以读取率更容易受到影响。标签不统一的贴置位置也会阻碍标签的读取。Owens-Illinois 公司的包装部门展示了一种新型的塑料药瓶，这种药瓶将 RFID 嵌体直接嵌入瓶子的底部。据称这种贴标方式可以解决上述单品贴标的问题。

这种药瓶底部中间有一小凹洞，用于放置 RFID 嵌体，上面盖一小片塑料圆片，可保护标签免受损坏。Owens-Illinois 称这种标签的放置方式可以保证稳定的读取率。

（一）图书标签的贴标位置

图书管理系统的标签完全符合 ISO 15693 标准。图 5-27 显示的是一个专门为图书馆进行图书管理设计的标签。将一个 45 mm × 45 mm 的薄标签封装在牢固的、防撕裂的塑料里，即使被摔落、随意处理和浸湿，书也不会损坏。使用远距离阅读器时，45 mm × 45 mm 的薄标签的读写距离在 0.9 m 左右。标签通常贴在书的封底。除了上述标签外，其他尺寸和品牌的 RFID 标签也可以使用，只要符合 ISO 15693、ISO 14443 标准或 I-Code 1 编码标准就可以。

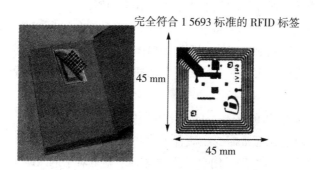

完全符合 I 5693 标准的 RFID 标签

45 mm

45 mm

图 5-27 一个专门为图书馆图书管理设计的标签

（二）包装箱的标签位置

单一包装箱的标签位置如图 5-28 所示。

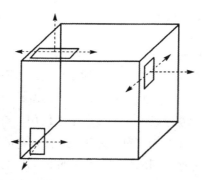

图 5-28 单一包装箱的标签位置

最佳位置：嵌有 RFID 电子标签的智能标签与天线平行，如图 5-29 所示。

非最佳位置：嵌有 RFID 电子标签的智能标签并不与天线平行，如图 5-30 所示。

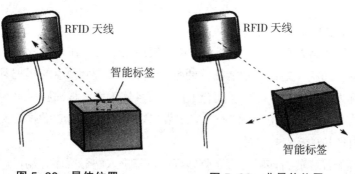

RFID 天线

智能标签

RFID 天线

智能标签

图 5-29 最佳位置

图 5-30 非最佳位置

从贴标出货转换所需要时间取决于以下几个因素。

（1）产品种类。高价值物品由于经常容易遭受损失，所以值得进行 RFID 投资，是自动化方法的最佳实施对象。不利于 RFID 推广应用的原因有要采用包装和处理工艺才能满足客户合格要求，从贴标出货方法转换到更自动化方法导致包装需要更长的时间。

（2）技术成熟度和可靠性。自动化方法要求较大的初期投资，且需要较长时间才能获取回报。自动化通常需要在流程中建立可靠性。

（3）竞争情况。当决定采用自动化方法时，竞争对手的 RFID 实施会影响商家的决定。因此，对最佳方法进行内部和行业性的了解非常重要。商家最好在不得不反击竞争对手之前开发自己的自动化商业方案。问题的关键是当商家采用自动化贴标时，每个公司和每个应用的情况都不一样，只有用不同的货箱数量和应用曲线点评估贴标出货和"印刷粘贴（Print & Apply）"方法的效果后才能决定何时采用。

三、RFID 标签贴标的方式

（一）RFID 标签贴的分类

根据标签形式的不同贴标有许多方式：对于内置式 RFID 标签，可以镶嵌在产品或商品标签中，或者镶嵌于运输工具及其物流单元化器具的材质中，或者固定于其表面；对于信用卡状 RFID 标签可以由人工手持单独使用；对于粘贴式 RFID 标签可直接粘贴于标识对象及其包装上；对于悬挂式 RFID 标签，可以吊附在标签对象上；对于异型式 RFID 标签则要根据不同的形状采用不同的贴附方法，如动物 RFID 标签用耳标钳打入动物的耳郭上；车辆 RFID 标签直接粘贴于汽车挡风玻璃表面，等等。

根据自动化程度分类，有人工贴标和贴标机贴标两种方式。人工贴标简单灵活，适用于多品种小批量的贴标；贴标机贴标是发达国家普遍采用的自动化贴标手段，贴标机贴标适用于自动化程度较高的生产流程和过程控制，或者一次性写入并大批量贴标的操作。

（二）RFID 贴标机的工作流程

在集成程度较高的 RFID 系统中，可以使用贴标机。在许多情况下，贴标机需要与智能标签打印机（适用于智能标签的数据写入与条码可视化标签打印的 RFID 标签打印机被称为智能标签打印机）配合工作。其具体工作流程控制如图 5-31 所示。

①为应用系统（ERP/WMS/MES 等）发出贴标指令，同时下载需要的相关数据给智能标签打印机的端口控制器。

②为经智能标签打印机写入、打印好的标签进入贴标程序，端口控制器传导应用系统的贴标指令。

③为贴标机执行贴标命令。

④为贴标机中的阅读器进行标签正确性检验。

⑤为如果贴标不正确则需要下线人工重贴。

⑥为如果贴标正确，则完成贴标工作流程，将该标签贴标操作记录返回系统，转入下一个操作循环。

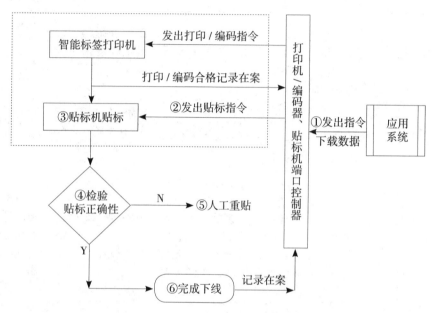

图5-31　RFID贴标机的工作流程机制

（三）RFID标签机

贴标机可与智能标签打印机集成在一起，称为标签机。标签机可以一次性完成数据写入、标签打印和标签粘贴三个工序的工作，适用于应用集成度较高的RFID系统。

四、RFID项目的应用集成度的贴标选择及特点

本节将讨论《山姆会员店中EPC/RFID贴标指南》建议其供应商所采用的5种不同RFID应用集成度（表5-7），为用户确定应用目标提供参考。

表 5-7　RFID 项目的应用集成度

应用集成度	贴标对象标识对象	贴标描述	RFID 系统描述	应用目标
贴—运	商品 / 成品	人工导入打印数据—打印标签—手工贴标—运输	单机系统，无系统集成	市场合规性要求（SCM 接口）
贴—检—运	商品 / 成品	人工导入打印数据—打印标签—手工标签—发货检验运输	离线 RFID 系统。最低程度的系统集成	市场合规性要求（SCM 接口）检错与截漏
WMS 贴标	商品 / 成品	WMS 导入发货单—打印标签—手工贴标—发货检验—数据采集—库存管理数据应用	WMS 出货管理 RFID 系统，WMS 后端系统集成	后端库存管理应用
自动贴标	商品 / 成品	电子商务订单—成品生产在线打印贴标或离线批次打印贴标—数据采集—生产管理数据应用—成品入库—数据采集—拣货发货—数据采集—库存管理数据应用	WMS 管理 RFID 系统，完全 WMS 系统集成	全面库存管理应用，伴有部分生产管理后端应用
集成贴标	物料、成品、人员、设备 / 工具、资产	电子商务订单—物料入库贴标—数据采集—物料管理数据应用—上线物料数据采集—制造过程控制数据应用—成品在线打印贴标或离线批次打印贴标—数据采集—生产管理数据应用—成品入库—数据采集—拣货发货—数据采集—库存管理数据采用	头尾集成 RHD 系统企业系统资源的完全整合	企业资源计划应用制造过程控制应用生产管理应用库存管理应用

注：山姆会员店中 EPC/RFID 贴标指南。

（一）应用集成度 1——单纯"贴—运"

标签贴是实现沃尔玛山姆会员店合规性最低要求。本质上你是由供应商或者第三方物流在发货的时候，将 RFID 标签贴在运往山姆会员店的商品上，其产生的成本将计入业务成本。

1. 使用情况

如果用户只有很少的供货批量，用户的企业资源无法支撑其他方法的实施，合作伙伴的 RFID 合规性要求不是长期的计划，可以选用单纯的 RFID 标签"贴—运"。

2. 优点

极少或没有设备投资要求，浪费投资的风险很小或为零；标签有现货供应；对生产线没有干扰；系统可以很快建成。

3. 缺点

由于单纯的 RFID 标签"贴 – 运"要求用户必须重新处理产品，这种满足客户要求的方法以降低操作速度和额外投入人工为代价。当涉及的零售单元、理货单元及其操作设施数量增加的时候，不仅费用昂贵，且管理难度和出错率也会增加。

4. 应用目标

在单纯为满足合作伙伴的合规性要求而简单的投入，建立了一个 RFID 应用的 SCM 接口，但用户自身没有直接受益。

（二）应用集成度 2——"贴—检—运"

"贴—检—运"跟"贴—运"很类似，但是增加了用户利用 RFID 标签进行发货单和采购单的核对一环，可以减少因错误发货而产生的费用，以及漏发货带来的发货单扣减的费用。

1. 使用情况

基本使用于"贴—运"中所列举的情况，但较"贴—运"具有优势。

通过在发货前确认订单，可以减少因错误发货以及漏发货带来支出。对易于使用 RFID 标签的商品，该方法尤为有效。托盘上的标签可以很轻松地读出并进行数据采集，而发货正确性检验并不要求改变业务流程或者额外的工作量投入。

2. 优点

除了具有与"贴—运"一样的优点外，用户还能通过"贴—检—运"的检查核对发货，有效克服人工操作造成的错发与漏发，避免由此而带来的损失，从"检"中获得一定的内部效益。

3. 缺点

具有与"贴—运"同样的缺点，但这种投入用户还是能够从中获取一些内部效益。

4. 应用目标

在满足合作伙伴的合规性要求的投入中，建立了一个 RFID 应用的 SCM 接口，用户也通过"检错与截漏"获得一定的收益。

（三）应用集成度 3——WMS 贴标

WMS 贴标的特点是，RFID 系统通过 WMS 系统与用户应用系统集成。WMS 贴标较前两个模式更进了一步，"贴标"所产生的数据采集可以有效传输到用户的后台应用系统，进行一些必要的数据处理和应用。

用户的后台系统与沃尔玛山姆会员的系统在订单一供货界面具有电子数据交换的功能。当一个来自沃尔玛山姆会员的配送中心或门店订单到达用户后台系统时，WMS 系统的终端会自动为此订单打印包装箱或托盘的 RFID 智能标签，经人工拣选备货，打印好的智能标签将被人工粘贴在货物的包装箱或托盘上。在沃尔玛山姆会员店一方，拥有 RFID 系统的配送中心可以方便地采集到 RFID 的标签信息，没有 RFID 基础设施的配送中心仍然可以通过扫描智能标签上的条码进行数据采集，实现订单、发货、收货等供应链管理数据的应用，较好地体现了 RFID 与条码相结合的使用性。

1. 适用情况

该类 RFID 应用对少量或中等数量的配送较为理想，山姆会员店的供应商们不认为可以从标签数据中实现很大的效益。尤其是这些供应商通常经营的是"低流转（Slower-Moving）"商品，这些商品很少出现被盗或缺货的情况。

2. 优点

降低了与重复处理商品相关的人力成本，并且给用户留出了提高贴标速度的空间，如果需要，用户可以采用贴标机加速贴标操作。

3. 缺点

需要较大的投资将 RFID 贴标操作集成打到 WMS 及其后台应用系统中，但与可以补偿这些投资的效益却并不匹配。

4. 应用目标

WMS 贴标在满足合作伙伴的合规性要求的投入中，建立了一个 RFID 应用的 SCM 接口；同时降低了与重复处理商品的相关人力成本，RFID 信息可以有效地传输到用户的后台应用系统，进行一些必要的数据处理和应用。

（四）应用集成度 4——自动贴标

此类 RFID 应用在后端集成了订单管理和自动 RFID 贴标操作，自动贴标可以采用在线实时贴标或离线批次贴标两种模式。

1. 适用情况

适用于大量配送商品的用户。每日配送多个托盘或较大数量的 SKU 包装（配销包装），如果用户的人工贴标成本巨大，而且会对原有的发货操作造成很大的干扰，此时适合自动贴标。

2. 优点

降低了因重复处理商品带来的人工成本和对原有发货操作的干扰，并且给用户留出了提高贴标速度的空间。如果需要，用户可以采用贴标机加速贴标操作。

3. 缺点

需要 IT 的预先投入，如果选择在线贴标，还需要大量投资用于购买贴标机，同时需要内部的生产管理的延伸。

（五）应用集成度 5——集成贴标

集成贴标是最积极的 RFID 应用，虽然有些用户的应用启动是由伙伴的拉动而被动性导入的，但在用户深入挖掘数据应用之后，就演变成了战略性的主动应用。集成贴标将 RFID 应用扩展到企业内部及其供应链管理的各个领域，包括生产管理、制造流程控制、仓储管理以及利用零售伙伴的销售数据改善补货和客户满意度。集成贴标是实现供应链扁平化的一系列有效的 IT 支撑。由于集成贴标需要将 RFID 系统与用户内部系统全面整合，即使在欧美发达国家，也只是少数用户采用。

1. 使用情况

如果用户从多个地点向贸易合作伙伴配送大量商品货物；如果用户相信快速消费品行业最终会在供应链管理中使用 RFID，并希望利用 RFID 数据为企业带来效益；如果用户真有 RFID 应用战略规划，而且企业内部具有全面应用 RFID 系统的需要与环境条件：那么应该采用集成贴标的方式实施 RFID 项目。

2. 优点

不仅能够减少重复处理产品的劳动成本和提高贴标效率，而且在有效地利用供应链管理数据、实施仓储管理、改善补货以及内部的生产管理、制造过程控制等方面都会产生较大的收益，并可以通过 RFID 全面应用的收益抵消投入成本。

3. 缺点

在 IT 整合和设备方面要求更多的预先投入，同时也需要对使用 RFID 数据应用进行相应的投入。

4. 预期目标

集成贴标可以将 RFID 的应用从库存管理的局部应用扩大到生产管理和制造过程控制等全面的内部应用，同时建立全面的 SCM 接口，当收益超过成本时，将变为用户实现终极的战略应用目标的有效途径。

第六章 RFID 系统数据传输的安全性

第一节 信息安全概述

信息安全主要解决数据保密和认证的问题。数据保密就是采取复杂多样的措施对数据加以保护，防止数据被有意或无意地泄露给无关人员，造成危害。认证分为信息认证和用户认证两个方面，信息认证是指信息在从发送到接收整个通路中没有被第三者修改和伪造，用户认证是指用户双方都能证实对方是这次通信的合法用户。

随着 RFID 系统应用范围的不断扩大，其信息安全问题也日益受到重视。由于 RFID 系统应用领域差异非常大，不同应用对安全性的要求也不同，因此在设计 RFID 系统的安全方案时，应以经济实用、操作方便为宜。

应答器通常都具有较高的物理安全性，体现在下述方面。① 制造工艺复杂，设备昂贵，因此伪造应答器的成本较高，一般难以实现。② 在生产制造过程中，对各个环节都予以监控纪录，确保不会出现生产制造过程中的缺失。③ 在发行过程中，采取严格的管理流程。④ 应答器都必须符合标准规范所规定的机械、电气、寿命和抵御各种物理化学危害的能力。

对于高度安全的 RFID 系统，除物理安全性外，还应考虑多层次的安全问题，增强抵御各种攻击的能力。通常攻击的方式分为被动攻击和主动攻击。截获信息的攻击称为被动攻击，例如试图非法获取应答器中重要数据信息等。应对被动攻击的主要技术手段是加密。更改、伪造信息和拒绝用户使用资源的攻击称为主动攻击。对应主动攻击的重要技术是认证技术。

第二节　密码学基础

一、密码学的基本概念

图 6-1 所示为一个加密模型。欲加密的信息 m 称为明文，明文经某种加密算法 E 的作用后转换成密文 c，加密算法中的参数称为加密密钥 K。密文经解密算法 D 的变换后恢复为明文，解密算法也有一个密钥 K'，它和加密密钥可以相同也可以不同。

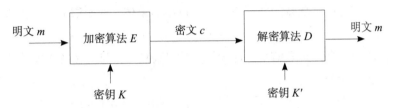

图 6-1　加密模型

由图 5-1 所示的模型，可以得到加密和解密变换的关系式为

$$c = E_K(m)$$
$$m = D_{K'}(c) = D_{K'}[E_K(m)]$$

密码学包含密码编码学和密码分析学。密码编码学研究密码体制的设计，破译密码的技术称为密码分析。密码学的一条基本原则是必须假定破译者知道通用的加密方法，也就是说，加密算法 E 是公开的，因此真正的秘密就在于密钥。

密码的使用应注意以下问题。① 密钥的长度很重要。密钥越长，密钥空间就越大，遍历密钥空间所花的时间就越长，破译的可能性就越小。但密钥越长加密算法的复杂度、所需存储容量和运算时间都会增加，需要更多的资源。② 密钥应易于更换。③ 密钥通常由一个密钥源提供，当需要向远地传送密钥时，一定要通过另一个安全信道。

密码分析所面对的主要情况如下。① 仅有密文而无明文的破译，称为"只有密文"问题。② 拥有了一批相匹配的明文和密文，称为"已知明文问题"。③ 能够加密自己所选的一些明文时，称为"选择明文"问题。对于一个密码体制，如果破译者即使能够加密任意数量的明文，也无法破译密文，则这一密码体制称为无条件安全的，或称为理论上是不可破的。在无任何限制的条件下，目前几乎所有实用的密码体制均是可破的。如果一个密码体制中的密码不能被可以使用的计算机资源破译，则这一密码体制称为在计算上是安全的。

密码学的思想和方法起源甚早。在近代密码学的发展史上，美国的数据加密标准（DES）和公开密钥密码体制的出现，是两项具有重要意义的事件。

二、对称密码体制

（一）概述

对称密码体制是一种常规密钥密码体制，也称为单钥密码体制或私钥密码体制。在对称密码体制中，加密密钥和解密密钥相同。

从得到的密文序列的结构来划分，有序列密码和分组密码两种不同的密码体制。序列密码是将明文 m 看成连续的比特流（或字符流）$m_1\,m_2\cdots$，并且用密钥序列 $K = K_1\,K_2\cdots$ 中的第 i 个元素 K_i 对明文中的进行加密，因此也称为流密码。分组密码是将明文划分为固定的 n 比特的数据组，然后以组为单位，在密钥的控制下进行一系列的线性或非线性的变化而得到密文。分组密码的一个重要优点是不需要同步。对称密码体制算法的优点是计算开销小、速度快，是目前用于信息加密的主要算法。

（二）分组密码

分组密码中具有代表性的是数据加密标准（Data Encryption Standard，DES）和高级加密标准（Advanced Encryption Standard，AES）。

1. DES

DES 由 IBM 公司于 1975 年研究成功并发表，1977 年被美国定为联邦信息标准。DES 的分组长度为 64 位，密钥长度为 56 位，将 64 位的明文经加密算法变换为 64 位的密文。DES 算法的流程图如图 6-2 所示。

64 位的明文 m 经初始置换 IP 后的 64 位输出分别记为左半边 32 位 L_0 和右半边 32 位 R_0，然后经过 16 次迭代。如果用 m_i 表示第 i 次的迭代结果，同时令 L_i 和 R_i 分别代表 m_i 的左半边和右半边，则从图 5-2 可知：

$$L_i = R_{i-1}$$
$$R_i = L_{i-1} \oplus f\,(\,R_{i-1},\ K_i\,)$$

式中：$i = 1,\ 2,\ 3,\ \cdots,\ 16$；$K_i$ 为 48 位的子密钥，它由原来的 64 位密钥（但其中第 8、16、24、32、40、48、56、64 位是奇偶检验位，所以密钥实质上只有 56 位）经若干次变换后得到。

每次迭代都要进行函数 f 的变换、模 2 加运算和左右半边交换。在最后一次迭代之后，左右半边没有交换。这是为了使算法既能加密又能解密。最后一次的变换是 IP 的逆变换 IP^{-1}，其输出为密文 c。

f 函数的变换过程如图 6-3 所示。E 是扩展换位，它的作用是将 32 位输入转换为 48 位输出。E 输出经过与 48 位密钥 K_i 异或后分成 8 组，每组 6 位，分别通过 8 个 S 盒（$S_1 \sim S_8$）后又缩为 32 位。S 盒的输入为 6 位，输出为 4 位。P 是单纯换位，其输入、输出都是 32 位。

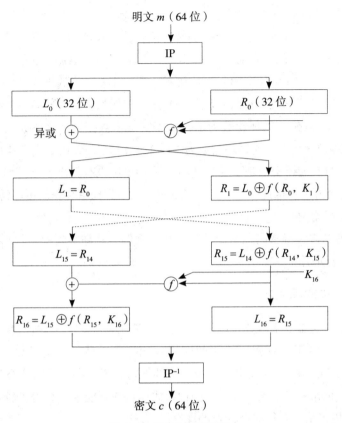

图 6-2　DES 加密算法

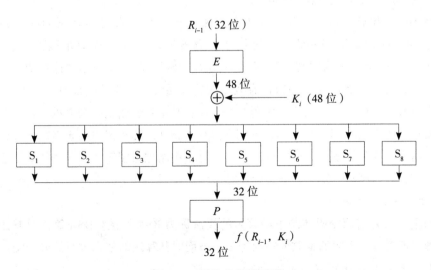

图 6-3　函数的变换过程

2. AES

AES 是新的加密标准，它是分组加密算法，分组长度为 128 位，密钥长度有 128 位、192 位、256 位 3 种，分别称为 AES-128，AES-192，AES-256。

DES 是 20 世纪 70 年代中期公布的加密标准，随着时间的推移，DES 会更加不安全。AES 和 DES 的不同之处有以下几点。① DES 密钥长度为 64 位（有效位为 56 位），加密数据分组为 64 位，循环轮数为 16 轮；AES 加密数据分组为 128 位，密钥长度为 128、192、256 位 3 种，对应循环轮数为 10、12、14 轮。② DES 中有 4 种弱密钥和 12 种半弱密钥，AES 选择密钥是不受限制的。③ DES 中没有给出 S 盒是如何设计的，而 AES 的 S 盒是公开的。因此，AES 在电子商务等众多方面将会获得更广泛的应用。

（三）序列密码

序列密码也称为流密码，由于其计算复杂度低，硬件实现容易，因此在 RFID 系统中获得了广泛应用。

三、非对称密码体制

非对称密码体制也称为公钥密码体制、双钥密码体制。它的产生主要有两个方面的原因：一是由于对称密码体制的密钥分配问题，另一个是对数字签名的需求。1976 年，Diffie 和 Hellman 提出了一种全新的加密思想，即公开密钥算法，它从根本上改变了人们研究密码系统的方式。公钥密码体制在智能卡中获得了较好应用，而在 RFID 中的应用仍是一个待研究开发的课题。

（一）公开密钥与私人密钥

在 Diffie 和 Hellman 提出的方法中，加密密钥和解密密钥是不同的，并且从加密密钥不能得到解密密钥。加密算法 E 和解密算法 D 必须满足以下 3 个条件：① $D[E(m)] = m$，m 为明文。② 从 E 导出 D 非常困难。③ 使用"选择明文"攻击不能破译，即破译者即使能加密任意数量的选择明文，也无法破译密文。

在这种算法中，每个用户都使用两个密钥：其中加密密钥是公开的，用于其他人向他发送加密报文（用公开的加密密钥和加密算法）；解密密钥用于自己对收到的密文进行解密，这是保密的。通常称公开密钥算法中的加密密钥为公开密钥，解密密钥为私人密钥，以区别传统密码学中的秘密密钥。

（二）RSA 算法

目前，公开密钥密码体制中最著名的算法称为 RSA 算法。RSA 算法是基于数论的原理，即对一个大数的素数分解很困难。下面对其算法的使用进行简要介绍。

1. 密钥获得密钥获取的步骤

（1）选择两个大素数 p 和 q，它们的值一般应大于 10^{100}。

（2）计算 $n = p \times q$ 和欧拉函数 $\varphi(n) = (p-1)(q-1)$。

（3）选择一个和 $\varphi(n)$ 互质的数，令其为 d，且 $1 \leqslant d \leqslant \varphi(n)$。

（4）选择一个 e，使其能满足 $e \times d \equiv 1[\bmod \varphi(n)]$（"$\equiv$"是同余号），则公开密钥由（$e$，$n$）组成，私人密钥由（$d$，$n$）组成。

2. 加密方法

（1）首先将明文看成一个比特串，将其划分成一个个的数据块 M，且满足 $0 \leqslant M < n$。为此，可求出满足 $2^k < n$ 的最大 k 值，保证每个数据块长度不超过 k 即可。

（2）对数据块 M 进行加密，计算 $C \equiv M^e(\bmod n)$，C 就是 M 的密文。

（3）对 C 进行解密时的计算为 $M \equiv C^d(\bmod n)$。

3. 算法示例

简单地取 $p = 3$，$q = 11$，密钥生成算法如下.

（1）$n = p \times q = 3 \times 11 = 33$，$\varphi(n) = (p-1)(q-1) = 2 \times 10 = 20$。

（2）由于 7 和 20 没有公因子，所以可取 $d = 7$。

（3）解方程 $7e \equiv 1(\bmod 20)$，得到 $e = 3$。

（4）公开密钥为（3，33），私人密钥为（7，33）。

假设要加密的明文 $M = 4$，则由 $C \equiv M^e(\bmod n) = 4^3(\bmod 33)$ 可得 $C = 31$，接收方解密时，由 $M \equiv C^d(\bmod n) = 31^7(\bmod 33)$ 可得 $M = 4$，即可恢复出原文。

4. RSA 算法的特点

RSA 算法方便，若选 p 和 q 为大于 100 位的十进制数，则 n 为大于 200 位的十进制数或大于 664 位的二进制数（83 字节），这样可一次对 83 个字符加密。RSA 算法安全性取决于密钥长度，对于当前的计算机水平，一般认为选择 1 024 位长的密钥，即可认为是无法攻破的。RSA 算法由于所选的两个素数很大，因此运算速度慢。通常，RSA 算法用于计算机网络中的认证、数字签名和对一次性的秘密密钥的加密。

在智能卡上实现 RSA 算法，仅凭 8 位 CPU 是远远不够的，因此有些智能卡芯片增加了加密协处理器，专门处理大整数的基本运算。

（三）椭圆曲线密码体制（ECC）

1. 椭圆曲线（Elliptic Curves，EC）

椭圆曲线是指光滑的魏尔斯特拉斯（Weierstrass）方程所确定的平面曲线。Weierstrass 方程为

$$y^2 + a_1 xy + a_3 y = x^3 + a_2 x^2 + a_4 x + a_6$$

方程中的参数定义在某个域上，可以是有理数域、实数域、复数域或者伽罗瓦域（Galois Field，GF）。

椭圆曲线密码体制来源于对椭圆曲线的研究。在密码应用中，人们关心的是有限

域上的椭圆曲线，而有限域主要考虑的是素域 GF（p）和二进制域 GF（2^m），符号中 p 表示素数，m 为大于 1 的整数。有时将椭圆曲线记为 E/K 以强调椭圆曲线 E 定义在域 K 上，并称 K 为 E 的基础域。

2. 椭圆曲线的简化式

（1）域 K 是 GF（2^m）

阶为 2^m 的域称为二进制域或特征为 2 的有限域，构成 GF（2^m）的一种方法是采用多项式基表示法。此时，椭圆曲线的简化形式有两种。第一种称为非超奇异椭圆曲线，其椭圆曲线方程为：

$$y^2 + xy = x^3 + ax^2 + b$$

式中，a，$b \in K$。第二种称为超奇异椭圆曲线，其椭圆曲线方程为：

$$y^2 + cy = x^3 + ax^2 + b$$

（2）域 K 是一个特征不等于 2 或 3 的素域

设 p 是一个素数，以 p 为模，则模 p 的全体余数的集合 $\{0, 1, 2, \cdots, p-1\}$ 关于模 p 的加法和乘法构成一个 p 阶有限域，则域 K 可用 GF（p）表示。当域 K 是一个特征不等于 2 或 3 的素域时，椭圆曲线具有简化形式：

$$y^2 = x^3 + ax + b$$

式中，a，$b \in K$。曲线的判别式是 $\triangle = 4a^3 + 27b^2 \neq 0$，$\triangle \neq 0$ 以确保椭圆曲线是光滑的，即曲线上的所有点都没有两个或两个以上的不同切线。

设 x，$y \in K$，若（x，y）满足式 $y^2 = x^3 + ax + b$，则称（x，y）为椭圆曲线 E 上的一个点。图 6-4 所示为椭圆曲线上的点加和倍点运算的几何表示。

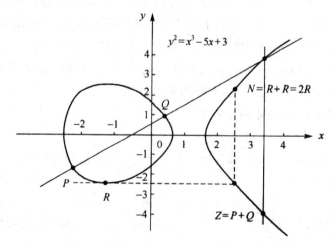

图 6-4　椭圆曲线的点加和倍点（2 倍）运算的几何表示

从几何角度定义的两点加法运算的过程如下：作 PQ 连线交曲线于另一点，过该点作平行于纵坐标轴的直线交曲线于点 Z，则 Z 即为 PQ 两点之和，记为 $Z = P + Q$。

倍点运算的过程为：在 R 点作切线，交曲线于另一点，过该点作平行于纵坐标轴的直线交曲线于 N 点，则记 $N = R + R = 2R$。

椭圆曲线的 $\#E(K)$ 定义如下：满足椭圆曲线方程的所有点以及一个称为无穷远点 ∞ 的集合 $E(K)$ 是一个有限集，该集合中元素的个数称为该椭圆曲线的阶，记为 $\#E(K)$。若点 P 为椭圆曲线 E/K 上的点，满足条件 $nP = \infty$ 的最小整数 n 称为点 P 的阶。

3. 椭圆曲线上的离散对数问题

椭圆曲线上的离散对数问题（ECDLP）定义如下：给定椭圆曲线 E 及其上两点 P，$Q \in E$，寻找一个整数 d 使得 $Q = dP$，如果这样的数存在，这就是椭圆曲线离散对数。也就是说，选择该椭圆曲线上的一个点 P 作为基点，那么给定一个整数 d，计算 $dP = Q$ 是容易的，但要是从 Q 点及 P 点推导整数 d 则是非常困难的。椭圆曲线应用到密码学上最早是由 Victor Miller 和 Neal Koblitz 各自在 1985 年提出的。

4. 安全椭圆曲线

椭圆曲线上的公钥密码体制的安全性建立在椭圆曲线离散对数的基础上，但并不是所有椭圆曲线都可以应用到公钥密码体制中，为保证安全性，必须选取安全椭圆曲线。安全椭圆曲线是指阶为大素数或含大素数因子的椭圆曲线。

5. 椭圆曲线参数组

椭圆曲线参数组可以定义为：

$$T = (F, a, b, P, n, h)$$

式中，F 表示一个有限域 K 以及它的阶；两个系数 a，$b \in K$，定义了椭圆曲线的方程式；P 为椭圆曲线的基点，其坐标为 x, y；n 为素数且为点 P 的阶；余因子 $h = \#E(K)/n$，$\#E(K)$ 为椭圆曲线的阶。

6. 椭圆曲线密钥的生成

令 E 是 $GF(p)$ 上的椭圆曲线，P 是 E 上的点，设 P 的阶是素数 n。则素数 p、椭圆曲线方程 E、点 P 和阶 n 构成公开参数组。私钥是在 $(1, n-1)$ 内随机选择的正整数 d，相应的公钥是 $Q = dP$。由公开参数组和公钥 Q 求私钥 d 的问题就是椭圆曲线离散对数问题（ECDLP）。

7. 椭圆曲线的基本 El Gamal 加 / 解密方案

El Gamal 于 1984 年提出了离散对数公钥加 / 解密方案，下面介绍基于椭圆曲线的基本 El Gamal 公钥加解密方案。

（1）加密算法，首先把明文 m 表示为椭圆曲线上的一个点 M，然后再加上 KQ

进行加密。其中，K 是随机选择的正整数，Q 是接收者的公钥。发方将密文 $c_1 = KP$ 和 $c_2 = M + KQ$ 发给接收方。

（2）解密算法接收方用自己的私钥计算：

$$dc_1 = d(KP) = K(dP) = KQ$$

进而可恢复出明文点 M 为：

$$M = c_2 - KQ$$

图 6-5 所示为该加 / 解密过程的流程图。

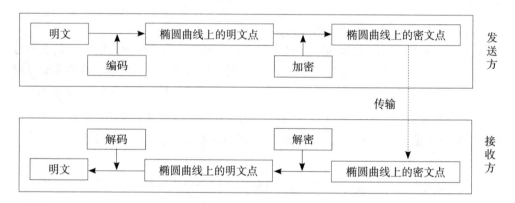

图 6-5　椭圆曲线加 / 解密流程

数据发送方先是对明文进行编码，使之对应于椭圆曲线上的明文点，再利用加密密钥对其进行加密，使之对应于椭圆曲线上的密文点，之后就可以传输了；数据接收方收到数据后，将其理解为椭圆曲线上的密文点，用对应的解密密钥进行解密，得到的数据对应于椭圆曲线上的明文点，再经过解码，即可得到明文。

8. 椭圆曲线密码体制的特点

椭圆曲线密码体制（ECC）和 RSA 算法是第六届国际密码学会议推荐的两种算法。RSA 算法的特点之一是数学原理简单，在工程应用中比较易于实现，但它的单位安全强度相对较低，用目前最有效的攻击方法去破译 RSA 算法。其破译或求解难度是亚指数级。ECC 算法的数学理论深奥复杂，在工程应用中比较困难，但它的安全强度比较高，其破译或求解难度基本上是指数级的。这意味着对于达到期望的安全强度，ECC 可以使角较 RSA 更短的密钥长度。例如，普遍认为 160 位的椭圆曲线密码可提供相当于 1 024 位 RSA 密码的安全程度。因密钥短而获得的优点包括加解密速度快、节省能源、节省带宽和存储空间，而这正是智能卡和 RFID 所必须考虑的重要问题。目前，ECC 在智能卡中已获得相应的应用，可不采用协处理器而在微控制器中实现，而在 RFID 中的应用高需时日。

9. ECC 的标准

在 ECC 标准化方面，美国国家标准化组织（ANSI）、美国国家标准技术研究所（NIST）、IEEE、ISO、密码标准化组织（SECG）等都做了大量的工作，它们开发的 ECC 标准文档有：ANSI X9.62、ANSI X9.63、IEEE P1363、ISO/IEC 15946、SECG SEC 和 NIST 的 FIPS186-2 标准等。

第三节　序列密码

一、序列密码体制的结构框架

序列密码体制的结构框架如图 6-6 所示。在开始工作时，密钥序列产生器进行初始化，密钥序列与明文序列对应的位进行模 2 运算，它们的关系为：

$$c_i = E(m_i) = m_i \oplus K_i$$

在接收端，对 c_i 的解密算法为：

$$D(c_i) = c_i \oplus K_i = (m_i \oplus K_i) \oplus K_i = m_i$$

显然，上式的成立是需要同步的，即 m_i、K_i 和 c_i 的位置应是一致的。

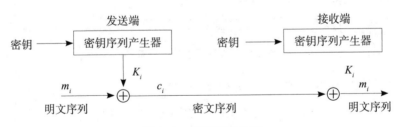

图 6-6　序列密码体制

如果密钥序列产生器的输出是真正的随机序列，则流密码体制是理论上不可破的。但真正的随机序列难以实现（随机信号的产生、复制和控制困难），因此目前一般都采用伪随机序列作为密钥序列。

伪随机序列具有类似于随机信号的一些统计特性，但又是有规律的，容易产生和复制，因此获得了实际的应用。在射频识别中应用广泛的伪随机序列是最大长度线性移位寄存器序列（简称 m 序列）和非线性反馈移位寄存器序列（简称 M 序列）。

二、m 序列

序列可以用线性反馈移位寄存器产生。虽然它的生成是有规律的，而它却具有随机二进制序列的优选信号的性质，所以它是伪随机序列中重要的一类。

（一）移位寄存器序列的产生

一个由线性反馈移位寄存器构成的 m 序列产生器的电路结构如图 5.7 所示。它由 n 级 D 触发器作为移位寄存单元，开关 S_1, S_2, …, S_i, …, S_{n-1} 用于控制相应某一级 D_i 是否参加反馈的模 2 加（异或）运算。在时钟信号的控制下，虽然电路无外界激励信号，但能自动产生一个二进制周期序列。

（二）移位寄存器的特征多项式

在图 6-7 中，S_1 至 S_n 的取值为 0 或 1，表示了某级寄存器的输出是否参加反馈的模 2 加运算。W 此，反馈函数 $F(D_1, D_2, …, D_n)$ 可表示为

$$F(D_1, D_2, …, D_n) = \sum_{i=1}^{n} S_i D_i$$

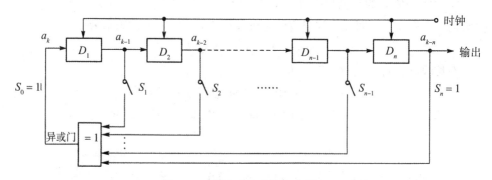

图 6-7　线性反馈移位寄存器

而线性移位寄存器的特征多项式 $f(x)$ 可表示为

$$f(x) = \sum_{i=0}^{n} S_i X^i = S_0 + S_1 X^1 + S_2 X^2 + \cdots + S_n X_n$$

特征多项式中的 X^i（$i = 0, 1, 2, …, n$）与移位寄存器的第 i 个寄存器 D_i 相对应。因此，特征多项式可完全确定移位寄存器的反馈函数。

（三）移位寄存器的本原多项式

移位寄存器序列分为最大长度序列和非最大长度序列两类。如果有一个阶移位寄存器，产生的序列的周期为最大周期 $L = 2^n - 1$，则这个移位寄存器序列称为最大长度序列。否则，产生的序列称为非最大长度序列。

m 序列是线性反馈移位寄存器的最大长度序列。线性反馈移位寄存器的反馈函数不同便可以产生不同的周期序列，但只有某些反馈函数才能产生周期最长的序列（m 序列）。理论研究证明，只有当特征多项式为 n 阶本原多项式时，才能产生 m 序列。

当 n 较大时，求取本原多项式十分烦琐。通过计算机的大量搜索，现已得到了一些本原多项式，见表6-1和表6-2。在实际电路中，为了连接方便、工作可靠，常常只用三项的本原多项式来作为 m 序列发生器的特征多项式。

表6-1　本原多项式系数表

n	$L = 2^n - 1$	本原多项式系数为1的幂	本原多项式（例）
2	3	（0，1，2）	$1 + X + X^2$
3	7	（0，1，3）	$1 + X + X^3$
4	15	（0，1，4）	$1 + X + X^4$
5	31	（0，2，5）；（0，2，3，4，5）；（0，1，2，4，5）	$1 + X^2 + X^5$
6	63	（0，1，6）；（0，1，2，5，6）；（0，2，3，5，6）	$1 + X + X^6$
7	127	（0，3，7）；（0，1，2，3，7）；（0，1，2，4，5，6，7）；（0，2，3，4，7）；（0，1，2，3，4，5，7）（0，2，4，6，7）；（0，1，7）；（0，1，3，6，7）；（0，2，5，6，7）	$1 + X^3 + X^7$
8	255	（0，2，3，4，8）；（0，3，5，6，8）；（0，1，2，5，6，7，8）；（0，1，3，5，8）；（0，2，5，6，8）；（0，1，5，6，8）；（0，1，2，3，4，6，8）；（0，1，.6，7，8）	$1 + X^2 + X^3 + X^4 + X^8$

表6-2　较高阶次的 n 而项数为3的本原多项式

n	系数为1的幂	n	系数为1的幂	n	系数为1的幂
9	0，4，9	11	0，2，11	17	0，3，17
10	0，3，10	15	0，1，15	20	0，3，20
21	0，2，21	28	0，3，28	39	0，4，39
22	0，1，22	29	0，2，29	41	0，3，41
23	0，5，23	31	0，3，31	47	0，5，47
25	0，3，25	35	0，2，35	52	0，3，52

必须指出的是，本原多项式的互反多项式也是本原的，表6-1和表6-2中没有给出互反多项式。一个 n 阶多项式的互反多项式可用 $\hat{f}(x)$ 来表示，且：

$$\hat{f}(x) = x^n f(1/x)$$

例如，多项式 $f(x) = 1 + x^3 + x^7$ 是本原的，则它的互反多项式为：

$$\hat{f}(x) = x^7(x^{-7} + x^{-3} + 1) = 1 + x^4 + x^7$$

从上面的分析可以看出，不同的 n 阶本原多项式可以产生周期相同但排列次序不相同的 m 序列。表6-3所示为阶数 n 与其本原多项式的数量 N_m 的关系。周期相同而排列次序不同的 m 序列称为不同宗 m 序列。两个互反多项式产生的序列是互为倒序的序列。

表6-3　n 和 N_m 的关系

n	i	2	3	4	5	6	7	8	9	10	11	12	15	18	20
N_m	i	1	2	2	6	6	18	16	48	60	176	144	1 800	8 064	24 000

（四）移位寄存器的初始值

在 n 级移位寄存器中，由于各级 D 触发器只能有两个取值（0 或 1），故 n 级共有 2^n 个不同的组合状态。设初始时，n 级移位寄存器的值为 a_{k-1}，a_{k-2}，…，a_{k-n}，如图5-7所示，那么在时钟作用下，产生序列的递推公式可表示为：

$$a_k = \sum_{i=1}^{n} S_i a_{k-i}$$

式中的相加为模 2 加。由式可见，所有寄存器取值为 0 的状态是静止态，不能构成初态，故只能有 $2^n - 1$ 种不同的状态参加循环。当相继出现 2^n 个状态时，必定会有重复。一旦状态重复，系统又依次循环下去，出现周期性，最长周期为 $L = 2^n - 1$。要获得最长周期，必须采用本原多项式。

由式 $a_k = \sum_{i=1}^{n} S_i a_{k-i}$ 还可以发现，在 m 序列产生电路中，若各寄存器的初始值不同，在同一本原多项式的反馈结构下，所形成的 m 序列的序列值是不同的。因此，当 m 序列的电路已构造完时，输入不同的初始值，可以构造出不同的 m 序列值。

（五）序列的硬件电路

有了本原多项式，就可以用硬件电路来实现一个 m 序列。图6-8所示的 m 序列产生器的本原多项式为 $f(x) = 1 + x + x^4$。4 个 D 触发器在时钟作用下移位存储，第 1 级和第 4 级的输出异或（模 2 加）后反馈到第 1 级的输入端。当所有寄存器的初始值为 0 时，移位寄存器的序列为周期等于 1 的全零序列。图6-8中的与门、或门就是为去除全零状态而设置的，称为全零启动电路，当 $Q_1 Q_2 Q_3 Q_4$ 都为 0 时，与门输出 1。全零启动电路对序列产生器没有任何影响。

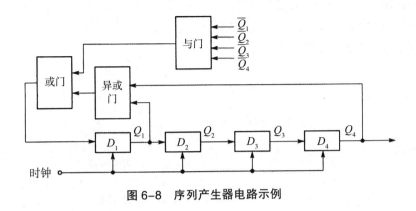

图6-8 序列产生器电路示例

（六）m序列用于序列密码

1. m序列的伪随机性质

m序列虽是由电路按一定规律产生的周期序列，它却具有二元随机序列的三大重要性质。

（1）均衡性：m序列中0和1元素的个数在一个循环周期内趋于相等，只是1的个数比0的个数多1。这个性质与随机序列中1和0出现的概率各为0.5相似。

（2）游程特性：m序列具有与随机序列相同的游程特性。所谓游程就是指序列中连续出现同一符号的一段。这一段包括的元素的个数称为游程长度。随机序列的游程特性是，游程长度为1的游程个数占序列中游程总数的$1/2^l$。

（3）自相关性质序列的自相关函数为：

$$\rho(\tau) = \begin{cases} 2^l - 1 = L\left(\tau = 0\text{或}L\text{的整倍数}\right) \\ -1\left(\tau\text{为其他数}\right) \end{cases}$$

式中，L为m序列周期长，τ为移位数。上式表明m序列具有非常良好的自相关性质。在$\tau = 0$时，自相关函数取最大值$2^n - 1$，在离开原点（$\tau \neq 0$）的各点上自相关量值为同一负数。所以m序列称为双值自相关序列。这一性质与二进制随机序列的自相关函数具有δ函数型自相关特性（在原点有最大值而其他各点的值为0）类似。

2. 同宗m序列

在n级移位寄存器中，若寄存器的初始值和本原多项式确定，则可以得到一个m序列，其循环周期为$L = 2^n - 1$。将序列元素按顺序移位，就可以产生$2^n - 1$个不同相位的循环序列。但这$2^n - 1$个循环序列为同一个m序列或称为同宗m序列。从不同的寄存器D_i输出时，可得到同宗的m序列，但输出的相位（起始点）不同。

3. m 序列用于流密码加密的算法

由于 m 序列具有伪随机特性，它的产生比较容易，所以 m 序列可用于流密码的加密系统中。其原理如图 6-9 所示。

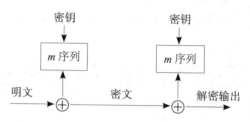

图 6-9　利用 m 序列的流密码加密原理图

在图 6-9 中，密钥提供了移位寄存器的初始值，在选取了某一本原多项式的条件下，输出 m 序列。该 m 序列作为流密码，对输入的待加密的明文数字码流进行模 2 加，输出密文。

移位寄存器的级数越多（n 越大），m 序列越长，则明不同宗的 m 序列越多，且同宗不同相位的 m 序列也越多，那么破译者找到与该 m 序列同宗同相的 m 序列更加困难，因此安全性也就越高。

三、M 序列

在 m 序列中，当移位寄存器的值为全 0 时，系统为静止态。但在非线性反馈的情况下，移位寄存器全 0 状态可以参加反馈循环，使 n 级移位寄存器产生的周期序列比 m 序列长一位，即周期 $L = 2^n$。它包括了 n 级移位寄存器的所有状态，这种序列称为 M 序列。

（一）M 序列的构成

关于 M 序列产生的理论问题，至今尚未得到很好的解决。M 序列产生器可以用 m 序列产生器构造。M 序列产生器的电路原理框图如图 6-10 所示。

在图 6-10 中，n 级非线性反馈移位寄存器的递推公式可以表示为

$$a_k = \sum_{i=1}^{n} S_i a_{k-i} \oplus \prod_{i=1}^{n-1} \bar{a}_{k-i}$$

式中出现了乘积项 $\prod_{i=1}^{n-1} \bar{a}_{k-i}$ ，因而它是一个非线性的递推公式。

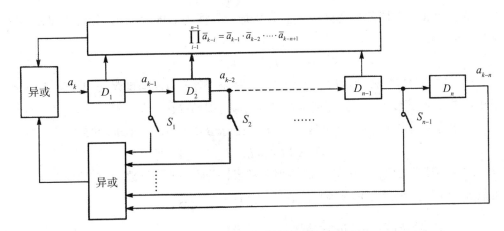

图 6-10　M 序列产生器的电路原理图

（二）M 序列的特性和应用

M 序列的均衡性、游程特性与序列 m 类似，但不具有双值自相关特性。n 级移位寄存器系统产生的不同循环的 M 序列数目要比 m 序列的个数多得多，n 级 M 序列的个数为 $2^{(2^{n-1}-n)}$。例如，$n = 10$，则 M 序列有 $1.309\ 35 \times 10^{151}$ 种，而 m 序列为 60 种。由于 M 序列的变换函数复杂，所以它比 m 序列更适合于加密应用。

第四节　射频识别中的认证技术

射频识别认证技术要解决阅读器与应答器之间的互相认证问题。即应答器应确认阅读器的身份，防止存储数据未被认可地读出或重写；而阅读器也应确认应答器的身份，以防止假冒和读人伪造数据。

一、三次认证过程

阅读器和应答器之间的互相认证采用国际标准 ISO 9798-2 的三次认证过程，这是基于共享秘密密钥的用户认证协议的方法。认证的过程如图 6-11 所示。

认证步骤如下。

（1）阅读器发送查询口令的命令给应答器，应答器作为应答响应传送所产生的一个随机数 R_B 给阅读器。

（2）阅读器产生一个随机数 R_A，使用

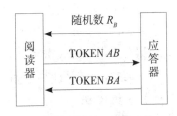

图 6-11　阅读器与应答器的三次认证过程

共享的密钥 K 和共同的加密算法 E_K，算出加密数据块 TOKEN AB，并将 TOKEN AB 传送给应答器。

$$TOKEN\ AB = E_K(R_A,\ R_B)$$

（3）应答器接收到 TOKEN AB 后，进行解密，将取得的随机数 R'_B 与原先发送的随机数 R_B 进行比较，若一致则阅读器获得了应答器的确认。

（4）应答器发送另一个加密数据块 TOKEN $R'B$ 给阅读器，TOKEN BA 为：

$$TOKEN\ BA = E_K(R_{B1},\ R_A)$$

（5）阅读器接收到 TOKEN BA 并对其解密，若收到的随机数 R'_A 与原先发送的随机数 R_A 相同，则完成了阅读器对应答器的认证。

二、利用识别号的认证方法

上面介绍的认证方法是对同一应用的应答器都用相同的密钥 K 来认证，这在安全方面具有潜在的危险。如果每个应答器都能有不同的密钥，则安全性会有很大的改善。

由于应答器都有自己唯一的识别号，因而可用主控密钥 K_m 对识别号实施加密算法而获得导出密钥 K_t，并用其初始化应答器，则 K_t 就成为该应答器的专有密钥。专有密钥与主控密钥、识别号相关，不同应答器的专有密钥不同。

在认证时，阅读器首先获取应答器的识别号，在阅读器中利用主控密钥 K_m、识别号和指定算法获得该应答器的专有密钥（即导出密钥）K_t。以后的认证过程同前面介绍的三次认证过程，但所用的密钥为 K_t。

第五节　密钥管理

一、应答器中的密钥

为了阻止对应答器的未经认可的访问，采用了各种方法。最简单的方法是口令的匹配检查，应答器将收到的口令与存储的基准口令比较，如果一致就允许访问数据存储器。更为安全的措施还需要阅读器和应答器之间的认证。

具有密钥的应答器除了数据存储区外总包含有存储密钥的附加存储区，出于安全考虑，密钥在生产中写入密钥存储器，它不能被读出。

在应答器中，密钥可能会不止一个，按其功能可分为分级密钥和存储区分页密钥。

（一）分级密钥

分级密钥是指应答器中存有两个或两个以上具有不同等级访问权限的密钥。例如，密钥A仅可读取存储区中的数据，而密钥B对数据区可以读、写。如果阅读器A只有密钥A，则在认证后它仅可读取应答器中的数据，但不能写入。而阅读器B如果具有密钥B，则认证后可以对存储区进行读写。

分级密钥可用于很多场合。例如，在城市公交中，公客车上的阅读器仅具有付款的减值功能，而发售处的阅读器可具有升值（充值）功能。

（二）存储区分页密钥

在很多应用中需要将应答器的存储区分页，即将存储区分为若干独立的段，不同的段用以存储不同的应用数据，如身份信息、公交卡和停车证中的信息。在这些应用中，各个分页的访问，都需要用该分页的密钥认证后才能进行，即各个分页都用单独的密钥保护。

采用分页密钥方式时，应答器一般应有较大的存储区。此外，段内空间的大小是一个必须仔细考虑的问题。固定大小的分页空间，往往利用率不高，会浪费一些宝贵的资源；采用可变长分页空间的方法可以提高利用率，但在采用状态机的应答器中较难实现，因而也很少采用。

二、密钥的分层管理结构

为了保证可靠的总体安全性．对于密钥采用分层管理，如图6-12所示。

图6-12　密钥的分层管理结构

初级密钥用来保护数据，即对数据进行加密和解密；二级密钥是用于加密保护初级密钥的密钥；主密钥则用于保护二级密钥。这种方法对系统的所有秘密的保护转化为对主密钥的保护。主密钥永远不可能脱离和以明码文的形式出现在存储设备之外。

各层密钥的名称和加密对象见表6-4。一个系统通常可视其对安全性的要求来选择所需的密钥层级。

表6-4　密钥层级的名称与加密对象

密钥种类	名称	加密对象
密钥加密密钥	主密钥	初级密钥、二级密钥
	二级密钥	初级密钥
数据加密密钥	初级密钥	待传输的数据、静态存储数据

三、密码装置

在密钥的使用中，密钥的明码只允许出现在特定的保护区，这一保护区称为密码装置。密码装置中含有一个密码算法和供少量参数和密钥使用的寄存器，外界只能通过有限的几个严加保护不受侵犯的接口对它进行访问。这些接口接受处理请求、密钥和数据参数，并根据请求和输入的数据进行运算，然后产生输出。密码装置通过本身提供的指令向外界提供服务。密码装置的组成如图6-13所示。

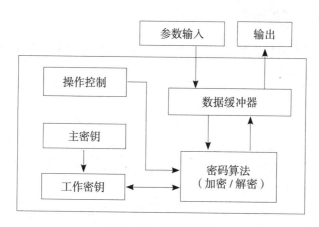

图6-13　密码装置

综上所述，由于 RFID 系统应用范围的不断扩展，RFID 系统的安全性和保密性显得越加重要。

第七章 RFID 技术在交通领域中的实践应用

第一节 RFID 技术在交通领域中的应用简介

一、智能交通系统

人口、车辆数量不断增长，但是有限的可用土地以及经济要素的制约如使得城市道路扩建增容有限，因此不可避免地带来一系列的交通问题。当今世界各地的大中城市无不存在着交通问题。交通拥堵使得人们每天将大量的宝贵时间消耗在路上、车中，同时也导致商业车辆在交通运输中延误，增加了运输成本。交通事故率也不断上升，每年都会带来巨大的人员伤亡和经济损失。据美国有关部门预测，到 2020 年，美国因交通事故造成的经济损失每年将会超过 1 500 亿美元，而日本东京目前因交通拥堵每年造成的经济损失为 1 230 亿美元。为解决日益严重的交通问题，各国政府采取各种措施，如对汽车课以重税以限制汽车的数量，实施交通管制等来加强管理。但是在做过各种尝试，花费了巨大的管理成本后，交通状况依然难有根本改观。人们逐渐认识到，交通系统是一个复杂的综合性系统，单独从道路或车辆的角度来考虑，都将很难解决交通问题，必须把车辆和道路综合起来，考虑如何在有限的道路资源条件下，提高道路资源的利用率，这才是解决问题的关键。同时自 20 世纪后期以来信息技术的迅猛发展和广泛应用也给以上解决思路提供了有效的技术手段支持。在这样的背景下，智能交通的概念应运而生，并成为研究应用的热点。

智能交通系统是指将先进的信息技术、电子通信技术、自动控制技术、计算机技术以及网络技术等有机地运用于整个交通运输管理体系中而建立起的一种实时、准确、高效的交通运输综合管理和控制系统。它是由若干子系统组成的，通过系统集成将道路、驾驶员和车辆有机地结合在一起，加强三者之间的联系；借助于系统的智能技术，将各种交通方式的信息及道路状况进行登记、收集、分析，并通过远程通信和信息技术，将这些信息实时提供给需要的人们，以增强行车安全，减少行车时间，并指导行车路线。同时，管理人员通过采集车辆、驾驶员和道路的实时信息来提高其管理效率，以达到充分利用交通资源的目的。

二、RFID 在交通领域各方面的应用

RFID 系统已广泛应用于车辆自动识别（AVI）系统、不停车电子收费（ETC）系统、设备（物流）自动识别（AEI）系统、门禁识别（GAI）系统和商品防伪识别（EICP）系统等，这里只介绍与交通有关的 AVI、ETC、AEI 和 GAI 系统。

（一）AVI 系统

1. 固定基站 AVI 系统

固定基站 AVI 系统一般用于海关或检查站，用于检查、识别和记录通过的车辆，它的设备（如阅读器、智能控制器、数据传输单元、电源等）安装在车道旁的机房内，天线安装在车道旁（侧装）或顶篷上（顶装），车道须经渠化，道宽 3.2～3.5 m。为了对通过车辆自动放行或拦截，在车道旁装有电动栏杆、红绿灯、报警器、摄像机、显示牌，在车道上埋设有检测线圈。这些设备向智能控制器传递车辆通过信息，接受它的指令控制。为了启动和终止 AVI 系统的读卡，在车道上安装两个检测线圈，一个安装在车道入口处，另一个安装在车道出口的电动栏杆旁。它们与智能控制器中的线圈检测器配合，感知车辆通过信息。第一个线圈用于启动系统读卡和车辆计数，第二个线圈用于终止系统读卡和防止栏杆砸车。

当载有 RFID 卡的车辆通过车道时，系统读到 RFIDP 中的识别地址（ID）号和车牌号，叠加通过时间和车道号，存入智能控制器的存储器。数据传输单元将系统采集到的车辆数据信息，通过通信网络（如 DDN 网）传到管理中心（或计算中心）中，同时将管理中心的控制指令下达到 AVI 系统中，决定对车辆自动放行或进行拦截。

2. 移动式 AVI 系统

在一些应用中，如公安刑侦、路政检查、重要会议安全保卫，需要配备移动式的AVI 系统，以便随时开动并停靠在指定的路旁（或会场入口），对过往车辆进行突击检查和识别。它的设备配置与 AVI 系统固定基站类似，但是它更简化，如不配红绿灯、电动栏杆、检测线圈。移动式 AVI 系统可安装在一辆改装的中巴车上。其中采用便携式八木天线和小型乐声报警器。用手机通过移动通信网，以发短消息的方式，与指挥中心保持通信联系或进行数据信息交换。车上电源可以采用逆变电源，由蓄电

池供电。如果需要报告移动式 AVI 系统的位置，车上也可配置 GPS 接收机，通过手机发短消息的方法，向指挥中心传输移动站的地理位置。

RFID 的特点是利用无线电波传送识别信息，不受空间限制，可快速地进行物品追踪和数据交换。工作时，RFID 标签与阅读器的作用距离可达数十米甚至上百米。通过对多种状态（高速移动或静止）下的远距离目标（物体、设备、车辆和人员）进行非接触式的信息采集，可对其进行自动识别和自动化管理。由于 RFID 技术免除了跟踪过程中的人工干预，在节省大量人力的同时可极大提高工作率，因此对物流和供应链管理具有巨大的吸引力。

RFID 以无线方式进行双向通信，其最大的优点在于非接触，可实现批量读取和远程读取，可识别高速移动物体，可实现真正的"一物一码"。这种系统可以大大简化物品的库存管理，满足信息流量不断增大和信息处理速度不断提高的需求。RFID 技术是革命性的，有人称之为"在线革命"，它可将所有物品无线连接到网络上。在可以预见的时间内，RFID 标签将高速发展，并与条形码长期共存。RFID 标签和条形码适用于不同的场合，各具优势，如条形码适合于成本极低的物品，而 RFID 适合于对高速移动或多目标的同时识别环境。

（二）ETC 系统

高速公路、桥梁建设的投资高，为了回收资金和保证路桥畅通，采用 ETC 系统以实现不停车收费。

路桥收费站安装 ETC 系统，车辆挡风玻璃上安装 RFID 卡。当载有 RFID 卡的车辆通过收费站时，ETC 系统读到 RFID 卡中的 ID 号和车牌号，叠加通过时间和车道号，存入 ETC 系统的内存，并通过数据传输单元和通信网络，将数据信息传送到收费统计中心中。可以采取类似手机缴费扣费的办法，根据车辆的车型和通过次数自动扣费。车辆通过收费站，ETC 系统读到 RFID 卡中的数据，有卡车辆被自动放行，无卡车或未缴费车辆将被拦截（栏杆放下，红灯亮，报警）。ETC 系统的配置与固定 AVI 系统相似，只不过 ETC 系统比 AVI 系统的外部设备多一项费额显示牌。

（三）GAI 系统

重要军事或机要部门、停车场、住宅小区，可以采用 GAI 系统实现对进出大门的车辆的识别和控制。GAI 系统的配置与固定式 AVI 系统类似，只是它采用低功耗悦耳的音乐提示器替代普通的报警器，以避免干扰周围工作和居住环境。如果进出大门的车道宽度能够容纳 2 辆车并行行驶，为了降低系统成本，可以用一个阅读器接两个天线，一个天线面向进口，一个天线面向出口，利用前述双向识别技术，完成对进出车辆的识别和数据信息交换。

为了增加进出住宅小区、停车场车辆的防盗功能，可以给每辆车配备两张 RFID

卡，一张固定在车辆挡风玻璃上（称为车卡），另一张由司机携带（称为司机卡）。通过 GAI 系统时，司机可以将它放在车上适当位背（挡风玻璃上或仪表盘上），也可手持对准天线。采用前述双卡识别技术，完成对两张卡的识别和数据信息交换。只有当这两张卡的车牌号完全一致时，该车才能自动放行，否则将被拦截。

（四）AEI 系统

AEI 系统主要是指对集装箱的识别。发达国家的货运，包括海洋运输和铁路、公路运输，主要采用集装箱运输，既安全又便于物流管理。在集装箱上安装 RFID 卡，在卡中写入集装箱号及箱内货物编号、数量、发货地及到货站。集装箱随船（汽车、火车甚至飞机）启运或到达港站时，AEI 系统对其进行识别和数据信息交换。AEI 系统的设备配置与 AVI 系统基站相似，只是应根据实际应用减少一些配置，如电动栏杆、红绿灯或报警器等。

第二节　基于 RFID 技术的停车场管理

一、停车场管理综述

（一）停车场管理的问题与解决

随着中国经济的迅猛发展，城市汽车的数量不断增加，汽车在给人们带来交通快捷、方便的同时，由于停车管理不善等问题，也给人们带来了诸多不便。

目前，很多停车场的规划管理还是依靠手工作业。这种传统的数据管理采用人工簿册式管理，停车场的各类信息均以资料的形式存在，管理相对分散，不仅劳动强度大、效率低，不利于检索和使用，而且信息的分析处理也以定性分析为主，在规划停车场的位置、车位数、合理性等方面有较大的难度。在停车场管理中常常存在以下问题：排队等候的时间长，人工现金收费的漏洞较大，收费的透明度低，人情车、霸王车层出不穷，统计不及时，偷换车现象等。因此，需要采用先进的技术和管理方法杜绝停车场管理中可能存在的种种弊端，彻底解决从前种种令人头痛的问题，让停车场管理变得快捷、方便、准确、公正、高效、安全、可靠、稳定。

近年来，汽车的静态管理和动态平衡已成为许多有识之士重点研究的新问题。为满足人们对生活和工作环境更科学、更规范的要求，管理高效、安全合理、快捷方便的停车场自动管理系统已成为许多大型综合性建筑物和居民小区必备的配套设施。地处繁华地带的许多高级公寓、大型娱乐场所、宾馆、办公楼、球场等停放汽车较多，车流量大，为了保证车辆安全和交通方便，迫切需要采用自动化程度高、方便快捷的停车场自动管理系统，以提高停车场管理水平。

在智能交通系统中，对智能停车场的要求是既作为整个交通系统中的一个子系统，又作为一个相对独立的系统。前者指的是作为整个智能交通系统的一部分，要求它能与智能交通系统进行信息互动，即停车场不但能实时提供停车位的状态信息，为整个交通系统的疏导和指挥提供参考，还能接收来自交通指挥中心的指令信息，接受统一调度安排；后者指的是它能独立运行，具备诸如计费收费、控制车辆出入、满足用户停车需求等停车场的基本功能。

现代停车场智能管理系统集远距离射频识别技术、自动控制技术、数字图像识别技术和车辆检测技术于一体，可以应用于停车场收费管理、车辆控制与人员管理，具有先进、可靠、安全、方便、快捷等特点，有效地解决了业主和车主的难题。同时，该产品又方便配合其他系统的项目，如门禁、消费等，从而实现不停车管理。

建立现代的停车场智能管理系统有以下现实意义。

（1）树立全新的物业管理形象。现代化的高科技产品的使用，一定会使企业的物业管理形象和知名度得到很大的提高。采用智能停车场管理系统，无论是产品的造型，还是自动管理带来的先进性和科学性，都将会给物业管理树立良好的形象，使企业成为科学管理的楷模。

（2）严格的收费管理。目前的人工现金收费方式，一方面劳动强度大、效率低，另外一个主要的弊端就是财务上造成很大的漏洞和现金流失。使用射频智能停车场管理系统后，所有车辆的收费都经过电脑确认和统计，杜绝了失误和作弊，保障了车场投资者的权益。

（3）安全管理。一卡一车，资料存档，保证停车场停放车辆的安全。人工发卡、收卡，难免有疏漏的时候，因为没有随时记录可查，丢车或谎报丢车的现象时有发生，给停车场带来诸多麻烦和经济损失。采用智能停车场管理系统后，月租卡和储值卡消费者均在电脑中记录了相应的资料，卡丢失后可及时补办。时租卡丢失也可随时检索，及时处理，同时在配有图像对比设备下，各类停车卡均有车牌号码存档，一卡专用，车牌不对，电脑随时提示，并提出警告，不得离开。

（4）防伪性高。因为射频识别卡的保密性极高，它的加密功能一般电脑花上 10 年的时间也解不了，所以不容易伪造。

（5）耐用可靠，操作过程全自动化，既节约人力又节省时间。

（二）国内外发展现状

目前，国外停车场管理系统经过多年的发展，已基本进入智能无人化收费阶段，其使用的收费介质已由传统接触阅读类型收费介质转变为非接触类型的新型收费介质。国外停车场收费系统一般采用高度智能化的专用设备，可以实现收费系统的无人化操作。设备制造工艺精良，系统稳定性和产品技术水平达到较高水平。停车场管理系统的一个显著特点是停车交易支付手段的电子化程度非常高，基本上不存在现金交易的现象。许多国外管理系统配备停车车位引导系统、停车车位查询系统等智能化设备，使停车场管理系统的功能更加丰富。

一些国外停车设备厂商正在研究能够实现"网络化存车"的停车场管理系统。这种收费系统依靠 Internet 连接，能够实现在一个相对广阔的地域内（如一座城市，甚至一个国家）的多个停车场的随意停车。管理系统会统一调度车位资源，统一进行交易结算。停车用户在家中通过网络就可以预定停车车位，交纳停车费用，查询出行口的地的各类停车信息。这种新型停车场管理方式适应了 Internet 在人们日常生活中越来越重要的现状，使停车场管理系统的作用范围和功能得到了极大的扩展和延伸。值得注意的是，国外停车场管理系统在采用大量先进技术的同时，带来的负面影响是系统的造价非常高昂，技术实现难度大，维护成本高。

国内停车场管理系统是伴随着国内公用停车场的大量出现而出现的。最初的国内停车场管理系统是在引进和消化吸收国外同类系统的基础上研发成功的。由于有许多关键设备国内没有生产，采用了较多的国外产品，因此这一阶段的国内停车场管理系统带有较多"集成"的意味。

近年来，随着国内停车产业的发展壮大，国内停车场管理系统厂商的技术实力得到了迅速增强。国内停车场管理系统也由单纯的引进和仿制转向真正意义上的技术研发阶段。一些国际先进的停车场管理技术和理念都可以在新型管理系统中得到迅速应用。许多停车系统关键设备已经可以在国内研发制造。许多厂家推出的管理系统在技术上能够紧跟国际先进技术潮流，体现出较强的生产研发水平。

国内停车场管理系统目前正面临着老式管理系统向新型管理系统升级换代的高峰时期，落后的以传统接触阅读收费介质为特征的管理系统正在被逐渐淘汰。新型的以非接触式 IC 卡、远距离射频电子标识、车牌图像识别技术等非接触类型收费介质为特征的新型停车场管理系统正在迅速走向成熟，也正在逐步为人们所接收。

二、在智能停车场中使用 RFID 技术

（一）智能停车场的功能

要建立智能停车场的体系结构，首先应确定系统的用户服务要求，也就是明确停车场管理系统应具备的功能。对于停车场的功能需求分析，主要从 3 个方面进行考虑，即交通管理部门、停车场管理者和用户。交通管理部门对停车场的功能需求是满足停车需要，调节交通，能够让需要停车的车辆进入停车场停车，避免车辆在道路上滞留，以此来缓解交通压力，使整个交通有序运行。因此，停车场必须具有方便

停车、提供停车场停车位状态信息的功能。停车场管理者对停车场的功能需求是保证车辆安全、计费收费、方便用户停车等，这样停车场应该具有车辆出入控制、停车时长统计、费用计算、泊车引导、车辆识别的功能。从用户这一方面来说，车辆安全是第一位的，费用收取的透明度和停车、取车的方便快捷也是一个重要的考虑因素。因此，综合以上 3 个方面对停车场管理的功能需求，把智能停车场中的停车服务功能和交通导行服务功能归纳起来，智能停车场应至少具备以下几个功能。

（1）车辆的出入控制功能。

（2）计费、收费功能。

（3）车辆识别功能。

（4）泊车引导功能。

（5）安全监控功能。

（6）停车场状态信息收集、处理功能。

（7）与智能交通系统进行通信的功能。

（二）不同管理介质的对比点

对各种类型用户进行的管理标识，对出入车辆进行的识别验证，对用户的计费、收费以及泊车引导等过程都存在大量的数据信息，为了将这些功能集成到同一系统中，就要求存在一种介质将各种信息关联起来，以实现数据的集中管理。

收费是停车场最基本的一项功能，停车场收费管理系统是伴随公用收费停车场这新生事物而诞生的。它也是停车场管理系统中发展得最早、最快和最完善的一个部分。传统停车场的收费都采用人工方式，收费过程烦琐，工作人员劳动强度高，停车场利用率低下，票款易流失。随着经济的发展以及技术的进步，为了克服这些缺点，各种新技术、新材料的应用使停车场收费系统的功能逐渐完善，可靠性逐步提高，计费收费方式也发生了改变。收费介质的变化使得停车场的自动计费收费成为可能。随着停车场朝着大型化、现代化方向发展，许多现代控制领域及智能交通领域的前沿技术在停车场管理系统中得到了广泛应用，从而使当今停车场管理系统呈现功能多样化的特点。各种子系统的出现和发展在使停车场的功能越来越丰富的同时，也使管理的难度加大了。这就需要有一种介质将各子系统联系起来，这里以发展相对成熟的收费介质作为管理介质的平台和依托，以便对各子系统进行统一管理。

管理介质是停车场管理系统用来标识每辆车及车主的唯一标志，介质中存储有一组标明车辆身份的数字标识（ID）。管理系统中的数据库以此 ID 作为主键记录和查询车辆的用户类甩、使用权限、进出时间、车辆牌照、车辆图像等特征信息，从而实现对出入车辆的计费收费、出入控制、身份验证、泊车引导，以达到将各子系统集成为一个整体的停车场综合自动化管理系统的目的。

管理介质是管理系统的重要技术特征。通过使用何种管理介质可以反映其系统的技术先进程度。以停车场管理系统使用的管理介质为核心特征，停车场管理系统经历了纸质磁卡、条形码、接触式 IC 卡以及非接触类型管理介质等几个发展阶段。每个阶段的停车场管理系统都是在克服了其上一代系统管理介质不足的基础上，进一步提高了管理系统的工作效率和可靠性，并丰富了管理系统的管理服务功能。

停车场管理系统中曾经出现过的管理介质有纸质（磁卡）、条形码（纸质）、接触式 IC 卡、RFID 标签等多种，其优缺点各有不同。

1. 纸质磁卡

纸质磁卡于 20 世纪 70 年代开始应用，是最早出现的停车场管理介质。

（1）优点：生产成本较低（0.1 元以下），结构简单，体积小巧，便于组成大容量发卡系统（数千张），设计灵活。

（2）缺点：数据存储容量小，不易保存（折损或磁化后数据即破坏），无法重复使用，安全保密性差（数据未加密容易复制），阅读设备复杂维护费用高（接触阅读，需要经常清理维护），对使用环境要求较高（对灰尘、温度、湿度有要求）。

2. 条形码

常见的二维条形码是 PDF417 码，PDF417 码在 1997 年年底被定为我国国家标准。

（1）优点：实现计算机管理，收费全部自动化，成本低，即使票据污损或者残破，也可以使丢失的数据 100% 恢复。

（2）缺点：信息是一次性的，不能改写。

3. 接触式 IC 卡

接触式 IC 卡是近几十年发展起来的一种集成电路芯片技术。

（1）优点：相对磁卡安全可靠（数据加密存储，加密阅读），数据存储存量大，可以一卡多用，可靠性及寿命比磁卡高，阅读机构比磁卡阅读机构简单，造价便宜，维护较方便。

（2）缺点：成本略高，因触点外露而容易导致污染、损伤及静电损毁；多次阅读时会造成触点磨损、损坏，卡本身寿命低；用户使用时需要将 IC 卡插入阅读器的插卡口才能实现阅读过程，造成系统对卡的识别时间较长；阅读器的插卡口外露，易受污染，造成读卡困难，需定期清理。

4. RFID 标签

RFID 技术应用于智能停车场管理中有以下优点。

（1）可靠性高、使用寿命长、维护成本低。RFID 标签与阅读器之间无机械接触，避免了因接触阅读而产生的各种故障。此外，RFID 标签表面无裸露的芯片，无须担心因芯片脱落、静电击穿、弯曲损坏而使卡片失效等问题，适应各种恶劣环境。因

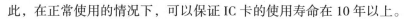

此，在正常使用的情况下，可以保证 IC 卡的使用寿命在 10 年以上。

（2）操作方便、快捷。由于采用了非接触通信，阅读器在 5 cm ～ 10 m、甚至更远的范围内就可以完成对卡片的操作，避免了灰尘、油污等外部恶劣环境对阅读器的影响。RFID 标签使用时非常简单，不需固定方向和位置，没有方向性，卡片以任意方向掠过阅读器表面，都可以完成操作，大大提高了每次使用的速度。

（3）加密性能好、安全可靠。每张卡片在出厂时都写有不可更改的唯一编号（全球唯一的序列号，制造厂家在卡片出厂前已将此序列号固化，不可再更改）。RFID 标签与阅读器之间采用双向验证机制，即阅读器验证 RFID 标签的合法性，同时 RFID 标签也验证阅读器的合法性。处理前，卡要与阅读器进行 3 次相互认证，而且在通信过程中所有的数据都加密。此外，卡中各个扇区都有自己的操作密码和访问条件。这些都确保了系统的安全性和可靠性。

（4）抗干扰性强、防碰撞。RFID 标签中存在快速防碰撞机制，能防止卡片之间出现数据干扰，因此终端可以同时处理多张卡片。

（5）多种权限级别管理。RFID 标签可设置多个权限级别，增加了整个系统运行的安全性。

通过各种管理介质的对比，不难发现，RFID 标签拥有其他几种介质不可比拟的优势。目前，使用以 RFID 标签为代表的非接触类型作为管理介质的收费管理系统已经成为建设的主流方向。

三、基于 RFID 技术的停车场管理系统组成与基本原理

（一）系统工作原理

传统的停车场管理系统重点均放在计费收费管理功能上，关注的是各个车辆进出的时间以便于收费，而在停车场的安全性、运行效率和针对顾客的人性化要求方面考虑得较少。

基于 RFID 技术的停车场管理系统充分考虑了停车场的安全性、运行效率和针对顾客的人性化要求。系统的基本原理是：当车辆进入停车场时，系统自动读出车上标签的 ID 号，经计算机处理后得到车辆的各种信息，并将这些信息与用户卡唯一的对应起来，一同存入用户数据库；当车辆驶离停车场时，用户卡信息与车辆信息相关指标匹配后才能放行。另外，每次停车过程中，管理系统都会根据当时停车场的实时停车情况为用户指定一个符合最短路径的有效停车位，并且在整个停车过程中，系统都将通过电子显示屏对顾客给予路径信息指示。

系统采用"一车一卡一位"的管理模式，即从车辆进入停车场一直到车辆驶离停车场，与这辆车相关的所有数据均与卡的 ID 号唯一相关，通过这个唯一的 ID 号，可

以将诸如用户信息、车辆型号信息、车辆牌照信息、车辆颜色信息、车辆图像、车辆进出场时间、停车时长、指定停车位编号、泊车路径、应缴费用等信息在数据库中统一起来，便于查询和存储。这样便使收费管理、泊车引导和车辆识别安全监控子系统的数据信息建立在同一个数据平台上，从而将各子系统有效地集成为一个统一的停车场智能管理系统。

（二）基于 RFID 技术的系统组成

停车场管理系统的组成主要分为硬件系统和软件系统两大部分。按照停车场的工作流程和管理系统的功能以及设备的安装位置，可以把硬件系统设备分为以下 7 大类。

（1）入口设备包括入口阅读器、微波天线、车辆检测器、入口语音提示设备、入口控制器、入口电动栏杆、入口栏杆用车辆检测器、入口车道摄像机、车位满指示屏、入口声光报警装置。

（2）出口设备包括出口阅读器、出口阅读器用车辆检测器、出口语音提示设备、出口控制器、停车费用显示屏、出口电动栏杆、出口栏杆用车辆检测器、出口车道摄像机、出口声光报警装置。

（3）用户收费终端设备包括计算机、视频捕捉卡、485 通信卡、收费票据打印机。

（4）数据处理中心设备包括数据服务器、中心阅读卡机、后备电源、通信Modem。

（5）自动泊车引导设备包括车位信息处理计算机、车位信息检测系统、泊车引导电子显示屏、语音提示设备。

（6）停车场监控设备包括监控摄像头、视频卡、显示器、声光报警装置。

（7）其他设备包括照明设备、通风设备、消防设备等。

（三）系统设备功能

入口设备是车辆进入停车场（停车）过程中所使用的设备的集合。其应具备的功能包括车辆检测、发卡、读卡、摄取车辆图像信息、控制车辆进场、显示停车位信息等。其核心功能是车辆检测设备检测车辆到来，管理介质识别设备获得用户在管理系统中的身份标识，摄像设备获取车辆的相关特征信息，检验用户是否具有存车的权限并通过相关设备控制用户的存车行为。

出口设备是车辆驶离停车场（取车）过程中使用的设备的集合。其功能包括检测车辆、读卡、车辆特征信息匹配、通过电动栏杆控制车辆出场等。其设备的核心功能是，通过管理介质识别设备获得用户车辆在管理系统中的身份标识，获取车辆的相关特征信息，将入场车辆和出场车辆特征信息进行对比，检验用户是否具有取车的权限，控制用户的取车行为。

用户收费管理设备是停车场管理系统底层硬件设备的控制中心，负责所有底层硬件设备的状态检测、数据通信及控制功能。用户收费管理设备作为系统前端应用软件的运行平台，应为管理者提供友好的管理系统界面，显示设备运行情况和停车场管理信息，负责停车计费收费，执行用户发出的管理命令，给出口设备下发控制信息。通过停车费用金额显示器、票据打印机等配套设备，收费终端可以完成停车交易的结算功能。

数据处理设备是系统数据库运行和数据处理的硬件平台。其功能是保证数据库系统的稳定运行，保证管理系统数据、用户数据、车辆特征信息数据以及泊车路径信息等被安全可靠地存储和查询以及车辆识别系统的正常运行。

自动泊车引导设备是在为顾客进行泊车引导中使用的停车位检测设备，是引导信息显示设备以及车位信息处理设备的集合。其功能是当有车辆到来时，快速地为顾客找到符合最短路径的有效停车位编号及泊车路径，并在停车过程中对顾客给予车位指示和路径指示。

停车场监控及报警设备是对停车场内部状态进行监控的摄像机、声光报警、自动拨号报警等设备。其主要功能是对停车场内部状态进行监控并结合报警装置在有危险情况发生时产生报警，以引起工作人员注意，保证停车场安全。

（四）停车专用硬件介绍

1. 收费介质发行设备

收费介质发行设备的主要功能是供临时用户取得收费介质，并为入口的其他设备提供安装平台，在本系统中为一个 RFID 阅读器。

2. 收费介质识别设备

收费介质识别设备的主要功能是从收费介质中读取或写入用户标识信息，在系统中为一个 RFID 阅读器。

3. 出入口控制器

出入口控制器是由单片机构成的智能控制单元，负责采集停车场出入口设备的各种状态，控制电动栏杆动作，并与收费终端进行通信。控制器可以检测出用户按动取卡按钮的动作、车辆检测器的来车状态及电动栏杆的到位状态，并将这些状态实时传递给收费终端，并可根据收费终端的控制命令打开相应电动栏杆。控制器般具有看门狗电路，可以防止死机现象的发生。

4. 电动栏杆

电动栏杆又称道闸机，为控制出入口通行状态的专用设备。电动栏杆由出入口控制器控制起落，也可进行手动控制，加装车辆检测器后具有自动落杆和防砸车功能，栏杆长度通常为 2.5 ～ 3.5 m，根据使用的场合可选直臂式或折臂式。

5. 车辆检测器

车辆检测器由检测器本身和配套地感线圈组成，是利用预先埋设于行车道地表下的地感线圈感应车辆引起的电磁变化，从而判断出是否有车辆通过的设备。它的功能为感应来车、防止电动栏杆落杆时砸车。

6. 收费终端计算机

收费终端计算机是系统底层硬件设备的控制中心，一般采用工业控制计算机。其作用是协调和控制停车场所有设备的协调运行，实时监控、显示停车场设备当前的工作状态，如来车情况、电动栏杆上下到位情况以及设备发出的各种报警信息。在有图像对比功能的系统中，收费终端计算机显示车辆的图像对比信息。对没有数据中心设备的简易型管理系统，收费终端计算机还用来存储和检索管理系统数据，实现财务管理功能。除前面所述的标准配件外，收费终端计算机还应配置网卡，以实现与数据库平台联网或组建多入多出型停车场管理系统。

7. 通信卡

通信卡一般为485通信卡，用于延长通信距离，提高在恶劣电磁环境下的通信质量。

第三节　基于 RFID 技术的高速公路不停车收费系统

一、在高速公路收费中使用 RFID 技术

（一）高速公路收费中存在的问题及解决的办法

改革开放以来，我国的公路建设得到飞速发展，高速公路通车里程不断增加，一些省公路网格局基本形成。在通车公路里程增加的同时，交通流量也在不断增加，但是收费方式还很原始，主要有以下两种方式。

（1）完全人工收费。这种收费方式采用人工对车型进行判别，费额计算没有监督，漏洞较大；而且平均收费时间较长，车辆流速无法提高。

（2）计算机辅助收费。人工判别车型及收费，机器辅助检测、监督，计算机管理。这种方式采用计算机进行实时视、音频监控管理。这种方式是目前我国高速公路推广使用的一种较为先进的收费方式，可对收费全过程进行监控管理，当出现进出口车型判断不一、人机歧义、免费车辆的判定不一或收费员所收费额与控制中心计算机计算费额不一时，均可通过中央控制室的计算机和视、音频监控设备的记录信息进行有效的判定。在这种方式下，仍需要停车收费，交通流量增加时，收费路口成为整个交通控制网络的瓶颈。

原始的收费方式严重制约了高速公路向现代化方向的发展，存在很多弊端，主要表现在以下几个方面。

（1）收费设施及收费技术落后，城市出入口的收费站形成交通瓶颈。

（2）各路段收费方式、标准等方面不统一，给用户交费造成混乱。

（3）给社会造成公路部门到处设点收费的恶劣印象，与高速公路高速、快捷的形象极不相符。

（4）停车次数增多，汽车尾气对环境的污染增加。

要解决以上问题，首先高速公路要采用新的收费技术，提高收费站的通行效率。电子不停车收费系统是一个集中了无线电通信、计算机网络及信息处理、自动控制等多项高新技术在公路自动收费综合系统中的应用。它利用车载电子标签自动与安装在路侧或门架上的微波天线进行信息交换，中心控制计算机根据电子标签中存储的信息识别出标签使用者，然后自动从标签使用者的银行账号中扣除通行费。它具有如下特点。

（1）可以不停车收费，从而大幅度提高了车道收费站的处理效率和收费公路的疏通能力。

（2）无论车辆行驶里程长短，均能做到收费公平合理。

（3）除收费公路的起点外，主线一般不再设收费站，故能最大限度地提高车辆通行速度，发挥公路的使用效益，避免人为造成的多次停车，使公路使用者心理上较易于接受。

（4）路桥收费的自动管理，减轻了工作人员的劳动强度。采用电子收费也可以减少收费员出错的机会和参与舞弊的机会，堵住收费漏洞，节约大量的人力和物力。因此，它成为现代化的路桥收费管理体制。

（5）通过实时采集的收费数据，交通部门能及时掌握完整的路桥车流信息、收费情况，从而能够进行交通流量的合理分配、整体疏导、管理，为新建路桥提供科学依据。

（6）如果形成联网收费，则避免了该类系统重复开发，大大方便了车主及业主。车主仅凭一张电子标签，就能在联网收费区域内实现不停车缴费；路费的结算工作交给第三方，极大减轻了业主的工作负担。

（二）ETC 技术的国内外发展过程及现状

高速公路 ETC 联网收费在国外应用较早也较成熟，举例如下。

1. 美国

在美国，电子不停车收费方式已经成为回收公路投资和养护费用的高效率手段。最著名的联网运行 ETC 系统是 E-Zpass 系统。E-Zpass 系统采用预付款方式，通行费从车主的预付款中扣除。当账号资金低于一定的阈值时，车主需要到服务中心进行充值。预付款付费方式包括信用卡、支票和现金等。

2. 葡萄牙

葡萄牙的 Via Varde 电子收费系统是欧洲具有代表意义的联网电子收费系统之一。该收费系统采用封闭式和开放式相结合的模式，成为既有利于道路使用者又有利于道路运营商的有效收费手段。ETC 车道的使用使得运营公司节省了 2 000 多条人工收费车道的建设。

3. 日本

日本是世界上第 23 个引入 ETC 的国家，并已成功地将该技术在全国范围内运用。2000 年 4 月，日本开始正式实施其 ETC 计划 ETC 终端均由汽车特约经销商和汽车用品店负责安装。日本已有在生产线上将 ETC 终端内置于汽车挡泥板中的计划。在使用 ETC 系统时，站级收费系统把读取到的用户 RFID 标签的相关信息及路车间通信记录通过专用计算机网络传输给 RFID 标签发行公司，由其中心计算机系统从道路使用者的账户中扣除通行费，并将通行费根据路车间通信记录拆分到有关道路公司或相应收费道路管理者的账目上，通过计算机网络实现购买—使用—付费—拆账的自动收费全过程。

4. 丹麦和瑞典

1998 年瑞典、丹麦大贝尔特桥开通。2000 年 7 月 1 日丹麦和瑞典间的厄勒海峡大桥投入商业运营。这两个项目都使用了 ETC 付费系统，而且大贝尔特桥和厄勒海峡大桥的联系颇为紧密，厄勒海峡大桥收费系统开通时即与已经运营两年的大贝尔特桥系统实施了联网。由于绝大多数 ETC 合同与信用卡/借记卡账户相连，因此相应的清算也通过国际清算机构处理，甚至国际信用卡也可使用。

5. 法国（TIS 项目）

20 世纪 90 年代初，法国几乎所有的高速公路都开始应用电子收费系统。1996 年夏天，原本使用不同系统的各高速公路公司签署了一份联网收费协议，法国不停车收费真正开始"一片通"。在各公司签署的协议下，对于参加协议的各公司，任一运营商都可接受其他运营商的用户。这样，一个用户在公司 G 注册（购买电子标签），相当于在高速公路 A 的每一家公司都注册。这意味着这个用户可以在所有签署协议的公司的路上享受电子不停车收费的服务。

6. 加拿大

加拿大 407 国道不停车收费道路是目前世界上最先进的全电子收费道路，现已发行了约 300 000 个电子标签。该公路共有 28 个出入口，车辆一旦进入该公路，就无须停车交费，车道门架上的电子装置自动记录它的出入地点，电脑网络将自动计算该用户需要缴纳的通行费用，并生成一条收费记录存入中央电脑。当那些没有电子标签的车辆通过时，抓拍系统自动抓拍到该车的车牌图像，并在中央电脑中生成收费记录，收费单据通过邮局寄到车主手中。

7. 国内

国内 ETC 虽已经使用，但并没有广泛普及，主要因为该系统成本比较高，设备投入比较大，远远高于目前传统收费车道的投资，而且国内目前尚无配套法规来治理逃费现象。在发达国家，非法进入专用车道的车辆，在被现场拍照后，依据照片可索回通行费并将依法给予处罚。目前，国内尚无该方面的法规。若对逃费车辆采取现场堵截方式，则会使日常车辆通行受阻，更由于不停车收费车道通过车辆的通行速度快，一旦客户增加、交通量增大时，交通事故非常容易发生，造成正常的收费通行秩序混乱。所以当前国外普遍采用的单纯的 ETC 技术方案并不适合国内高速公路收费的要求。

国内的高速公路收费系统，大多采用 MTC 人工半自动收费方式。但由于初期道路连通能力不足，再加上管理措施尚未成熟，各条路段之间各自实行收费操作，导致采用的收费系统不尽相同。高速公路路网的主线上建设了较多的收费站，甚至在一些公路线上还出现同址两站的情况，使得驶入高速公路的车辆不得不多次停车交费。这种现象不仅为使用者带来了诸多不便，而且与高速公路高速、快捷的形象极不相符，甚至给人们造成了一种在公路上到处设卡收费的恶劣印象。为了结束这种收费软件混乱，收费站点繁多的现状，2000 年交通部发布了《高速公路联网收费暂行技术要求》，规划全国范围内新建的或改造的高速公路实行联网收费。此技术要求对国内的高速公路收费发展做出了明确的规范："高速公路应首先实现省（自治区、直辖市）内联网收费，逐步实现省（自治区、直辖市）际间的联网，为全国联网收费电子货币化做好基础工作。""收费方式一般采用人工半自动收费，即人工收费、计算机管理、检测器校核。"电子不停车收费是收费技术的发展方向，有条件的省（自治区、直辖市）可逐步予以发展。随着国家政策法规的出台，各地也开始建立 ETC 系统，举例如下。

（1）1996 年 10 月，交通部公路科学研究所与日本丰田公司举行了不停车收费现场演示会。

（2）1996 年年底，首都机场高速的天竺收费站进行了不停车收费试验，并于1998 年成立了北京速通公司来专门负责不停车收费业务。

（3）1999 年年初，广东省路路通有限公司采用美国 TI 公司设备在省内集成了 40余条不停车收费车道并投入使用。

（4）2001 年 7 月，上海虹桥国际机场由日本丰田公司和上海城建集团合作建设的不停车收费系统正式投入使用。

　　…………

目前，国内部分省市已相继试用或投入使用了一批 ETC 车道，其中大部分是与国外知名 ETC 公司合作建设的。我国已可自主开发 ETC 设备并给出系统解决方案，其中最有名的是广东新粤埃斯特公司。由于起步较晚，我国尚未公布国家技术标准，各厂商只能在遵循原交通部《网络环境下不停车收费系统行业指导性意见》的基础上，选择国际上主流的 5.8 GHz 系统，这也很可能是我国即将出台的国家标准频率。

（三）在 ETC 中使用 RFID 技术

在不停车收费系统特别是高速公路自动收费应用上，RFID 技术可以充分体现出它的优势，即在让车辆高速通过完成自动收费的同时，还可以解决原来收费成本高、管理混乱以及停车排队引起的交通拥堵等问题。目前，在这方面应用的电子标签因为要求能够远距离和快速识别，所以多工作在 UHF 或微波频段。

在我国，许多城市都在应用 RFID 技术进行高速公路的不停车收费系统管理。而在海关的通关中，不少地区如深圳市也已经使用了 900 MHz 频段的 RFID 系统来提高效率。

ETC 最早引进我国是在 20 世纪 90 年代中期。从 1996 年至今，全国范围内已经有十几个省市相继开通了几百条 ETC 车道。实践证明，大多数 ETC 系统是安全、稳定、可靠的，取得了疢有的社会和经济效益。但是，有一个问题不容忽视，那就是我国高速公路管理公司各自引进了互不兼容的 ETC 系统，车辆在进入不同公路系统时，标签并不通用。

要解决 ETC 系统的兼容性，首当其冲的就是要统一车载 RFID 标签与车道阅读器之间的通信频段问题。

国际上，高速公路中 RFID 技术标准化体系研究分为欧、美、日三大阵营。1998 年，全球 3 大阵营都统一到 5.8 GHz 频率附近了。中国 ISO/TC 204 委员会充分考虑到国际 DSRC 标准化发展趋势和国内 ETC 系统应用需求日趋强烈的现状，认为中国已经没有时间，也没有必要重新制定一套全新的 ETC 标准，吸收采纳现有的、成熟的国际标准将是最为可行的方式。1998 年 5 月，中国 ISO/TC 204 委员会向无线电管理委员会提出将 5.8 GHz 频率附近分配给智能运输系统技术领域的短程通信（包括 ETC 系统）。选用 5.8 GHz 作为微波短程通信中心频段的理由是，我国通信系统标准体系靠近欧洲标准体系，无线电频率资源的分配大致相同（900MHz 主要用于移动通信系统，2.45 GHz 用于医疗设备和家用微波器具，5.8 GHz 用于卫星通信、工业、军事、科研和扩频通信等）；5.8 GHz 附近频段背景噪声小，解决该频段的干扰和抗干扰问题比 915 MHz 和 2.45 GHz 容易；5.8 GHz 频段的设备供应商较多，有利于我国 ETC 系统的设备引进，有利于降低成本；有利于开展智能运输领域的其他服务。

目前，国际标准化组织（ISO）、欧洲标准化委员会（CEN）、日本、美国、中国等大多数标准化组织和国家都已将其道路电子收费系统标准确定在 5.8 ～ 5.9 GHz 频段上。下面就从数据传输速率、通信距离、安全性、抗干扰性等方面对这几个频段的性能进行对比。

1. 数据传输速率

5.8 GHz 的 RFID 系统数据传输速率是下行 500 kb/s（写入功能）、下行 250 kb/s（读出功能）。这样的速率可以确保收费处理交易的正确完成，也可以在将来提供 ITS 领域内的其他服务。而 915 MHz 系统的数据传输速率分别为 0.3 kb/s（写入功能）和 6 kb/s（读出功能）。也就是说，从单个标签上读 8 B 耗时 12 ms，向单个标签上写入 1 B 耗时 25 ms。由于系统的写入能力非常有限（通常会遇到过高错误率等问题），因此最后仅使用其只读的功能。这给其应用带来了巨大的障碍。

2. 通信距离

5.8 GHz 的 RFID 系统基础技术保证其至少有 10 m 的双向通信距离。反向散射原理使下行和上行的通信互不干扰，从而使得标签可以在有限的功率范围内进行可靠的通信。因此，根据反向散射原理工作的系统的读和写的距离相等。

915 MHz 等低频点的技术则要求电子标签必须利用阅读器下行通信的能量进行上行通信。这种方法虽然投入少，但是需要比反向散射解决方案更大的发射功率。要达到有效阅读距离，电子标签需要反射部分发射功率，并不断地重发数据。由于电子标签通信需要的功率与其距离的平方成反比，也就是说的 1 m 距离处一定的功率在 10 m 处就变为原来的 1/100。对于低频点的技术 10 m 距离的可靠通信需要的功率高达 100 W。因此，对于临近频率点的设备造成的干扰，可能性就越大。

3. 系统安全性

对于 915 MHz 系统的标签来讲，由于载波频率比较低，同时其数据传输速率也比较低，因此标签与阅读器天线之间的微波通信很容易被窃听、采集。915 MHz 的标签不支持任何有效的安全机制，如信息加密以及产生报文认证 MAC，很可能出现伪造电子标签的情况，并且对标签进行仿造相对容易做到。

而对于 5.8 GHz 的 RFID 系统，在用户界面上提供了一套较完备的信息安全挂历机制，包括了基于 DES 及 Triple-DES 算法的认证的管理。这些安全性能，包括电子标签及智能 IC 卡，有一系列国际标准做保障，使它们都能符合世界范围内各国银行要求的安全性能水平。

4. 抗干扰性

目前，在 900 MHz 频段附近工作的无线电设备包括 GSM 无线电移动通信设备、RFID 设备，以及用于工业、科研、医疗用途的一些设备（国际上称之为 ISM 频段）。这些设备会使电子标签积极响应这些大功率的微波发射源，因此对写入的准确程度和距离产生了极大的影响。5.8 GHz 频段背景干扰非常少，因此数据传输的准确程度会变得更高。

二、基于 RFID 技术的 ETC 系统简介

（一）系统组成与各部分功能

现有的不停车电子收费系统功能包括收费数据采集、管理收费车道的交通、车道控制机与后台结算网络的数据接口、业主内部管理功能、查询系统。

收费管理中心是整个收费管理系统的控制和监视中心。各收费中心利益的实现都通过运营中心来完成。它提供以下几个功能。

（1）汇集各个路桥自动收费系统的收费信息。

（2）监控所有收费站系统的运行状态。

（3）管理所有标识卡和用户的详细资料，并详细记录车辆通行情况，管理和维护电子标签的账户信息。

（4）提供各种统计分析报表及图表。收费管理中心可通过网络连接各收费站以进行数据交换及管理（也可采用脱机方式，通过便携机或权限卡交换数据）。

（5）查询缴费情况、入账情况、各路段的车流量等情况。

（6）执行收费结算，形成电子标签用户和业主的转账数据。

收费分中心的主要功能如下。

（1）接收和下载收费系统运行参数（费率表、黑名单、同步时钟、车型分类标准及系统设置参数等）。

（2）采集辖区内各收费站上传的收费数据。

（3）对数据进行汇总、归档、存储，并打印各种统计报表。

（4）上传数据和资料给收费中心；票证发放、统计和管理。

（5）抓拍图像的管理。

（6）收费系统中操作、维修人员权限的管理。

（7）数据库、系统维护、网络管理等。

通信网络负责在收费系统与发行系统之间、在各站口的收费系统之间传输数据。

（1）收费站与收费中心的通信，出于对安全的考虑，收费站与收费中心之间采用 TCP/IP 协议进行文件传输的方式。

（2）收费站数据库服务器与各车道控制机之间的数据通信，该模块是和车道控制系统的通信模块对等的，它包括以下功能。① 更新数据。当接收完上级系统下传的更新数据并写入数据库后，向各车道控制机发送更新后的数据。② 接收数据、实时接收车道上传的原始过车记录和违章车辆信息。③ 发送控制指令。当接收到车道

监控系统发来的车道控制指令后，将该指令实时地转发到对应的车道控制机中。

（二）收费站的主要功能

收费站采用智能型远距离非接触收费机，当车辆驶抵收费站时，通过车辆上配备的电子标签，通过"刷卡"，收费站的收费站机将数据写入卡片并上传给收费站的微机，可使唯一车辆收到信号。车辆在驶至下个收费站时，刷卡后，经过卡片和收费站机的 3 次相互认证，并将电子标签上的相关信息发给收费站的收费机。经收费机无线接收系统核对无误后完成一次自动收费，并开启绿灯或其他放行信号，控制道闸抬杆，指示车辆正常通过。如收不到信号或核对该车辆通行合法性有误，则维持红灯或其他停车信号，指示该车辆属于非正常通行车辆，同时安装的高速摄像系统能将车辆的有关信息数据快速记录下来并通知管理人员进行处理。车主的开户、记账、结账和查询（利用互联网或电话网），可利用计算机网络进行账务处理，通过银行实现本地或异地的交费结算。收费计算机系统包括一个可记录存储多达 20 万部车辆的数据库，可以根据收费接收机送来的识别码、入口码等进行检索、运算与记账，并可将运算结果送到执行机构。执行机构包括可显示车牌号、应交款数、余款数等。

1. 购置标识卡

车主到发行系统（可以就在高速公路的入口，也可以在其他地方；可以由高速公路管理部门管理，也可以与其他信用卡一样由银行进行管理）购置标识卡，交纳储值。由发行系统向标识卡输入车辆识别码，并在数据库中存入该车辆的全部有关信息。

2. 信息入库

发行系统通过通信网将上述车主、车辆信息输入收费计算机系统。电子标签贴在车上相应的部位，可以立即使用。

3. 收费站入口读 / 写卡

当车辆通过高速公路入口时，该站的收费系统的射频发射机发出射频信号，由电子标签的天线接收，接通电子标签电源。该发射机同时还向电子标签发出入口码及密钥等写入信号。写入信号也由电子标签的天线接收，经解调送往 CPU 及读 / 写数据存储器。

4. 收费站出口读 / 写卡

当车辆通过高路公路出口时，出口站收费系统的射频发射机也发出射频信号，接通电子标签电源。该发射机同时还向标识卡发出车道码信号，该信号同样为电子标签的射频探测器所接收，经解调，送至 CPU。CPU 的不同输出，将使电子标签的调制器及射频输出级输出不同频率的射频信号，以避免不同车道的并行车辆的同频干扰。电子标签发出的射频信号已被读 / 写存储器中的车辆识别码、密钥信号、入口码信号调制。

5. 信息处理

电子标签发出的已被车辆识别码等调制的射频信号，被收费系统接收机接收，经纠错和解码，送至收费计算机系统中，经解密、检索、运算并重新记账。

6. 车辆处理

收费计算机系统向执行机构输出执行信号。当电子标签的储值，即结余金额足够支付过站的费用时，出站口绿灯亮，给予放行；若结余金额已不多，处于警告值以下，则黄灯亮，提示车主应再购买储值，但仍予以放行；若结余金额不足或已无余款，则红灯亮，不予放行。对于冲红灯的车辆，将由站内摄像机自动摄下车牌号，并由计算机系统记录冲红灯的时间，以便追究其责任。

7. 收费完成

上述过程，均于瞬间完成，ETC 系统可保证车辆高速通过收费站，收费计算机系统将通过该站的车辆识别码及其新储值等信息，经通信网络，送至有关中心与其他收费系统中。

（三）ETC 车道的过车系统工作流程

（1）车辆进入通信范围时，首先压到触发线圈，启动阅读器及天线。

（2）处于睡眠状态的电子标签会被唤醒并发出响应信号，阅读天线与电子标签进行通信。

（3）判别车辆的电子标签是否有效，如有效则进行交易。判断是否非法的依据如下：电子标签损坏不可读；非本系统发行的电子标签；有车辆检测信号，而没有检测到电子标签的信号。以上 3 种情况为 ETC 非法用户，ETC 系统定义它们为违章车辆，这种情况下输出报警信号并保持车道封闭，进行车辆拦截。

（4）阅读器与电子标签建立通信，读取电子标签的如下信息：电子标签编码、车类型代码、入口收费站编码、经过入口收费站的日期和时间。

（5）根据电子标签编码核对黑、灰名单以及待注销电子标签名单。

黑标签表示车主户头中已经没有余额，需要拦截车辆收缴本次通行费。

灰名单表示车主账户的余额低于规定的阈值，车道控制系统在计算通行费的同时，还提醒用户需要往账户加钱了。

当申请挂失、停止 ETC 服务时，相应的电子标签转入待注销名单，发现这样的电子标签通行时，需要报警并拦截车辆。

其他情况为正常情况。

（6）如交易成功，则系统控制栏杆抬升，通行信号灯变绿，费额显示牌上显示交易信息。

（7）车辆通过抓拍线圈时，系统进行图像抓拍，字符叠加器可将过车信息叠加到抓拍图像中。

（8）车辆通过落杆线圈后，栏杆自动回落，通行信号灯变红。

（9）系统保存交易记录，并将其上传至收费站服务器中，等待下一辆车进入。

三、基于 RFID 技术的 ETC 系统的硬件设计

由前面的介绍可知，ETC 的工作流程如下。当有车进入自动收费车道并驶过在车道的入口处设置的地感线圈时，地感线圈就会产生感应而生成一个脉冲信号，由这个脉冲信号启动射频识别系统。由阅读器的控制单元控制天线搜寻是否有电子标签进入阅读器的有效读写范围。如果有则向电子标签发送读指令，读取电子标签内的数据信息，送给计算机，由计算机处理完后，再由车道后面的阅读器写入电子标签，打开栏杆放行并在车道旁的显示屏上显示此车的收费信息。这样就完成了一次自动收费。如果没找到有效的标签则发出报警，放下栏杆阻止恶意闯关，迫使其进入旁边预设的人工收费通道。

从 ETC 的工作流程分析可知一个较为完整的 ETC 车道所需的各个组成部分，由此可设计如图 7-1 所示的 ETC 车道自动收费系统框图。嵌入式系统主要完成总体控制，MSP430 单片机则主要负责车辆缴费信息的显示，二者互为冗余且都可控制整个系统，一旦一方出现异常，另一方即可发出报警信息，在故障排除前代其行使职责，以保证 ETC 车道的正常工作。具体各部分的硬件选择及设计将在后面具体说明。

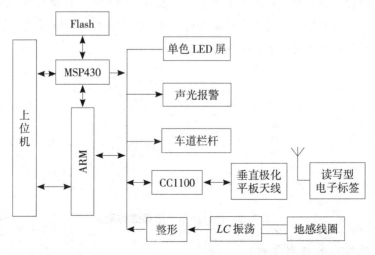

图 7-1　ETC 车道自动收费系统框图

（一）车辆检测器的设计

车辆检测器是高速公路交通管理与控制的主要组成部分之一，是交通信息的采集设备。它通过数据采集和设备监控等方式，在道路上实时地检测交通量、车辆速度、车流密度和时空占有率等各种交通参数，这些都是智能交通系统中必不可少的参数。检测器检测到的数据，通过通信系统传送到本地控制器中或直接上传至监控中心计算机中，作为监控中心分析、判断、发出信息和提出控制方案的主要依据。它在自动收费系统中除了采集交通信息外还扮演着 ETC 系统开关的角色。

本设计中主要使用车辆检测器作为 ETC 系统的启动开关，当道路检测器检测到有车辆进入时，就发送一个电信号给 RFID 阅读器的主控 CPU，由主控 CPU 启动整个射频识别系统，对来车进行识别，并完成自动收费。

现在常用的车辆检测器种类很多，有电磁感应检测器、波频车辆检测器、视频检测器等类型。具体的有环形线圈（地感线圈）检测器、磁阻检测器、微波检测器、超声波检测器、红外线检测器等。其中，地感线圈检测器和超声波检测器都可做到高精度检测并且受环境以及天气的影响较少，更适用于 ETC 系统。但是，超声波检测器必须放置在车道的顶部，而 ETC 中最关键的射频识别阅读器天线也需要放置在车道比较靠上的位置，二者就有可能会互相影响，且超声波检测器价格更高，故其性价比要稍逊于地感线圈，更重要的是，地感线圈的技术更加成熟，因此本系统使用的是地感线圈检测器。

地感线圈的原理结构如图 7-2 所示，其工作原理是，埋设在路面下使环形线圈电感量随之降低，当有车经过时会引起电路谐振频率的上升，只要检测到此频率随时间变化的信号，就可检测出是否有车辆通过。环形线圈的尺寸可随需要而定，每车道埋设一个，计数精度可达到 ±2%。

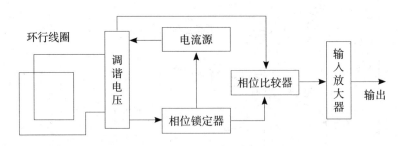

图 7-2　地感线圈的原理结构图

（二）双核冗余控制设计

考虑到不停车电子收费系统需要常年在室外环境下工作，会受到各种恶劣天气的影响以及各种污染的侵蚀，所以本书对其核心控件采取冗余设计以保证系统的正常工作，即采用了双核控制的策略——嵌入式系统和单片机的冗余控制。这一策略的具体内容是，平时二者都处于工作状态，各司其职，嵌入式系统负责总体控制，单片机负责大屏幕显示，相互通信时都先检查对方的工作状态，一旦某一个 CPU 状态异常，另一个就立即启动设备异常报警，并暂时接管其工作以保证整个系统的正常工作，直到故障排除恢复正常状态。之所以选择嵌入式系统和 MSP430 单片机，是因为嵌入式系统的实时性、稳定性更好，功能更加强大，有利于产品的更新换代。而 MSP430 单片机则以超低功耗、超强功能的低成本微型化的 16 位单片机著称，这有利于降低系统功耗、提高系统寿命，其众多的 I/O 接口也可为日后的系统升级提供足够的空间。

这种冗余设计的实现主要是通过两套控制系统完成的，即嵌入式系统和 MSP430 单片机都各有一套控制板，都可与射频收发芯片进行信息交换，都可采集地感线圈的脉冲信号，都可控制栏杆、红绿灯、声光报警、显示屏等车道设备。这二者之间采用 RS-485 通信，每次通信时都先检测对方的工作状态，如果出现异常则紧急启动本控制系统中的备用控制程序。

第四节　基于 RFID 技术的机动车辆监控系统

一、机动车辆监控系统的用途

（一）AVI 和车辆行驶路线的监控

机动车辆的盗抢一直是所有车主最头痛的问题，有效的、基于 RFID 技术的监控系统可以最大限度地追踪被盗抢车辆。公安部门在接到报案后，可通过监控中心的监控信息迅速找到被盗抢车辆，同时严格监管车辆牌照的发放，这将使机动车辆的盗窃活动变得毫无意义。同时，通过审查车辆肇事时间的通过车辆 ID，可迅速缩小侦破工作的范围，也可杜绝机动车辆肇事逃逸现象的发生。

（二）用于停车收费和高速公路缴费

RFID 技术可实现不停车通过缴费站，可保证道路的畅通。

（三）用于车辆状态的监控

在城市的交通管理部门中设立控制中心，建立一个数据库平台进行自动管理，并将每辆车的电子身份卡的序列号作为车辆的唯一性标识建立数据库，可以对车辆的出厂资料、现行资料、车主资料（应包含过往车主）、维修记录、年审记录和违章记录等进行监控，如图 7-3 所示。

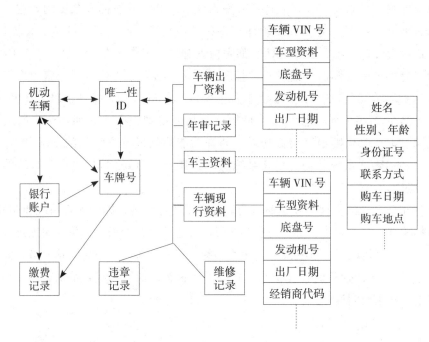

图 7-3　车辆状态监控示意图

（四）用于车辆导航和智能交通系统（ITS）

通过监测道路车流量和密度以及偶发事件反馈信息，管理系统进行综合处理和智能决策，为驾驶员提供路况信息和行进路线指南。

二、系统组成

整个系统由电子标签、安装了电子标签的机动车辆、固定 AVI 装置（含标签阅读器）、移动 AVI 装置、监控中心等构成，其结构框图如图 7-4 所示。在其中增加车载导航系统、导航服务系统、安全驾驶辅助系统及其他服务项目后，系统即可称为智能交通系统（ITS）。

（一）电子标签（或称为 ID）

监控系统采用的电子标签应至少有 3 个，即机动车辆底盘 ID、风挡玻璃 ID 和驾驶员 ID。车辆底盘很少会更换，故在底盘安装不可拆卸 ID。由于距离较近，可采用无源式电子标签、只读式，存储车辆 VIN 码和一些基本信息，与其相配合的固定 AVI 阅读器安装于道路地面下，只在少数重要路段安装即可。

风挡玻璃 ID 安装在前风挡玻璃上方内侧，置于车内后视镜与风挡玻璃之间，需采用防拆卸技术。按照目前的技术仍只能采用有源电子标签、只读式，存储车辆唯一性 ID，需采用较复杂加密手段以防复制。与之配套的固定 AVI 阅读器可安装于路边的路灯上，不需另外设置支架，其工作范围为 15～25 m，一般可满足需要，而对于特殊路面可适当增加固定 AVI 阅读器的数量。固定 AVI 阅读器不需设置过多，以保证可基本描述车辆沿道路运行路线即可，其分布方式，使它达到效能和成本的最优化算法是一个值得研究的课题。

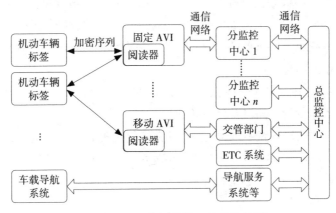

图 7-4　机动车辆监控系统结构框图

驾驶员 ID 可与驾照合二为一，无源式标签，需存储数据量较大，用来记录驾驶员的违章记录，甚至可兼车钥匙功能。这样非法 ID 和处罚中的驾驶员就无法发动车辆。

另外可再增加发动机 ID 以备查。部分汽车生产厂家在发动机生产时已经应用了 RFID 技术进行生产控制，但由于各个厂家使用的电子标签不一致，发动机 ID 可能无法实现统一阅读。

以上几种电子标签都要进行加密处理，分别采用不同的加密算法，采用动态加密的方式以加大伪造的难度，并可由移动 AVI 执行关闭标签功能操作。

电子标签需解决的核心技术问题有两个，即采用的 RFID 通信标准和数据序列加密问题。其余则为工程设计问题，现已有成型方案备选。

考虑监控系统的应用效果，应强制要求用户安装电子标签系统，强制建立电子信息档案。由于车辆上安装的电子标签可在汽车销售到用户手中之前完成，驾驶员 ID 可作为驾照发放或在年检时更换，因此并不会给新车用户带来困扰。当然对于已上路车辆的电子标签的安装工作，需在车辆年检时进行。由于目前批量生产的电子标签芯片成本已经在美分一级，因此对于整车的 3 个 ID，成本仍可控制在 100 元以内，这对于一般在 10 万元左右的家用车辆来讲，几乎可以不考虑。所以在建设该系统时，个人用户成本基本可以忽略。

（二）阅读器

阅读器分为固定 AVI 和移动 AVI。固定 AVI 针对两种不同的标签，即机动车辆底盘 1D 和风挡玻璃 ID，在道路上的安装位置不同。移动 AVI 主要由交通管理人员用来处理突发事件及检查，应可识别 3 种 ID，并可执行关闭 ID 操作。其"关闭"和"开启"的功能操作自动与监控中心联络并备案，不可人为干预。

阅读器需解决的核心技术有 3 个方面，即多卡阅读防碰撞算法、有效工作范围及与监控中心的实时通信。一般常见的门禁系统和食堂卡阅读器，往往由单片机控制，机动车辆监控系统由于阅读器的需求量巨大，完全可以采用定制芯片的做法，以达到控制成本与加密的结合。

道路除安装少量固定 AVI 底盘 ID 阅读器外，无须特殊改造，但在高速路出入口仍需有控制路段、设渠化路段及路障装置。

固定 AVI 阅读器与监控中心的通信可直接使用现有的网络资源，如数字数据网（DDN）和公共交换电话网（PSTN）等，各地可根据本地实际情况选用。移动 AVI 阅读器与监控中心的通信由于数据吞吐量较小，无须连续在线，因此可采用移动通信网进行。

（三）监控中心

按照交通管理行政区划分和所需的数据处理能力分级，总监控中心作为数据库和地区间协调中心。监控中心实际上就是计算机系统，具体架构则需详细的功能划分、实现，运行规则的确定，其网络架构直接应用现有数据网即可。由于监控中心可以清楚地查到所有本地区注册的机动车辆的详细资料和部分车主的个人资料，因此应根据监控中心和交管部门的人员工作性质分级管理，制定严格的保密制度和工作人员权限制度，否则极易为不法分子所利用。

监控中心的计算机系统的数据安全非常重要，必须有冗余备份系统，宜采用数据库开发，其操作系统一般使用安全性能高的操作系统。信息往来只接受固定 IP 的数据，数据包应全部加密。

由于近年来我国城市中机动车辆的占有量持续增长，如北京市汽车的拥有量已达 300 多万辆，加上外地牌照车辆，使车辆监控中心实时监控套牌车辆成为不可能的任务。因此，对于套牌问题的解决仍以 ID 发放的控制为主，对于有效的实时搜索算法有待进一步研究。如可以考虑在车辆通行量较少的时段对监控数据进行比对，但即使如此，仍将是监控中心计算机系统的沉重负担，因此只能加长审查的周期以降低工作强度。

地区之间的监控中心应保持联络，考虑到数据通信量的控制，可只通报出入地区的车辆的监控信息，而不提供完整的车辆信息，如有需求，则应由更高一级的监控人员手动操作。这样基本可以保证本地车辆信息不会被随意泄漏或篡改。

（四）扩展系统

监控系统可与 ETC 系统和交通用户服务系统有机结合，形成包含交通管理系统、公共交通运营系统、商用车辆运营系统、电子收费系统、车辆控制和安全系统等的智能交通系统（ITS）。美国、日本和欧洲从 20 世纪 80 年代开始研究 ITS，并在其中的一些领域形成了具有一定规模的产业，如在日本已有超过 1800 万的汽车导航系统用户。我国在 2000 年完成了中国 ITS 体系框架研究和标准规范的制定。

从技术的角度来看，我国构架基于 RFID 的机动车辆监控系统的时机已经成熟，虽然从细节方面考虑仍有一些技术问题有待解决，如电子标签的防伪、加密问题，监控中心数据库的数据结构问题，检测算法问题等，但这些基本上都属于工程实现的问题，已不存在技术缺陷或空白。

从系统架构的组织工作的角度来看，建设该系统仍有很多工作要做，具体如下。

（1）标准问题。我国急需建立明确的系统级应用标准以防止出现地区之间的差异。

（2）建设的覆盖面问题。由于我国地域辽阔，各个省市的发展水平参差不齐，在建设该系统的财力物力、技术储备等方面差距巨大。如广东省早已经开始这方面的工作，而有的地区可能还没有这方面的需求。地区差异使这一系统的建设只能在按照国家标准的前提下，由国家统筹安排，由各个地区自行构建各自独立的小系统，再由监控中心的网络进行协调，这可能使系统在某些功能方面难以在短期内达到预期效果。

（3）系统建设的周期问题。由于我国机动车辆的绝对数量巨大，以截至 2005 年的统计数字来说，我国有私人用车 1 852 万辆，考虑到信息的严格核查和系统建设试运营等客观问题，全部改装以达到完全符合系统要求可能需要 5 ～ 10 年的时间。

（4）系统更新换代问题。现代科技发展速度很快，系统的构建要在技术方面具有前瞻性，设备要有可扩充性，可升级换代。目前，世界上美国和日本已经有一些类似的 ITS 的成功范例，但仍缺乏大系统建设的样本。这使系统的建设在组织和总体规划方面有较大的难度。

（5）系统运行规则的建立。由于部门行政职能及运行规则的构建不合理，我国很多城市都存在交通管理混乱的问题，该系统的建立可在很大程度上规范交通管理。为了达到这一目的，在系统的运行规则方面需要做大量的研究工作。

尽管面临着许多困难和阻力，但从长远考虑，基于 RFID 技术的机动车辆监控系统及以此为子系统的 ITS 仍是十分必要的，值得认真研究。

第八章　RFID 技术在物流领域中的实践应用

第一节　RFID 技术在供应链管理中的应用

一、RFID 在供应链管理中的优势

RFID 的特点是利用无线电波传送识别信息，不受空间限制，可快速地进行物品追踪和数据交换。工作时，RFID 标签与阅读器的作用距离可达数十米甚至上百米。通过对多种状态下（高速移动或静止）的远距离目标（物体、设备、车辆和人员）进行非接触式的信息采集，可对其进行自动识别和自动化管理。由于 RFID 技术免除了跟踪过程中的人工干预，在节省大量人力的同时可极大提高工作效率，因此它对物流和供应链管理具有巨大的吸引力。

RFID 以无线方式进行双向通信，其最大的优点在于非接触，可实现批量读取和远程读取，可识别高速移动的物体，可实现真正的"一物一码"。这种系统可以大大简化物品的库存管理，满足信息流量不断增大和信息处理速度不断提高的需求。RFID 技术是革命性的，有人称之为"在线革命"，它可将所有物品无线连接到网络上。

RFID 技术是一项流程控制技术，能够为制造业、物流业和批发零售业的供应链提供具有战略意义的增值效果。RFID 技术可以帮助企业增加信息的交换量，加快信息的流动速度，进而提高效率，节省成本。

随着 RFID 设计制造技术的高速发展，电子标签的价格将大大降低，制约 RFID 广泛应用的最后一道障碍必将被清除。对 RFID 技术进行早期投资的公司在与其竞争对手的竞争中将占有很大的优势，这驱使大多数公司要尽快研究、开发和使用这项实用高效的新技术。

RFID 能够使公司获得丰厚的收益，如降低库存和销售人员方面的成本，降低读码劳动力成本，存货节余，减少偷窃和脱销情况的发生等。

（一）降低库存和销售人员方面的成本

一般情况下，对零售商来说，库存及销售成本占到他们运营费用的 2% ～ 4%。利用读写器读取货盘、容器、纸箱和个体物品，取代了极耗人力的条形码识别过程。RFID 技术能够使销售人员的数量减少 30% 以上。

（二）降低读码劳动力成本

使用产品级 RFID，能帮助零售商降低劳动力成本以及定期货物管理和货架存品的服务费用。对 RFID 的产品来说，通过提高自我服务，减少检查时间和错误，能改进目前这种"自动扫描"的检查方式。

（三）存货节余

准确的存货清单能减少账面价值故意降低情况的发生。RFID 能够有效地降低存货错误，大人提高存货报告的有效性。通过使用 RFID 技术来准确地追踪商品，公司能够清楚地掌握产品销售的历史记录，并且提高对实际所需存货预测的准确性。

（四）减少偷窃情况的发生

对于零售商来说，仅商品被偷窃一项，每年造成的损失就高达 300 多亿美元，保守估计它将占到全部销售额的 1.5%。采用了 RFID 技术后，可以在供应系统中实时追踪商品，指明某个时刻某件商品所处的具体位置，并且减少存货中的出货遗失。RFID 技术已在部分商店中得到了成功应用，尤其适用于那些具有较高利润或价格昂贵的商品。

（五）减少脱销情况的发生

对于某个零售商来说，某件商品脱销意味着顾客失望而归，或者到竞争者那里购买该商品。目前，食品杂货店每年因商品脱销而造成的损失占全部销售额的 4%。而 RFID 技术能够做到产品追踪、清晰的存货清单以及准确的供需预测，做到库存量科学合理。若零售商再改进客户服务及其满意度，则其销售额必将大幅提升。

供应商可以将商品型号、原产地、生产厂家和产品批次等详细商品信息写入电子标签，当贴有标签的货箱经过阅读器时，标签便将产品数据传递给阅读器，阅读器再将数据下载到中央处理器的生成企业货品清单管理数据库中。这样，就可以清楚地了解和掌握商品从生产、运输到销售的全过程，从而使采购、仓储、配送过程更加便捷。同时，借助 RFID 技术，公司还可以实现对原材料、半成品、成品、运输、仓储、配送、上架和最终销售，甚至退货处理等环节的实时监控，从而合理地控制产品库存，实现物流的智能管理。

可以看出，RFID 在供应链管理中的主要应用之一是对物流的跟踪。RFID 主要完成的任务是通过自动化来增加生产力并限制人工干涉，避免人为错误；获得快速的后勤管理，取得即时的供应链动态资料，实现供应链的完全可视化，加速物流的运送并改善对运送的掌握；减少多余的资料录入并且提高资料的正确性。由于 RFID 标签可以唯一地标识商品，通过计算机、网络、数据库等技术的结合，可在物流的各个环节上跟踪货物，实时地掌握商品在物流的哪个节点上。

二、RFID 在供应链管理中的典型应用

供应链是从原材料到最终用户的所有实物的流动过程，它包括供货商选择、物料采购、产品设计、材料加工、订单处理、存货管理、包装运输、仓储管理与客户服务，也包括供应链中的产品、货主、位置和时间等信息。RFID 技术应用于供应链的目的在于促进供货商和客户之间能够更好地沟通。

成功的物流管理能够无缝地整合所有供应活动，将所有参与方整合到供应链中。根据机构功能的不同，这些参与方包括供应商、配送商、运输商、第三方物流公司和信息提供商。

RFID 在供应链中的典型应用模式是物流的跟踪应用。在技术实现上，可将 RFID 标签贴在托盘、包蜂箱或元器件上，进行元器件规格、序列号等信息的自动存储和传递。RFID 标签能将信息传递给一定距离范围内的阅读器，使仓库和车间不再需要使用手持条形码阅读器对元器件和成品逐个扫描条码。这可在一定程度上减少遗漏情况的发生，大幅度提高工作效率。这种应用模式可以大幅削减成本和清理供应链中的障碍。RFID 技术通过与物流供应链的紧密结合，有望在未来几年中取代条形码扫描技术。

现代物流管理的关键是供应链中的产品、集装箱、车辆和人员的自动识别，有些信息需要在企业 MIS 系统或者 ERP 系统中得到实时的传递和反应。RFID 技术完全可以做到这一点，因而它在物流管理领域中的应用比较普遍。下面就介绍几个 RFID 技术在供应链管理中的典型应用。

（一）气瓶等危险物品的跟踪与管理

RFID 电子标签可封装在具有耐酸、耐碱、抗冲击等多种物理性能的非金属介质中，因而它具有抗恶劣环境的特性，同时标签本身还具有信息存储功能。针对使用环境复杂、流动性大的工业气瓶，用 RFID 电子标签对其进行信息化管理是一种比较理想的选择。

一般来讲，气瓶等危险气体容器都是可以回收和反复使用的，而且在大多数情况下，气体灌装厂都会提供足够数量的周转容器。企业的工业煤气用完后，只需将空瓶补足气体就能重新付诸使用，这就是工业气瓶的物流管理。在原有的工业气瓶上加装 RFID 标签，通常是在气瓶的瓶颈处粘贴环形的 RFID 标签。实际上，新的工业气瓶

在制造时就可以内置 RFID 标签。

工业气瓶电子化管理系统实现的功能包括以下几种。

（1）记录工业气瓶基本信息及充装情况。

（2）对气瓶进行定期检审并记录检审信息。

（3）实现气瓶充装操作人员的管理，实现气瓶充装及运输的物流管理。

（4）系统具有极强的防伪功能。

工业气瓶电子化管理系统的主要特点包括以下几个。

（1）采用先进的 RFID 识别技术，每个工业气瓶拥有一个全球唯一的序列号，读写操作时采用验证机制和多重加密技术，无法伪造和仿制。

（2）只有该系统发行的电子标签才能被有效识别，发行后的电子标签不可逆性地粘贴于气瓶的瓶颈处。

（3）信息识别和数据写入过程由手持阅读器完成，气瓶每次检测、充气和操作人员的信息由手持阅读器检测并写入电子标签。

（4）系统可提供数据库支持，方便工业气瓶相关资料的动态管理，安装、调试、维护简单方便，易于检修。

（5）电子标签和读写设备具有防爆性能，可满足特殊防爆要求。

（二）RFID 在集装箱跟踪管理上的应用

超高频 RFID 技术具有识别距离长、识别物体速度快和系统成本低等特点，因此成为实现集装箱和托盘跟踪的最理想选择。

对于大宗货物的运输来讲，最理想的运输方式当然是集装箱运输。集装箱运输具有运输私密性好、包装不破损、运输成本低、环境适应性强、装载密度高和码垛规范等特点。一般情况下，集装箱由专门的集装箱运输公司提供给需要运输的企业使用。货物运到后，经过卸载，然后由集装箱公司回收使用。在集装箱的运输和使用过程中，最关键的环节就是集装箱的跟踪管理以及如何防止集装箱的丢失、被盗和损坏，提高集装箱的周转率，进而提高资源的使用效率。为了实现上述目标，集装箱运营公司需要在供应链的各个环节中对集装箱进行跟踪。

RFID 识别系统在集装箱管理上的应用方法通常是，将标签粘贴、镶嵌在集装箱或者托盘上，通过入口处的悬空阅读器或安装在叉车上的阅读器或手持式阅读器识别标签的动态信息，读取的信息实时传送到显示器或者数据库中。集装箱 RFID 识别系统可以同时识别 40 个托盘和 80 个塑料集装箱。

（三）运用 RFID 进行食品的跟踪

在鲜果、海鲜或肉类等产品的供应上，从产品的产地到最终消费者之间的供应链也可以采用 RFID 技术进行跟踪管理，以保证产品的基本品质和营养价值。将标签粘贴或者镶嵌在产品的包装箱上，直到产品最终被消费为止。标签通过阅读器来识别，读取的信息将被实时传送到显示器或者数据库中。

在不久的将来，家用冰箱将能够自动识别冷冻（藏）物的 RFID 标签，提醒用户应该购买新鲜的牛奶，放弃过期的食品，减少高胆固醇食物的消费等。

三、RFID 在供应链管理各环节中的应用

采购、存储、包装、装卸、搬运、运输、流通、加工、配送、销售和服务都是物流链上不可或缺的业务环节和业务流程，它们之间既相辅相成又相互制约。在物流运作时，企业必须实时地、精确地了解和掌握整个物流环节上的商流、物流、信息流和资金流这四者的流向和变化，以使这 4 种流以及各个环节、各个流程都协调一致、相互配合，这样才能发挥其最大的经济效益和社会效益。然而，由于实际物体在移动过程中，各个环节都处于运动和松散的状态，信息常常随着实体在空间和时间上的移动而不断发生变化，因此影响了信息的可获取性和共享性。而射频识别技术正是有效解决物流管理上各项业务运作数据的输入/输出、业务过程的控制与跟踪以及减少出错率等难题的一种新技术。

RFID 能够在物流诸多环节上发挥关键作用，这些环节包括零售环节、存储环节、运输环节和配送/分销环节。

（一）RFID 在零售环节中的应用

RFID 通过有效跟踪运输与库存，可以改进零售商的库存管理，实现适时补货，提高效率，减少出错。同时，电子标签能够对某些规定有效期和保质期的商品进行监控，商店还能利用 RFID 系统在付款台实现自动扫描和计费，以取代效率低下的人工收款方式。

在未来的数年中，RFID 标签将大量用于供应链终端的销售环节，特别足超市中。RFID 标签免除了跟踪过程中的人工干预，能够生成高度准确的业务数据，因而具有巨大的吸引力。目前，世界零售巨头沃尔玛正在全面采用 RFID 技术来淘汰条形码，以进一步提高零售环节的效率。

（二）RFID 在存储环节中的应用

在仓库里，射频识别技术最广泛的应用是存取货物与库存盘点，它能用来实现自动化的存货和取货等操作。在整个仓库管理中，将供应链计划系统制定的收货计划、取货计划、装运计划等与射频识别技术相结合，能够高效地完成各种业务操作，如指定堆放区域、上架取货和补货等。这样，增强了作业的准确性和快捷性，提高了服务质量，降低了成本，节省了劳动力和库存空间，同时减少了整个物流中由于商品误置、送错、偷窃、损害和库存、出货错误等造成的损耗。RFID 技术的另一个好处在

于在库存盘点时降低人力。RFID 的设计就是要让商品的登记自动化，盘点时不需要人工的检查或扫描条码，更加快速准确，并且减少损耗。RFID 解决方案可提供有关库存情况的准确信息，管理人员可由此快速识别并纠正低效率的运作情况，从而实现快速供货，并最大限度地减少存储成本。

（三）RFID 在运输环节中的应用

在运输管理中，在运输的货物和车辆贴上 RFID 标签，在运输线的一些检查点上安装上 RFID 接收转发装置。接收装置收到 RFID 标签信息后，连同接收地的位置信息上传至通信卫星，再由卫星传送给运输调度中心，送入数据库。

（四）RFID 在配送 / 分销环节中的应用

在配送环节中，采用射频识别技术能大大加快配送的速度和提高拣选与分发过程的效率与准确率，并能减少人工，降低配送成本。如果到达中央配送中心的所有商品都贴有 RFID 标签，则商品在进入中央配送中心时，托盘通过一个阅读器，以读取托盘上所有货箱上的标签内容。系统将这些信息与发货记录进行核对，以检测出可能的错误，然后将 RFID 标签更新为最新的商品存放地点和状态。这样就确保了精确的库存控制，甚至可确切了解目前有多少货箱处于转运途中、转运的始发地和目的地，以及预期的到达时间等信息。

（五）RFID 在生产环节中的应用

在生产制造环节中应用 RFID 技术，可以完成自动化生产线运作，实现在整个生产线上对原材料、零部件、半成品和成品的识别与跟踪，降低人工识别成本和出错率，提高效率和效益。特别是在采用准时制（Just-in-Time）生产方式的流水线上，原材料与零部件必须准时送达到工位上。采用了 RFID 技术后，就能通过识别电子标签来快速从品类繁多的库存中准确地找出工位所需的原材料和零部件。RFID 技术还能帮助管理人员及时根据生产进度发出补货信息，实现流水线均衡、稳步生产，同时也加强了对产品质量的控制与追踪。

四、RFID 在供应链中的应用实例

目前，国内外很多公司都将 RFID 技术应用于供应链管理中，下面就分别对这些案例进行介绍。

（一）沃尔玛超市的应用成效

沃尔玛超市是最早把 RFID 技术应用于供应链管理的公司之一，2003 年 11 月 4 日，全球最大的连锁超市集团——美国沃尔玛公司宣布了一项重大决策，要求其 100 家最大的供货商于 2005 年 1 月 1 日前在商品包装上必须使用 RFID 标签，余下的 8 万多家供货商最迟要在 2006 年 1 月 1 日前采用该技术。

美国阿肯色大学用 29 个星期研究分析了 12 个 RFID 试点商店和 12 个不采用 RFID 的商店在商品脱销方面的情况。研究包括沃尔玛的所有运营模式——特大购物中心、减价商店和邻里商场。这项研究初步发现，由于沃尔玛的一些商场采用了以 RFID 技术支持的产品电子编码（EPC），人们在这些商场购物时发现，与没有采用这种技术的普通商场相比，商品脱销的情况少了，脱销率降低了 16%。研究还表明，相同的货物脱销，有 EPC 的货物补充的速度比用条形码的快 3 倍。同样重要的是，沃尔玛人工订货减少了，从而使库存量降低了。据桑福德伯恩斯坦（Sanford C. Bernstein）公司的零售业分析师估计，通过采用 RFID，沃尔玛每年可以节省 83.5 亿美元，其中大部分是因为不需要人丁查看进货的条码而节省的劳动力成本。尽管另外一些分析师认为 80 亿美元这个数字过于乐观，但毫无疑问，RFID 有助于解决零售业两个最大的难题，即商品断货和损耗（因盗窃和供应链被搅乱而损失的产品）。而现在单是盗窃一项，沃尔玛一年的损失就差不多有 20 亿美元，如果一家合法企业的营业额能达到这个数字，那么它就可以在美国 1 000 家最大企业的排行榜中名列第 694 位。研究机构估计，这种 RFID 技术能够帮助零售商把失窃和存货水平降低 25%。

2. 麦德龙（Metro）的应用成效

麦德龙集团决定在其最繁忙的德国乌纳（Unna）市配送中心建立一个 RFID 货盘全面追踪中心。麦德龙目前运作有多项 RFID 应用技术，其中包括一套可以识别挂装货柜且每小时最高可分拣 8 000 件货物的系统。Intermec 再次被选为麦德龙全面应用技术的提供 RFID 阅读器厂商，40 多台 Intermec 生产的固定式、手持式和创新性的车载 RFID 阅读器目前已投入使用，在识别的 50 000 多个货盘中，标签识别成功率在 90% 以上，并使得仓库劳动量减少了 14%，库存状况提高了 11%，货物损失减少了 18%。在配送中心中，货盘追踪是 RFID 技术操作的基础。大约有 20 个麦德龙集团的供应商（2005 年年底之前增长到 100 家）将 RFID 标签应用到配送中心的箱柜和货盘上。这促使了麦德龙集团决定将实验阶段取得的成果推广到其他领域。

（三）英国药品配送的应用成效

现在，RFID 技术已被证明能在配送时快速辨识出伪造药品。英格兰和威尔士的 44 家企业参与了 RFID 技术的测试，这些企业包括社区药店、连锁药店、医院的药房和诊疗所。6 家药品生产商也加入其中，其中有英国 Merck 医药公司、Novartis、Schering 医疗保健公司和 Solvay。有 18 多万件从注射针头到常见的感冒药 Nurofen 的医疗产品在配送时经过扫描。大约有 2 万件医疗产品已经被贴上条形码或 RFID 标签。当使用 Aegate 的扫描仪进行扫描时，如果药品符合安全数据库的数据信息，就可以得到授权，如果不符合就被拒绝授权。

在英国，11% 的挂号费都被用于为药物治疗中的错误埋单，并且假药问题也日益严重。RFID 技术能够降低错误的概率，在药物开给病人时，提醒配送商对于假药、过期药物和召回药品的注意。

（四）深圳白沙物流公司的应用成效

RFID 在我国物流配送中的应用虽然刚刚起步，但也已经取得不错的成绩，如在自动化立体仓库的托盘上安置电子标签，可以明显提高管理的精细化程度，海尔集团、深圳白沙集团、昆明市烟草公司等都有这样的成功案例。

白沙集团投资成立的深圳白沙物流公司成立于 1992 年，注册资金 6 000 万元，总投资 2.5 亿元，是知名的第三方物流公司。目前，该公司拥有 40 000 m² 的现代化仓储大楼一幢、7 000 m² 现代化单层钢结构仓库一幢。

2005 年 2 月，白沙物流公司 RFID 仓储管理系统开始试运行。在导入 RFID 系统之前，产品入库时，要用条码扫描器对每件产品的条码进行逐一扫描。出库时又要重复一遍。条码是否有重码或遗漏几乎不能及时发现，而且不同条码的产品存放的具体位置也无法确定。整个过程存在大量的重复劳动和出错的隐患。RFID 突破了传统的库存盘点方式。盘点时，电脑将数据库的数据用货位图的方式显示出来，每个货位图上显示货物的名称、数量等相关信息。操作人员只需参照货位图进行核对即可。如有差异，则操作人员可用手持机扫描后传到电脑，由电脑进行对比，并形成差异表出来。

目前，白沙物流公司 RFID 系统的应用是"托盘 + 条码管理"。也就是说，在近百个托盘上安装了电子标签，而每件物品上还有条码标签。RFID 系列用电子标签的动态信息来管理印刷条码的静态信息，货物移动的每一个过程由标签与阅读器自动记录、自动处理。这样几乎省掉了一大半机械性重复劳动，所以现在的仓储管理效率和准确性得到了极大的提高，仓库利用率由 30% 提升到了 80%，同时由于托盘是重复使用的，电子标签也相应是重复使用的，这样使硬件成本得到了有效控制。而且借助RFID 的应用，白沙物流公司还大大简化了作业流程，即从产品下线、运输、入库、出库、到达，实现了全程监控和及时、准确的管理。

第二节　RFID 技术在物流配送中的应用

一、物流配送及配送中心

（一）配送及配送中心的定义

《国家标准物流术语》关于配送的定义是："配送（Distribution）就足在经济合理区域范围内，根据用户要求，对物品进行拣选、加工、包装、分割、组配等作业，并按时送达指定地点的物流活动。"

配送中心（Distribution Center）是从事配送业务的物流场所或组织。配送中心的设立主要是为了实现物流中的配送，因此，配送中心是位于物流节点上，专门从事货物配送活动的经营组织或经营实体。配送中心是一种新兴的经营管理形态，具有满足多量少样的市场需求及降低流通成本的作用。建立物流配送中心的根本意义在于提高服务水平和营业额，降低成本和增加效益。配送中心按其设立者、服务范围、功能、属性等可有以下分类。

（1）按配送中心的设立者分类：制造商型配送中心（Distribution Center built by Maker，MDC）；批发商型配送中心（Distribution Center built by Wholesaler，MDC）；零售商型配送中心（Distribution Center built by Retailer，ReDC）；专业物流配送中心（Distribution Center built by TPL，TDC）。

（2）按配送中心的服务范围分类：城市配送中心、区域配送中心（Regional Distribution Center，RDC）。

（3）按配送中心的功能分类：存储型配送中心、流通型配送中心、加工型配送中心。

（4）按配送中心的属性分类：食品配送中心、日用品配送中心、医药品配送中心、化妆品配送中心、家电品配送中心、电子（3C）产品配送中心、书籍产品配送中心、服饰产品配送中心、汽车零件配送中心以及生鲜处理中心等。

（二）物流配送中心的基本作业流程

物流配送中心虽有多种，但其基本作业流程都基本相同，如图 8-1 所示。

从图中可以看出，配送中心包含的 9 项基本作业活动分别是进货作业、搬运作业、存储作业、盘点作业、订单处理作业、拣货作业、补货作业、发货作业、配送作业。

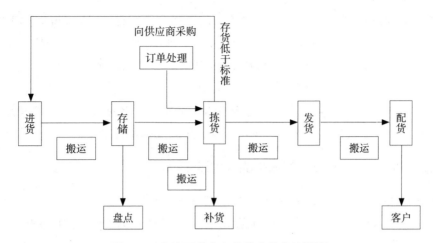

图 8-1　物流配送中心的基本作业流程图

实践证明，物流成本约占商品最终售价的 30%，其中包括配送、搬运和存储等成本。一般拣货成本约是其他堆叠、装卸和运输等成本总和的 9 倍，占物流搬运成本的绝大部分。为此，若要降低物流搬运成本，则首先应从拣货作业着手改进，这样才能达到事半功倍的效果。

从人力的需求角度看，目前绝大多数的物流中心仍属于劳动力密集型产业，其中与拣货作业直接相关的人力更占 50% 以上，且拣货作业的时间投入也占整个物流中心的 30% ～ 40%。

现代物流配送涉及大量纷繁复杂的产品，对信息的准确性和及时性要求非常高。而配送的拣货作业是最繁重、最易出差错的工作，与传统出库方式相比，利用电子标签拣货可以实现无纸化作业，大大提高作业效率和准确率，使用户的出库时间大大减少。在日本和韩国，电子标签已成为大部分物流配送中心的标准配置。

（三）传统物流配送中心存在的主要问题

消费者需要高水平的服务和具有竞争力的价格，因此需要设置配送中心进行集中配送。这样可以更有效地组织物流活动，控制物流费用；集中存储物资，保持合理的库存；提高服务质量，扩大销售；防止出现不合理运输。而传统的配送中心主要存在以下几个方面的问题。

（1）存货统计缺乏准确性。由于某些条码不可读或者一些人为错误，使得存货统计常常不很精确，从而影响配送中心的配送决策。

（2）订单填写不规范。很多订单没有正确填写，因此很难保证配送中心每次都可以将正确数量的所需货物发送到正确的地点。

（3）货物损耗。在运输过程中的货物损耗始终是困扰配送中心的一个问题，损耗有因为货物存放错了位置引起的，也有货物被偷盗而损失的，还有因为包装或者发运时出错误引起的。根据一项美国的调查表明，零售业的货物损耗达销售量的1.71%。

（4）清点货物。传统方法在清理货物时效率很低，而为了及时了解货物的库存状况又需要随时清点，为此需花费大量的人力、物力。

（5）劳动力成本。劳动力成本已经成为一个比较严重的问题，统计表明，在整个供应链成本中，劳动力成本所占比重已经上升到30%左右。

二、RFID技术在物流配送中的应用概述

（一）RFID技术在物流配送中的应用方法

针对传统物流配送中心存在的问题，从以下几个方面详细论证如何在配送中心应用RFID技术。

1. 入库和检验

当贴有电子标签的货物运抵配送中心时，入口处的阅读器将自动识读标签，根据得到的信息，管理系统会自动更新存货清单；同时，根据订单的需要，将相应货物发往正确的地点。这一过程将传统的货物验收入库程序大大简化，省去了烦琐的检验、记录、清点等大量需要人力的工作。

2. 整理和补充货物

装有移动阅读器的运送车自动对货物进行整理，根据计算机管理中心的指示自动将货物运送到正确的位置上，同时将计算机管理中心的存货清单更新，记录下最新的货物位置。存货补充系统将在存货不足指定数量时自动向管理中心发出申请，根据管理中心的命令，在适当的时间补充相应数量的货物。在整理货物和补充存货时，如果发现有货物堆放到了错误位置，阅读器将随时向管理中心报警，根据指示，运送车将把这些货物重新堆放到指定的正确位置。

3. 订单填写

通过RFID系统，存货和管理中心紧密联系在一起，而在管理中心的订单填写，将发货、出库、验货、更新存货目录整合成一个整体，最大限度地减少了错误的发生，同时也大大节省了人力。

4. 货物出库运输

应用RFID技术后，货物运输将实现高度自动化。当货物在配送中心出库，经过仓库出口处阅读器的有效范围时，阅读器自动读取货物标签上的信息，不需要扫描，就可以直接将出库的货物运输到零售商手中，而且由于前述的自动操作，整个运输过程速度大为提高，同时所有货物都避免了条码不可读和存放到错误位置等情况的出现，使得运输准确率大大提高。

（二）RFID 技术在物流配送中的应用实例

（1）Epicor 公司

Epicor 公司具有集成化完整的配送解决方案软件支持 RFID 技术。这种软件同时支持进货型和出货型 RFID 功能。进货型 RFID 功能，是指在接收订购的货物时只需读取 RFID 标签即可完成收货任务，不必再需要高级电子发货通知（Advanced Ship Notifications，ASN）。出货型 RFID 功能，可以对 RFID 标签进行写入操作，此项操作由系统的仓库管理和数据采集模块在按订单发货时完成。货物的 EPC 数据写入 RFID 标签，同时存储在配送系统内。需要对货物进行跟踪时很容易调出。EPC 数据在箱装和盘装货物的标签上面可以读出，这个数据同时也包含在电子发货清单上面。这种软件可以帮助企业在物流和配送网络作业过程中提高效率。

（2）联华便利配送中心

联华便利配送中心解决方案采用仓库管理系统（WMS）实现整个配送中心的全电脑控制和管理，以无线数据终端为数据传输方式，并依靠条码自动识别技术，在各个物流环节以条码为载体进行实时物流操作，以自动化流水线来输送，以数字拣选系统（DPS）来拣选。配送中心进货后，立即由 WMS 进行登记处理，生成入库指示单，同时发出是否能入库的指示。工作人员用手持终端对该托盘的条码进行记录。在货品传输时，根据输送带侧面安装的条码阅读器对托盘条码进行确认，计算机立即对托盘货物的保管和输送目的地发出指示。货物在下平台前，由入库输送带侧面设置的条码阅读器将托盘条码输入计算机，系统根据该托盘情况，对照货位情况，发出入库指示。整个系统以条码为主线贯穿物流全过程，达到了非常高效可靠的程度。

5500 数据终端，作为既可以读取 RFID 信息又可以扫描条码的新一代数据终端，在整个物流运作过程中起到了不可或缺的作用。5500 手持无线数据终端由 RFID 与条码系统组成。其中，可以反复使用的托盘和笼车上贴有 RFID 标签，以实现大量商品的快速进出库管理；而商品上有条形码，可以满足销售的需要。

工作流程如下。入库时，用 5500 手持终端设备对托盘上 RFID 标签写入的承载物品信息及进货品种、数量、保质期等数据进行进货登记输入；然后由输送带侧面安装的 RFID 读取装置对托盘上的标签进行确认，由系统安排货位；再由叉车作业者根据 5500 手持终端指示的货位号将托盘送入指定货位，经确认后，在库货位数将自动更新。出库时，工作人员在空笼车上的塑料袋里插好出库单，将楼层号和商店号等信息写入笼车上的 RFID 标签，并将空笼车送到仓库中；做好以上准备后，拣选人员在确认笼车内 RFID 标签上的商店号码与商店号码显示器显示的一致后，开始进行拣选工作。最后，工作人员根据散货笼车上的 RFID 信息，快速确认内容商品的属性，将不同商店分散在多台笼车上的商品归总分类，附上交货单，依照送货平台上显示器显示的商店号码将笼车送到等待中对应的运输车辆上。电脑配车系统将根据门店远近，合理安排配车路线。

（三）RFID 在配送中的两种应用方式

配送中心信息管理系统必须具备系统管理、出入库管理、订单管理、发货计划、采购管理、报表管理和退货管理等业务流程。其中，重点是配送中心内的主要流程环节，如出库管理、入库管理、订单管理和发货计划等。

电标签拣货系统（Computer Assisted Picking System，CAPS），其工作原理是通过电子标签进行出库品种和数量的指示，从而代替传统的纸张拣货单，提高拣货效率。电子标签在实际使用中，主要有两种方式——DPS 和 DAS。

（1）DPS

DPS（Digital Picking System）方式就是利用电子标签实现摘果法出库。首先要在仓库管理中实现库位、品种与电子标签对应。出库时，出库信息通过系统处理并传到相应库位的电子标签上，显示出该库位存放货物需出库的数量，同时发出光、声音信号，指示拣货员完成作业。DPS 使拣货人员无须费时去寻找库位和核对商品，只需核对拣货数量，因此在提高拣货速度、准确率的同时，还降低了人员劳动强度。采用 DPS 时可设置多个拣货区，以进一步提高拣货速度。DPS 一般要求每一个品种均需配置电子标签，对很多企业来说，投资较大。因此，可采用以下两种方式来降低系统投资。一是采用可多屏显示的电子标签，用一只电子标签实现多个货物的指示；另一种是采用 DPS 加入工拣货的方式，即对出库频率最高的 20%～30% 产品（约占出库量的 50%～80%），采用 DPS 方式以提高拣货效率，对其他出库频率不高的产品，仍使用纸张的拣货单。这两种方式的结合在确保拣货效率改善的同时，可有效节省投资。

（2）DAS

DAS（Digital Assorting System）方式是另一种常见的电子标签应用方式，根据这些信息可快速进行分拣作业。同 DPS 一样，DAS 也可多区作业，以提高效率。电子标签用于物流配送，能有效提高出库效率，并适应各种苛刻的作业要求，尤其在零散货物配送中有绝对优势，在连锁配送、药品流通场合以及冷冻品、服装、服饰、音像制品物流中有广泛的应用前景。而 DPS 和 DAS 是电子标签针对不同物流环境的灵活运用。一般来说，DPS 适合多品种、短交货期、高准确率、大业务量的情况；而 DAS 较适合品种集中、多客户的情况。无论 DPS 还是 DAS，都具有极高的效率。

（四）应用 RFID 技术给配送中心带来的效益

综上所述，在配送中心应用 RFID 技术后，可以带来如下几个方面的效益。

（1）缩短作业流程，改善盘点作业质量，节省人力成本。传统的配送中心由于要对货物进行扫描和定位工作，作业流程烦琐，需要花费大量的人力，相应的统计、核对也是费时费力。而应用了 RFID 技术后，可以有效缩短作业流程，改善盘点作业质景，几乎所有的扫描和核对都自动进行。仅此一项，即可节省人力成本达 30% ～ 40%。

（2）增加配送管理的透明化程度。在流程中捕获数据、信息的传送更加迅速准确。由于可以知道每个货物的精确位置，数据的管理具有及时性和准确性，将录入存货信息时人为出错的可能性彻底消除，使得存货信息精确性大大提高，同时更加及时可靠。

（3）订单填写效率提高。由于入库、整理、补充的可靠性提高了，时间更加及时，订单填写过程中避免了很多无效或者不合理订单的出现，缩短了整个订购的周期，提高了在整个供货配送中填写订单的效率。

（4）增加配送中心的吞吐量，降低运转费用，减少货物损耗。调查显示，货物的损耗主要由盗窃、运输过程中的丢失，管理和核对的错误带来的遗失等引起。其中，运输过程中的丢失在货物配送中是非常普遍的现象，而由于 RFID 技术可以详细管理到每一个货物，因此它能够极大地降低配送过程中的货物损耗和丢失。

根据有关统计，通过对各个供应链中的生产、仓储、运输等环节数据的采集，使用 RFID 可以带来如下效果。

（1）库存的可用性提高 5% ～ 10%，库存可用性的提高使得销售提高 3% ～ 7%。

（2）盗窃损失减少 40% ～ 50%。

（3）送货速度提高 10%。

（4）场地管理减少 30%。

（5）物品存储的人工成本减少 65%。

（6）存货成本减少 25%。

（7）循环计算成本减少 25%。

（8）损坏率和过期商品的销账减少可达 20%。

（9）丢失包裹而导致的投诉减少 98%。

（10）仓库产品的吞吐量增加 20%。

当然，企业在配送过程中是否应导入 RFID 标签的衡量方法比较简单，主要看以下 3 个方面：一是服务时间要求，二是准确率要求，三是成本要求。从成本角度来说，现阶段我国劳动力成本低，电子标签的成本似乎要高很多，但市场竞争对服务时间和准确率不断提出更高要求，企业必须要平衡费用和效率间的关系。

三、基于 RFID 技术的物流配送中心解决方案

（一）配送中心的硬件结构设计

配送中心的工作流程通常包括收货、入库、补货、拣选、分拣、复核、出库，如图 8-2 所示。

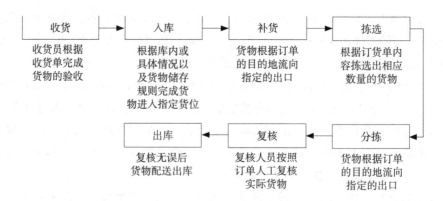

图 8-2 基于 RFID 的配送中心工作流程

一般来讲，在以上配送中心的各个工作区域，相应安装 RFID 阅读器用于数据采集并将采集到的数据传输至中心计算机系统中进行分析处理，然后根据分析结果指导工作区域采取下一步动作。考虑到配送中心操作对识别距离的要求，系统应采用超高频硬件设备。但是，由于配送中心内不同工作区域相邻较近有可能存在重叠区域，因此，如果全部应用超高频的 RFID 系统，则将不可避免地发生不同功能区域之间的"串读"现象。为了避免因串读而导致的射频屏蔽困难，尝试把高频（13.56 MHz）和超高频（915 MHz）RFID 设备统一规划于系统中，在数据库中关联高频（HF）和超高频（UHF）电子标签数据信息，并通过中间件使之协调工作。

具体来讲，在出入库区域、库存区域以及分拣区域中，系统采用超高频阅读器，可以在大范围内一次读取多个电子标签，以提高配送中心出入库速度、自动化程度以及库存准确度。在补货时，阅读器读取周转箱标签以进行数据库信息更新。此时，系统一次只需读取一个电子标签，故在补货区采用高频阅读器以避免串读。这些部分构成了整个 RFID 系统中的固定式数据采集终端，如图 8-3 所示。

以叉车为载体的移动式 RFID 数据采集终端在该配送中心系统中担负着重要的角色，其作用包括：在叉车终端承载货物入（出）库时，系统根据入（出）货单和实际入（出）货情况进行复核，并将复核结果反馈给叉车终端以提示其下一步动作；通过叉车车载 RFID 阅读器读取货架上的货位标签，以确认货物（托盘）在仓库中的具体位置，方便事后货物定位和盘点；可在地面安置一系列 RFID 标签（地标），通过读取地标以确定和跟踪叉车在配送中心中的行驶路线和位置。该移动数据采集系统由 RFID 阅读器和显示终端组成，并通过无线局域网（802.11b/g）和中心计算机实现数据交换。由于移动终端在执行业务操作时只需读取一个货位标签，因此移动终端也采用高频 RFID 系统，同时可避免串读。

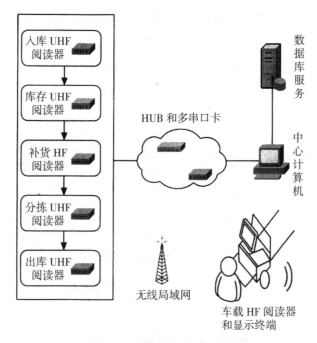

图 8-3　固定式数据采集终端

目前的 RFID 阅读器硬件接口通常有串口和网口两种形式。单套 RFID 应用系统只需串口就可以满足需求，而多套复杂应用系统则需要网络接口以便于设备联网。系统根据不同阅读器提供的通信接口的不同，设计集成多种通信方式，通过集线器和多串口卡与主机通信。

（二）配送中心的软件结构设计

配送中心的软件结构由前端各个区域的 RFID 数据采集系统、中间件以及后端的仓储管理系统（WMS）构成。配送中心的软件结构如图 8-4 所示。

在图 8-4 中，前端的 RFID 数据采集系统完成对电子标签数据的采集；中间件把采集到的数据进行如下处理和格式匹配，并且封装不同频率设备以及不同的通信方式，提供接口给后端的 WMS；WMS 统一管理配送中心的各项业务操作。其中，入库管理模块完成货位分配、进货复核和定制订单操作；库存管理模块完成托盘货物查询、货位货物查询、流利式货架管理和货位货物盘点操作；出库管理模块完成出库方案选择、分拣显示、出库复核和定制订单操作；资源管理模块完成托盘管理、货位管理和叉车管理操作；报表管理模块对入库管理、库存管理、出库管理和叉车管理过程中使用和产生的数据表格进行定制、查询、修改和删除等管理操作。系统运行时，WMS 首先对入库区域采集的数据进行分析和统计，完成收到货物的货位分配，并通过显示终端指导叉车完成货物的正确入库，WMS 同时对其他区域的 RFID 系统上传的信息进行相关操作，实现对货物单品、周转箱、托盘以及叉车的高效管理。

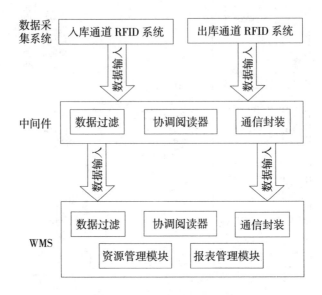

图 8-4　配送中心的软件结构图

（三）系统数据获取方法研究

要实现配送中心高效、自动的正常运转，需要在配送中心的各个工作环节中获取指定数据信息，需要采集的详细信息如下。

（1）位置：需获取的数据信息。

（2）入库：入库单 ID、周转箱 ID、货物 ID 以及货物详细信息。

（3）库存：货物 ID。

（4）补货：周转箱 ID。

（5）分拣：货物 ID、订单 ID、分拣目的地信息。

（6）出库：货物 ID、订单 ID。

（7）移动终端：货位 ID。

为保证上述各项信息采集的可靠性，在硬件特性充分发挥的前提下，系统从软件上采用多次读取方式来进一步克服电子标签的漏读现象，以确保以后用于所有数据处理的数据源的完整性。从前面提到的各工作环节需要采集的详细信息可知，配送中心的不同业务环节所需采集的数据信息并不相同，如何区分不同类型标签，从而过滤无用数据信息，经过研究分析解决的方案有以下几种。

（1）不同类型的标签由不同频率的设备读取。这种方法数据处理速度快，但成本较高。

（2）采用同种频率标签，规定标签 UID 范围作为不同类型的标签。这种方法简单易用，但系统可扩展性差。

（3）采用同种频率标签，在标签的数据块中设置标志符加以区分，这种方法硬件投入成本低，操作方便。同时，此方法不受标签协议标准的限制，既可用于 ISO 类型标签也可用于 EPC 类型标签。但由于该方法需读取标签数据块信息，因此其标签读取速度稍低。

综合考虑各种因素，这里认为第 3 种方法最为恰当，虽然标签读取速度稍有牺牲，但这对于通常配送中心的物流速度而言不会构成负面影响。通常 ISO 电子标签内部存储为 2 048b，被分成 256B，每个字节都有一个对应地址 0 ～ 255。设置标签的数据格式如图 8-5 所示。

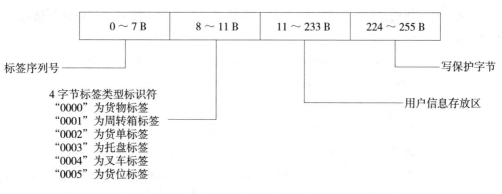

图 8-5　标签的数据格式

（四）功能模块的实现

1. 叉车定位 / 调度模块

叉车定位 / 调度环节是配送中心实现 RFID 技术，进行计算机管理的关键。实现叉车定位 / 调度需要用到 RFID 定位技术。

叉车定位 / 调度模块的具体实现方法如下：该配送中心 m 辆叉车进行货物的收货、入库、拣货、出库作业，叉车运行的通道为直角形。可使每一辆叉车固定停放于某一位置，每辆叉车底部装有读写器。如第 i 辆叉车的位置为（X_i, Y_i）（$i = 1, 2, \cdots, m$）。在每辆叉车固定停放位置的地面下方植入 RFID 定位标签，该标签作为位置传感器，属于被动式标签。在叉车完成作业后停放于该位置时，RFID 定位标签通过叉车底部的阅读器发出的无线电波获得能量，将数据发送给阅读器。这样阅读器将定位标签中的数据通过车载终端发送给计算机管理系统，系统就获得第 i 辆叉车处于空闲状态，将其状态置为"空闲"。同时，为了勾画出叉车的行走路线图，在规定的叉车作业通道的地面下方植入 RFID 标签，作为位置传感器。当叉车通过作业通道时，底部的阅读器不断地读取地面标签的信息并通过车载终端传送到计算机管理系统，管理系统在仿真系统显示的虚拟配送中心平面图中，根据采集到的标签编码确定定位标签所在的位置，勾画出叉车的行走路线图。在调度叉车时必须考虑两个方面的问题：第一是最短路径问题（最短路径算法），第二是周游配送中心时总的路径最短问题（周游路径算法）。

2. 收货模块

收货模块工作步骤如下。

（1）系统接收到发货方的送货单，预排货位使用计划，根据业务要求生成收货指令。

（2）货物到达后，系统通过无线网络检索空闲叉车，并向其下达收货作业单。

（3）叉车的车载电脑终端接收收货作业单，司机驾驶叉车搬运货物到待检区时，固定读写器批量读取容器的标签，取得容器的全部货物信息。

（4）进入待检区后，司机通过手持式阅读器读取容器和待检区货位标签信息并将其传送给车载电脑终端。

（5）车载电脑终端核对采集到的数据与接收到的收货作业单是否相符，相符的话司机就把货物搬运到指定的待检区货位。

（6）电脑终端将信息传送给系统。

（7）系统取得实际数据并更新相关的系统数据，且标明容器当前所在的位置。

（8）司机完成操作后，按"结束"键表示收货完毕。

（9）司机将车开到固定停放位置，底部阅读器读出地面下定位标签的信息，通过无线方式将信息发送给系统，并将此叉车归入"空闲叉车"，等待下一次调度。

3. 入库模块

入库模块主要是对收到的货物进行入库操作，其工作步骤如下。

（1）系统根据业务要求生成入库指令。

（2）系统根据最短路径算法确定使用哪一辆空闲叉车，再根据周游路径算法确定叉车入库作业路线图。

（3）系统向叉车下达入库作业单和入库作业路线图。

（4）叉车电脑终端接收入库作业单和入库作业路线图。司机通过手持式阅读器读取待检区货位标签和容器标签或货物代码，并将其传输给车载电脑终端。

（5）车载电脑终端核对采集到的数据与系统下达的入库作业单是否相符。相符则司机按照系统下达的入库作业路线图将货物搬运到第一个库区货位准备卸货。

（6）进入库区后，司机通过手持式 RFID 阅读器读取货位标签信息，并将取得的数据传给电脑终端。

（7）电脑终端核对采集到的数据与系统指令是否相符。相符，则司机就将货物送入该库区货位，并且通过手持式 RFID 阅读器更新货位标签中的数据，电脑终端将操作结果通过无线网络传输给系统，更新系统中的相关数据。

（8）司机将叉车开到入库作业路线图指定的下一个库区货位。

（9）重复第（6）（7）步，走遍所有规定的库区货位，把货物都送到了指定的货区位置。

（10）司机完成操作后，按"结束"键，表示入库完毕。

（11）司机将车开到固定停放位置，底部阅读器读出地圆下定位标签的信息，通过无线方式将信息发送给系统，并将此叉车归入"空闲叉车"，等待下一次调度。

4. 拣货模块

该模块主要对材料进行拣选、组装或为了满足顾客的需求要对货物进行重新配装所做的准备工作，其工作步骤如下。

（1）系统根据业务要求生成拣货指令。

（2）系统根据最短路径算法确定使用哪一辆叉车，再根据周游路径算法确定叉车拣货作业路线图。

（3）系统向叉车下达拣货作业指令和拣货作业路线图。

（4）叉车电脑终端接收到拣货作业指令和拣货作业路线图后，司机根据拣货作业路线图，到达需要拣货的第一个货区货位。

（5）司机通过手持式 RFID 读写器读取库区货位标签和货物代码信息，并将数据传送给车载电脑终端。

（6）电脑终端核对接收到的数据与系统下达的拣货指令是否相符。相符，则司机用手持式 RFID 读写器更新货位标签中数据，电脑终端将操作结果通过无线网络传输给系统，更新系统中的和关数据。

（7）司机将货物从库区货位搬出。

（8）司机根据拣货作业路线图，将叉车开到下一个需要拣货的货位准备拣货。

（9）重复第（6）、（7）、（8）步，走完所有规定库区货位，把需要的货物都从库区中拣出来。

（10）进入配装区后，司机通过 RFID 阅读器读取配装区货位标签，并将其传输给车载电脑终端。

（11）电脑终端核对采集到的数据与系统指令是否相符。如相符，则司机就将货物送入该配装区货位。

（12）司机用 RFID 阅读器更新配装区该货位标签，电脑终端将操作结果通过无线网络传输给系统，更新系统中的相关数据。

（13）司机完成操作后，按"结束"键，表示拣货完成。

（14）司机将车开到固定停放位觉，底部阅读器读出地面下定位标签的信息，通过无线方式将信息发送给系统，并将此叉车归入"空闲叉车"，等待下一次调度。

5. 出库模块

该模块根据发货要求执行将货物出库的操作，其工作步骤如下。

（1）计算机管理系统根据业务要求生成发货指令。

（2）系统根据最短路径算法确定使用哪一辆空闲叉车，并通过无线网络向其下达发货作业单。

（3）叉车电脑终端接收到发货作业单后，司机驾驶叉车搬运货物到待检区，当其通过天线场域时，固定阅读器批量读取容器的标签，取得容器中的全部货物信息，并将数据传输给系统。

（4）系统得到实际发货信息，核对采集到的数据与系统指令是否相符。相符，则向叉车电脑终端发出可以发货的指令，同时更新系统中的相关数据，司机执行出库操作。

（5）如不符，则向叉车电脑终端发送报警信息和处理操作命令，司机依照指令执行相应的操作。

（6）司机完成操作后，按"结束"键，表示发货完毕。

（7）司机将车开到固定停放位置，底部阅读器读出地面下定位标签的信息，通过无线方式将信息发送给系统，并将此叉车归入"空闲叉车"，等待下一次调度。

第三节　RFID 技术在库存管理中的应用

一、库存管理

（一）库存管理的概念

关于库存以及库存管理的定义颇多。有人认为库存是指企业所有资源的储备，库存系统是指用来控制库存水平、决定补充时间及订购量大小的整套制度和控制手段。也有人认为库存可以看作是暂时闲置的，用于将来目的的资源，如原材料、半成品、成品、机器、人才、技术等。财务观点认为，库存是金钱，一种取物料形式的资产或现金。库存也可以看作是用于将来目的的企业资源暂时处于闲置储备状态。又有人认为库存管理的目的是在满足顾客服务要求的前提下通过对企业的库存水平进行控制，力求尽可能降低库存水平、提高物流系统的效率，以强化企业的竞争力。现在，库存被看作是供应链管理的四大驱动因素之一。从供应链管理的角度来看，库存不能单从效益或者单从响应能力来看，而应该综合这两个方面，达到库存管理的一个均衡点。

还是从供应链管理角度，企业应该从效益和响应能力这两个角度来看待库存。高的库存能提高企业的响应能力，但是却降低了效益。反之，保持低的库存能够在一定程度上降低库存成本，提高企业效益，但是响应能力却不能够得到保证。

（二）传统库存管理的主要流程

下面简单描述一下传统库存管理的几个流程。

1. 收货环节

叉车司机接到发运办公室打印好的提货清单，然后驾车穿过分销中心并提取所列的货物。完成提货操作后，司机返回发运办公室，根据每个货盘上的货箱数量来选择所需要的货运标签。

2. 入库环节

在传统库存管理情况下，为了便于查找和避免存储差错，人们通常采取分区存放。这种存放原则虽然简单，却造成了极大的库存空间浪费。因为每一个位置都会实现确定安排存放某种物品，所以即使该位置空着，其他货物也不能占用。

3. 盘点环节

库存盘点是对每一种库存物料进行清点数量、检查质量及登记盘点表的库存管理过程，其目的主要是为了清查库存的实物是否和账面数相符以及库存物资的质量状态。实物数与账面数有出入的，要调整物料的账面数量，做到账物相符，并且要遵循相应的管理处理流程。每种库存物料都设定相应的盘点周期，通过系统自动输出到期应盘点的物料。由于传统库存中货物都堆放在仓库中，没有立体仓库等现代化库存设施。因此，盘点操作人员需要携带纸、笔以现场记录信息，且在库房中翻动物品盘点很不方便。盘点数据采集后，还需要人工将数据录入计算机系统进行数据比较和汇总。由于这种盘点方式通常由录入员完成，这样不仅占用了大量的人力物力资源，而且极大地增加了人为错误的可能性，并且在盘点过程中，需要停止所盘点货物的入库、出库业务。

4. 拣货和出库环节

司机拿着派发单从配送总部提货后送到下一层的零售店仓库，之后司机需要跟对方做一个结算手续，记录下当天的送货数量。然而这种记录只是简单的手写收货单据。倘若配送数量等存在问题，客户需要更改订货信息，司机就要在客户处进行改写，之后在总部将更新后的数据输入到系统中重新打印出来。

（三）传统库存管理的问题

从前面这些库存管理过程可以看出，传统库存管理存在着以下问题，即极大地延长了货物周转时间，效率低下；同时，由于是人工录入，数据的准确性很难得以保证；固定货位存放的原则，也即每一种货品都有固定不变的一个或一组存放位置。

另外，传统的企业库存管理从存储成本和订货成本出发来确定经济订货量和订货点，侧重于优化单一的库存成本。这对于供应链中的库存管理是远远不够的。供应链管理环境下的库存控制存在以下两类问题。

1. 信息类问题

（1）由于条码记录了某一类货物，不能记录某一个具体的货物。因此在某一类货物配送出库时，无法根据生产日期来保证最先进来的货物最先出库。

（2）仓库要对某一类产品进行盘点时，不能准确快速地定位该类产品，而需要盘点人员在仓库内人工查找、记录。这样不仅效率低下，而且准确性受到极大挑战。

（3）库存数据不准确。以交货状态数据为例，当顾客下订单时，他们会希望能够随时了解交货状态。有时，顾客也希望在等待交货的过程中，或者交货被延迟以后，能够对订单交货状态进行修改。

2. 供应链类问题

信息传递系统效率低下。当需要有效、快速地响应用户需求时，需求预测、库存状态、生产计划等分布于不同供应链组织中的信息却没有很好地集成。当供应商或者客户要了解用户的需求信息时，无法得到实时准确的信息。

二、现代库存管理的基础设施

（一）自动化高架仓库

自动化高架仓库是近年来国际上迅速发展起来的一种新型仓储设施。这种仓库可以在不直接进行人工干预的情况下，自动存储和取出物料。它一般由高层货架、仓储机械设备、建筑物及控制和管理设施等部分组成，其优点包括占地面积小、仓储容量大、入/出库作业率和仓库周转能力得到提高。

自动化立体仓库最早产生于20世纪60年代的美国，到现在经历了机械式立体仓库、自动化立体仓库、集成化立体仓库和职能型立体仓库这4个发展阶段，并逐步向第5个阶段，即3I（Intelligent、Integrated、Information）立体仓库发展。

高架仓库从时间上和空间上都为企业的库存管理提供了十分有利的条件，其带来的库存管理效率以及效益也是显而易见的。从我国国情来看，由于城市用地日趋紧张，物流速度日益加快，仓库建设和改造向高空发展，向机械化、自动化发展已迫在眉睫，建设大批自动化立体仓库是今后发展的必然趋势。

（二）自动拣选系统

自动分拣输送系统是集光、机、电于一体的现代化技术。它通过分层装置与自动化仓库系统相结合。

自动拣选系统的特点是，由计算机对出库数量提前进行最佳的安排，对大批量的单一品种货物，事先装上托盘，按出库要求输送出库。对同一种货物，可以集中供应与回收托盘等设备，简化了处理程序，减少了作业次数。如今的仓库，每小时运送数以千计的产品，而与此同时，产品运送的精确度却在大幅提高，员工配备也在大幅减少。这其中的秘密就是采用自动化物料搬运系统的拣选系统。相对于人工定位的管理方法，自动拣选系统可以接收计算机管理系统的信息，继而自动完成商品定位、数量确认、货位确认等工作。

（三）RFID 等自动数据采集技术

自动识别是指在没有人工干预下对物料流动过程中某一活动的关键特征的确定。这些关键特征包括产品名称、设计、质量、来源、目的地、体积、重量和运输路线等。这些数据被采集处理后，能用来确定产品的生产计划、运输路线、路程、存储地址、销售生产、库存控制、运输文件、单据和记账等。配合自动立体仓库以及自动拣选系统，条形码以及 RFID 等自动数据采集技术使现代物流设备的效用能够得到最大限度的发挥。

三、基于 RFID 技术的现代库存管理流程

（一）总流程

现代库存管理的主要业务流程是基础资料管理、收货入库管理、库存盘点管理和拣货出库管理。系统流程如图 8-6 所示。

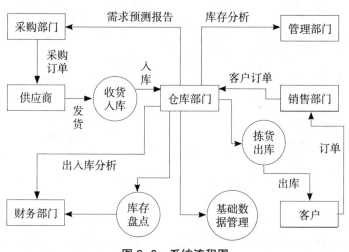

图 8-6 系统流程图

总体来讲现代库存管理的业务流程如下。采购部门向供应商发送采购订单后，供应商安排发货。经过收货验证等程序后，仓库部门安排货物入库，并向财务部门发送货物入库单据。仓库部门要定期对存货进行盘点，当盘点数据与企业库存数据有差异时，企业需要对这些货品的计算机仓储数进行更新，并向财务部门发送相关数据，以

调整存货信息。销售部门接收来自客户的订单，并向仓库部门发送客户订单要求发货。仓库部门根据订单安排拣货出库，并向客户发送货物。

库存管理系统的基础数据管理模块负责原始信息的录入，以建立起用户和系统所需的完善而强大的资料库，负责整个系统的配置所需的一切资料。用户可通过不同权限查看本权限以内的各种资料。在其他模块中输入单据时，可通过参照基础数据管理中的项目来快速输入。输入数据主要包括库位入库和库存货号输入。这些基础数据包括仓库系统设置、仓库基本信息、库位基本信息、立体货架位置、物品分类信息等。

（二）收货入库流程

收货入库管理模块处理入库单，对入库单的货物进行验收以及上架处理。其主要步骤如图 8-7 所示。

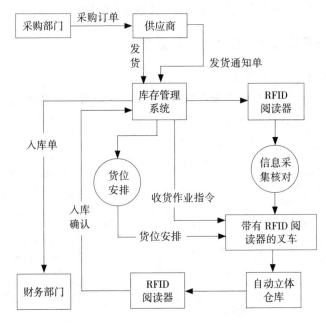

图 8-7　收货入库流程

（1）仓库接收到供应商的发货通知单。

（2）仓库管理系统根据货物的类型选择仓库，然后根据所选的仓库进行货物的库区和储位的分配存储。

（3）货物到待检区时，入库门口的固定 RFID 阅读器批量读取货物标签，采集货物信息，即对实际验收通过的入库货物数量进行确认并与进货通知单核对。

（4）核对无误后，仓库管理系统通过无线网络检索空闲叉车，并发送收货作业指令以及货位安排。

（5）叉车搬运货物，入库设备根据货位安排将货物上架。

（6）入库处将处理结果通过手持阅读器上传至后台数据库中。

（三）库存盘点流程

库存盘点是对现在仓库的库存进行数量的清点，主要是实际库存数量与账面数量的核对工作。其业务流程如图 8-8 所示。

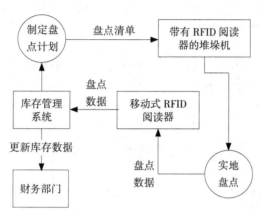

图 8-8　盘点流程图

（1）选择要盘点的仓库、库区等。

（2）制定盘点表，生成盘点清单。

（3）堆垛机定位到需要进行盘点的货位后，管理系统通过无线网络控制阅读器开始读取数据。

（4）阅读器通过无线网络将盘点数据（仓库存储的货物的实际数量）传送到后台管理系统中。

（5）系统进行盘点处理，计算出盘点仓库货物的溢损数量。

（四）拣货出库流程

拣货出库业务流程主要根据货物出库单，对出库的货物分拣处理，并进行出库管理。其业务流程如图 8-9 所示。

（1）仓库系统接收到销售部门的客户订单以及发货通知。

（2）库存控制系统根据一定的出库原则计算出出库货物的货位，并打印出库单或者发出出库指令。

（3）叉车或者堆垛机到指定的库位依次取货。

（4）手持移动设备或固定阅读器将操作结果通过无线网络传输给库存管理系统。

（5）分拣出的货物被送上自动分拣系统。

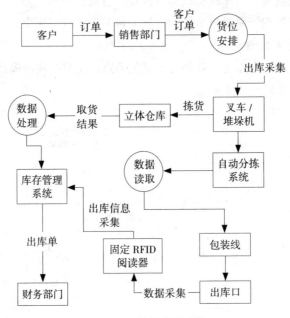

图 8-9　拣货出库流程

（6）安装在自动分拣系统上的自动识别装置在货物运动过程中阅读 RFID 标签，识别该货物属于哪一个用户订单。

（7）计算机随即控制分拣运输机上的分岔结构，把货物拨到相应的包装线上进行包装以及封口。

（8）货物被运送到出库口处，手持移动设备扫描验证货物信息。

（五）库存信息监控

当单品的存货生产日期将过或者库存量降至阀值时，系统会自动产生库存警告报告，提醒仓库管理人员采取相应的措施。

从以上几个流程的描述中可以看出，采用了 RFID 等自动库存管理设备后。相对于传统库存管理，现代库存管理的流程得到了很大的简化，自动化存取获取与库存盘点，加快了配送的速度，提高了拣选与分发过程的效率和准确率，并降低了人力等成本。可以说，RFID 技术在库存信息监控的未来发展中肯定会发挥日益重要的作用。

四、基于 RFID 技术的仓储管理系统的总体设计方案

（一）需求分析

现有的仓储管理系统主要有两种。一种是由传统的管理系统与人工记忆相结合，

这种方式不仅费时费力，而且容易出错，使得货物仓储环节效率低下，给企业带来不可估量的损失。另一种是使用电子标签完全取代货物上条形码的自动化仓储管理系统。这种方式虽然增加了查询和盘点精度、加快了出入库的流转速度，但是由于现阶段电子标签的价格远远高于条形码，使得系统应用的成本非常高，因此这种管理系统还处于概念性试验阶段。为了弥补以上这两种仓储管理系统的缺点，提出了一种基于RFID 技术的仓储管理优化系统。根据对实际仓储管理流程的分析，该系统应满足以下几个方面的需求。

（1）具有通常信息管理系统的权限管理、数据查询、统计管理等功能。

（2）能够提高货物查询的准确性。

（3）能够提高盘点作业的质量。

（4）帮助企业降低库存管理的成本。

（5）在货物库存量低于安全库存量时，系统能够自动提供警示。

（6）系统的运行能够加快货物出入库速度，从而增加库存中心的吞吐量。

（7）能够给管理者与决策者提供及时准确的库存信息。

（8）能够对库存信息自动化收集，从而实现库存管理的无纸化作业。

（二）总体方案设计

在该方案中，根据每批入库货物的信息，管理系统生成了用于仓储内部管理的货物包装箱条形奶，克服了原有货物条码无法反映入库信息的缺点；同时，在仓库中的每个货架上放置了一张电子标签，用来收集该货架上摆放的货物的信息。货架标签上的信息通过设计开发的手持电子标签条形码阅读器，在扫描摆放在货架上的货物包装箱条形码后进行更新。主机系统通过仓库顶部的固定阅读器以无线方式收集货架标签上的信息，并进行实时处理。该方案通过在原有条形码方式下内嵌 RFID 技术，有效地提高了信息收集的自动化程度，实现了对出入库作业的实时监控，方便了对库存货物的定位与查询，同时避免了电子标签完全替代条形码的高额成本，从而大幅提高了仓储作业的工作效率。

系统主要由手持电子标签条形码阅读器、固定阅读器、货架标签、货物包装箱条形码、主机管理系统 5 部分组成。系统总体架构如图 8-10 所示。

手持电子标签条形码阅读器（简称手持设备）是本系统仓储出入库操作的核心设备，该手持设备集成了条形码扫描和电子标签读写功能，并且可以通过员工卡间接与主机系统进行通信。在仓储操作过程中，操作员首先用手持设备扫描货物包装箱上的条形码信息，而后将货物入库和出库的信息通过手持设备写入货架上的电子标签，以更新货架标签上的货物库存信息。

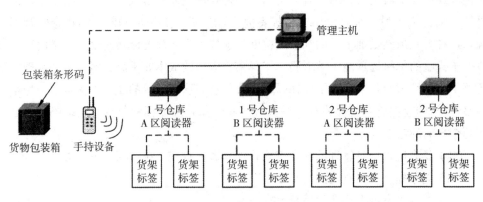

图 8-10　系统总体架构

多部固定阅读器将仓库划分为若干区域，每个区域顶部放置一部 RFID 阅读器，通过多串口卡连接到管理主机上，用来监控该区域内各个货架上的电子标签，并实时读取货架标签中的库存信息，及时更新管理系统的数据库，确认货物的出入库信息。

货架标签即电子标签，仓库的每个区域都包含若干个货架，每个货架上都置有一张电子标签，用来记录该货架上的货物库存信息。货架标签上的信息在每次仓储操作后，由手持设备刷新，并且接受该区域固定阅读器的实时查询。

货物包装箱条形码是管理系统自己生成的与商品入库信息相关联的内部条形码。它记录了货物信息和商家的库存信息，其中主要包括入库时间信息、入库区域编号、流水号。

主机管理系统主要由基本信息管理模块、出入库操作管理模块、手持设备管理模块、设备及标签检测模块、库存报警模块、库存信息查询模块组成，用来对整个仓储过程实施多方位、全天候的监控与管理。

第四节　RFID 技术在集装箱管理中的应用

一、使用 RFID 技术进行集装箱管理

（一）使用 RRD 进行集装箱管理的必要性

经济全球化的浪潮已经把世界融为一个整体，往往一件产品从原材料的采购、加工、制造和组装到销售分布在全球各个角落，社会分工的不同使各个国家在其中扮演着不同的角色。全球性的贸易使得物流运输行业蓬勃发展。其中，集装箱运输已经成为货物运输的一种必然趋势，国际上 90% 的货物运输采用集装箱运输。在 1996 ～ 2000 年间，

全球集装箱总吞吐量增长幅度为 40%，2005 年超过 3×10^8 TEU（Twenty-foot Equivalent Unit，标准集装箱），2017 年达到 $7.377\,6 \times 10^8$ TEU。中国正以积极努力的姿态融入全球经济中去，加入 WTO 将使中国的进出口贸易加速发展。今天，中国已经成为世界的制造中心和加工工厂，近年来集装箱吞吐量得到了高速增长，中国正在成为世界的集运中心。

在现代的集装箱码头中，管理水平和信息化水平的高低已经成为制约集装箱运输的关键。目前，港口虽然采用集装箱计算机管理，但是，在集装箱运输过程中，集装箱的信息采集还是依靠于传统的货单的，集装箱本身并不携带信息。集装箱的流向、流转和识别还比较落集装箱的识别基本上还处于人工半人工识别状态。近几年来，人们在研究集装箱的识别中，采用了条形码和数码摄像软件识别等技术，但是由于其识别距离近，可靠性差，不能跟踪记载集装箱运输过程中的物流信息，对集装箱的运输信息识别和记录带来不便，因此无法得到广泛的应用和推广。

为了提高集装箱运输的管理水平和信息化水平，采用集装箱电子标签可以记载集装箱运输过程中的物流信息并能被自动识别，可对集装箱运输的物流信息进行实时跟踪，消除集装箱在运输过程中的错箱、漏箱，提高集装箱的通关速度，极大提高集装箱运输的工作效率，确保集装箱运输的货物质量，提高集装箱运输的安全性、可靠性，全面提升集装箱运输的服务水平，打造具有国际先进水平的集装箱数字化港口。

（二）集装箱电子标签的现状

由于集装箱运输的特殊性，如气候恶劣、温差大、处于金属和液体环境中，针对这一领域开发的公司比较少。

在集装箱电子标签的研制方面，目前最有影响力的是美国的 SAVI 公司，它的产品主要供给美国军方使用。ST-656 有 128 kB 的内存容量，工作的空中接口协议是 ISO 18000-7，频段是 433.92 MHz，工作温度为 $-40\,℃ \sim 70\,℃$，固定阅读器读取距离为 300 ft（约 90 m），移动阅读器读取距离为 200 ft（约 60 m）。内置电源为 3.6V 锂电池，可工作 4 年以上。Alien 公司的半主动式标签，标签的大小为 8 cm × 2.5 cm × 1.5 cm，其工作频率为 2.45 GHz，数据的传输速率为 16 kb/s，存储能力为 4kB，正常工作的环境温度为 $-25\,℃ \sim 70\,℃$，有效识别距离为 30 m，功耗低，使用寿命长。Intermec 公司的产品集中在被动式标签领域中，环境温度为 $-40\,℃ \sim 85\,℃$，工作频率在 915 MHz，距离为 13 ft（约 4 m）。

国内正式投入使用的集装箱电子标签仅有上海锐帆公司成功承建国内首个内贸集装箱电子标签示范线。

中国在集装箱电子标签领域可占有一定的主动性，因为全球 90% 的集装箱都在中国生产，而且这个比例还在增长，可以说全球集装箱基本都在中国生产。每年中国的集装箱产量在 3×10^6 TEU 以上，集装箱的寿命一般在 10 年，全球集装箱保有量

在 3×10^7 TEU。如果中国在 RFID 能抢占集装箱行业，通过在集装箱上免费配置一个 RFID 标签，那么通过 5 年时间，完全可以实现 80% 的集装箱拥有属于中国自主知识产权的 RFID 电子标签，从而形成一个事实上的国际标准，极大地提升中国在 RFID 领域的地位，同时还可以拉动中国的 RFID 产业，占领国际标准制高点。

二、基于 RFID 技术的集装箱管理系统

（一）系统开发背景

集装箱是国际物流的主要运输装备，国际货运的 95% 通过集装箱运输完成。2005 年，中国集装箱吞吐量超过 8×10^7 TEU，集装箱生产总量超过 2×10^6 TEU。除港口、码头外，还存在大量新箱堆放、旧箱修理、重箱存放等一系列堆场。而目前，集装箱的堆场管理存在一系列的问题。

首先是箱号识别问题。目前，大部分情况下集装箱进出堆场都是通过肉眼识别集装箱箱号，人手抄录该集装箱箱号来记录集装箱进出堆场的。该方式受人工因素影响，因而其识别错误率高。而且每到一个进出闸口都要安排专人识别和记录箱号，效率低下，成本高。

另外，在堆场内，当操作工人将集装箱放置到位后，通过肉眼识别该集装箱箱号，将该集装箱放置的三维位置记录在纸张单据上，在交接班时将单据传递给录入员，再由录入员将集装箱位置信息录入堆场集装箱管理系统。这种方式存在操作工人抄错箱号，特别是在夜间作业情况下，一般存在 1% 的抄错率。另外，数据通过纸张单据在交接班时传递，存在数据录入的延误和不及时，同时数据再次手工录入会带来再次的人工录入错误。

可是，目前大部分堆场管理无论是箱号记录、数据录入，还是信息传输和管理都存在错误率高、效率低、人工成本高的缺点。

基于以上情况，可以使用 RFID 技术应用于集装箱管理中从而解决以下问题。

（1）通过在集装箱上配置射频识别电子标签，在各闸口上布置 RFID 电子标签阅读器，在堆高车、岸吊、桥吊等堆高设备上安装 RFID 电子标签阅读器，实现集装箱箱号的自动识别。

（2）在堆场的集装箱堆高设备上安装车载电脑终端，在电脑终端中安装了中集集团主导开发的集装箱堆放图形化管理系统。该系统提供了堆场视图，定义了三维堆放空间，通过触摸屏触摸的方式，操作工人可以非常简便地挑拣或者输入集装箱箱号，拣定或者选择集装箱放置的位置。系统可以智能判断和分析箱号的正确与否和堆放位置的交错与否，确保堆放位置简便、可靠。

（3）在闸口、堆高车、控制室等节点上布置无线数据传输终端，集装箱堆放作

业完成后，通过该堆高设备上的无线数据传输终端将数据实时远程传输到控制室和后台管理系统中，从而完全避免了多次重复的数据手工抄写和录入，并避免了数据记录的不及时和录入的延误。

（4）通过在集装箱运输拖车上安装 RFID 拖车身份电子标签，给拖车司机分派 RFID 司机身份卡，以实现集装箱的运费管理、自动结算、运输跟踪管理等。

（5）系统与原有的集装箱信息管理系统集成，辅助正在研发的集装箱公共数据平台，实现全国甚至全球范围内的集装箱信息管理系统。该系统基于 RFID 技术开发，考虑了未来全球集装箱都配置有 RFID 电子标签的场景，但即使在集装箱上没有 RFID 电子标签的情况下，该系统同样可以使用，实现集装箱堆场的高效作业与管理。

（二）系统结构与功能

集装箱 RFID 管理系统包含闸口自动识别系统、车载自动识别与操作终端系统、无线数据传输终端、后台数据管理系统，以实现准确实时的集装箱历史和当前状态、运输车辆（公司）历史记录、集装箱进出闸口当前状态和历史记录、堆场集装箱存放位置、堆场目前集装箱存放状态的记录和查询等，从而实现集装箱生产和堆场数据管理、车辆运输记录管理、堆场动化管理、无纸化操作与实时数据传输和集装箱供应链信息实时透明化。

在这套系统中，RFID 只是集装箱箱号自动采集的一种手段，关键是配以无线数据传输系统以实现数据的同步，并配以自主开发的后台管理支撑系统，形成一套完整的集装箱 RFID 应用示范系统并实现集装箱的自动识别与可视化管理。这套系统简洁、灵活，而成本低廉。

基于 RFID 和无线数据实时传输的集装箱堆场作业管理系统如图 8-11 所示。

位置服务器（Position Server）上存储堆场内所有集装箱的位置与状态信息；移动定位服务器（Mobile Locator Server）配置在堆高车移动终端上，存储堆场的区位布置图、集装箱的位置与状态信息，以及作业信息。该服务器保持与位置服务器的数据同步；企业数据库主要是集装箱生产下单相关信息存储。堆场管理系统为分布式集装箱堆场管理系统，如成品箱管理系统。这几个数据库之间都存在数据交互。图 8-12 所示为闸口控制终端位置服务器逻辑结构图，图 8-13 所示为堆高车终端移动定位逻辑结构图。

系统通过用户界面设计、软件功能定义、数据库定义、后台数据传输及处理开发，通过可视化图形界面的集装箱堆场位置管理软件开发，形成一套高效的基于电子标签和无线数据传输网络的免装箱管理系统。可视化图形界面的集装箱堆场位置管理软件，方便工人对集装箱堆放操作的"傻瓜化"、智能化、实时化。闸口控制终端有实时更新的堆场集装箱定位视图、任务单录入及查询功能，通过 WLAN/CDMA/GPRS

通信，使得对堆场堆高车和集装箱的管理可在闸口进行。通过堆场的无线局域网或CDMAIX 覆盖，实现堆高车终端、堆高车终端与闸口控制终端之间任务单及堆卸箱操作的同步，实时更新堆场视图及分区视图。采用 RFID 电子标签实现集装箱、运输车辆和操作人员身份的自动识别。

即使在暂时无法全面使用 RFID 的情况下，系统仍能实现堆高车终端与闸口控制终端对堆场集装箱的有效管理，并为将来全面使用 RFID 预留拓展功能。

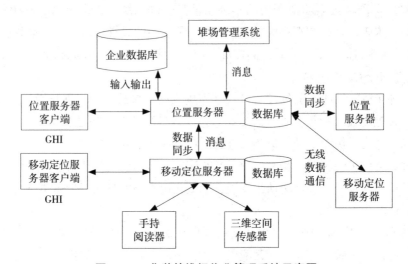

图 8-11 集装箱堆场作业管理系统示意图

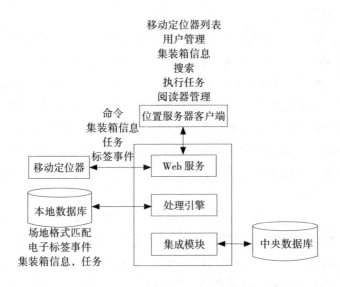

图 8-12 闸口控制终端位置服务器逻辑结构图

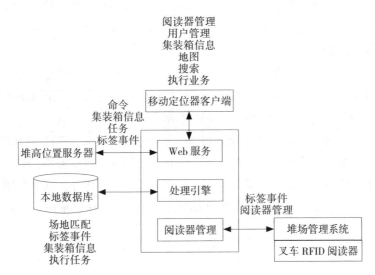

图 8-13　堆高车终端移动定位逻辑结构图

（三）系统实施与操作

1. 电子标签存储信息编码

本项目根据 ISO 668 标准，在电子标签中写入以下信息：箱号、使用公司代码、箱种、箱型、箱东代码、制造企业名称、生产线代码、班组代码、毛重、净重和生产时间。

项目中使用的箱用电子标签外表面用激光刻有唯一的 64 位 ID 号，并打印出每个箱号的条码，粘贴在对应的电子标签表面。

为了加强集装箱运输车辆的管理和实现自动化运费结算，本项目也在集装箱运输车辆上安装了电子标签。

车用电子标签应记载着车号、运输公司名称等信息。为了避免出现读取电子标签失效情况的发生，同时打印出条码，并粘付于对应的电子标签上。

为了将 ID 号唯一的车用电子标签和箱用电子标签匹配，软件后台系统要自动匹配车和集装箱，只有在这两者都失效的情况下，才由人工输入车辆号码和集装箱信息。

2. RFID 电子标签的安装

车用电子标签安装于驾驶舱挡风玻璃内侧，箱用电子标签安装于集装箱通风口处。考虑到集装箱从工厂、堆场到海关和码头，CIMC 堆场和整个流程中都能利用 RFID 技术，实现快速、高效通关，也可以考虑将电子标签安装于门楣上。同样，也可以根据 ISO 10372 标准，把电子标签安装在集装箱通风口附近。

3. RFID 阅读器的安装

在集装箱流通链上设置了多个监测点，它们分别是工厂出闸口监测点、堆场入闸口监测点、堆场出闸口监测点和堆高车监测点。除堆高车监测点外，各监测点都基于以太网连接，监测 PC 通过 TCP/IP 或 RS-232 控制阅读器。堆高车载终端通过无线方式控制一体化阅读器。

当运输车拖运着集装箱经过工厂门口时，工厂闸口处的电子标签读卡系统首先检测到车用电子标签，然后检测到箱用电子标签，后台软件自动匹配这两者的关系，再基于 Internet 把相关信息保存到公司 MAS 数据库中。

堆场入闸口读卡系统与工厂出闸口读卡系统类似。当集装箱运载车进入堆场时，把相关信息保存，并上传至中央数据库中，并告知堆场位置服务器，有一新箱进入堆场。堆场闸口处位置服务器和堆高车实现数据无线传输和同步，堆高车用户系统可观察数据细节，新进集装箱可以显示于堆场管理系统进箱区中，形成待作业清单。

第九章 RFID 技术在其他领域中的实践应用

第一节 RFID 技术与图书馆

一、国内外图书馆应用 RFID 技术现状

（一）国外现状

RFID 技术是新时代背景下十大重要技术之一。世界各国都在大力发展 RFID 技术。在过去的 10 年中，关于 RFID 技术的专利已达 6 000 多件。1998 年，RFID 在北美图书馆被提议作为读者自助借还的一种方式。随后，美国纽约洛克菲勒大学图书馆最先安装了 RFID 系统。1999 年，美国密歇根州的法明顿社区图书馆成了使用该技术的首个公共图书馆。至今，世界上已经实现 RFID 管理的图书馆多达数百家。据不完全统计，全球约有 1 000 多家图书馆已经实现了 RFID 系统。世界大型图书馆应用 RFID 技术的速度正以每年 30% 的速度增长。RFID 技术在图书馆领域的应用中，美国居于世界领先地位，英国与日本并列第二。荷兰、澳大利亚等国也相继使用该技术建设图书馆自动化系统。新加坡国家图书馆于 2002 年采用了 RFID 技术，成为亚洲第一个实现 RFID 技术的图书馆。在亚洲的日本、韩国等国也都拥有了很多图书馆应用的成功案例，如日本的九州大学图书馆筑紫分馆、奈良尖端技术大学图书馆、东京都广告博物馆图书馆，韩国的汉城大学图书馆等。RFID 技术在国外应用数年来，取得了很好的效果，彻底改变了传统的借阅服务和典藏管理服务，提高了图书馆管理效率和系统的管理效果。随着 RFID 技术在各行各业的广泛应用，RFID 技术在图书馆的应用呈现激增的趋势。目前，使用 RFID 的图书馆标签大都采用高频无源标签。

（二）国内现状

在 2006 年 6 月，由科技部、国家发展和改革委员会、商务部、信息产业部等 15 个部委共同编制的《中国射频识别（RFID）技术政策白皮书》正式发表，研究分析了国内和国际 RFID 技术发展现状与趋势，提出了中国的 RFID 技术战略、中国 RFID 技术发展及优先应用领域、推进产业化战略以推动 RFID 技术在中国的发展。在国内，RFID 技术也于 2006 年开始进入图书馆。厦门集美大学诚毅学院图书馆作为国内第一家使用 RFID 馆藏管理系统的图书馆，于 2006 年 2 月 20 日正式对外开放。深圳市图书馆于 2006 年 7 月在馆内全面使用 RFID 技术替代传统的条码技术，建成完整的全自动 RFID 图书管理系统。中国国家图书馆二期工程规划的 RFID 应用系统，于 2008 年 9 月对外开放。该系统及时向读者展示国家图书馆二期新馆的当前架位信息，实现读者自助借还图书。还有杭州市图书馆、厦门市少年儿童图书馆、上海市长宁区图书馆、汕头大学图书馆新馆等也已经率先实施或使用 RFID 系统。上海华东政法大学图书馆、南京图书馆等也都正在考察或陆续上马该系统。目前，使用 RFID 的图书馆标签大都采用高频无源标签，而超高频无源标签大部分用于物流等行业，在图书馆应用不多，仅在北京石油化工学院图书馆、浙江省图书馆等有所应用。

二、图书馆 RFID 系统的技术及特色

图书馆采用近距式的 RFID 图书标签。因为一个读者可能会借多本书，一本一本地进行接触刷卡，由于 RFID 标签位置（接触型的 RFID 标签是规则尺寸）的不同，造成效率降低。采用近距式（非接触式）就可以一次把不同书不同位置的 RFID 标签和多个标签都刷出来，效率很高。一般情况下，读者卡和图书的非接触式的 RFID 是不同性质的，读者卡只有基本信息，借阅等都在远端的服务器上，"操作—显示—确认"容易实现，所以提高效率是图书馆应用的主要要求。而第二代身份证或者公交卡，都不能在公开场所进行"操作—显示—确认"的模式，所以效率低一点的近旁式的 RFID 就更适合了。因此，应根据不同的需要，选取不同特点的 RFID 标签。

在使用了 RFID 系统的图书馆中，利用自助借还或者人工辅助借还，由读取条码方式转变成近距读取 RFID 的方式，可以简化借还书作业，提高借还操作的效率。由于可以同时读取多本书的 RFID 标签，对于借还多册的操作效率的提高非常明显。在使用了 RFID 系统的图书馆中，利用手持设备，可以使得开架书的顺序整理变得简单。传统的图书馆完全靠人工来完成乱架与错架书整理工作，使用手持设备以后，对于 RFID 标签的图书整理可以按照预先的设定，找到乱架的书（读者顺手放置错），错架的书（读者有意放置到别的书架方便自己使用的），并再次顺序排放，满足理架的管理要求。

在使用了 RFID 系统的图书馆中，利用手持设备，可以帮助图书管理员快速寻找到指定的图书。传统的图书馆利用 OPAC（联机公共目录查询系统）查找书已经很方便，但是到实体架取书比较困难，这有两个原因：一个是对于排架规则知识的不了解，另一个是对于多层架的规律不熟悉。如果在 OPAC 上查到书，并输入到手持设备，到大体的那个库架前，不用蹲或者爬梯，利用手持设备顺扫，听到声音时，指定的那本书就可以很快地获取了。在使用了 RFID 系统的图书馆中，利用手持设备，可以快速寻找到指定的图书。

三、图书馆业务管理

（一）物流和数据流的变化

每一本书，每一张光盘，都有一个 RFID 标签，编目时在贴条码流程中利用自动贴标签设备贴 RFID 标签。由于现在很多图书馆的业务实行外包，这部分的工作量对于传统图书馆业务管理的变化不大。图书馆需要决定，是否采用条码进行财产管理，采用 RFID 标签进行业务管理。如果决定只使用 RFID 标签，那么图书馆财务管理系统的同步改造就必须进行；如果采用双标签，那么图书馆只需对自动化系统进行改造。因为在理论上可以证明条码的保存时间长于 RFID 标签，所以在有保存条形码需求的时候，不宜只采用 RFID 标签。

图书馆需要规范，这个 RFID 标签内容需要写人什么和不同的书同时进行标签处理时的位置差异。因为标签位置的重合，相邻书过薄等因素，都会影响手持设备的检测准确率。

（二）流通管理人员工作流程的改变

在图书馆上架流程中，需要利用手持设备把采用 RFID 标签的书放置在对应的库架上，并把定位数据传给计算机系统，便于今后手持设备的管理，这对于流通环节是增加的工作量。同时，利用手持设备进行排架、理架、找书也是流通管理人员工作流程中改变的地方。图书馆需要决定，是只有书上采用 RFID 标签，还是库架也采用 RFID 标签来缩减范围。由于手持设备的无线电天线会受钢制书架、相邻书标签位不合适等的影响，造成点数、理架的误差，缩小库架的区域（每个区域 30～50 本）。这个部分进入计算机库架系统，可以在这个小的区域中重复，并提高寻找速度。利用手持设备以后，图书馆还要加强对于流通管理人员的技术培训和加强责任心的教育，不能完全相信技术，必须要提高人员素质和管理意识，以弥补技术装备的缺陷。

（三）图书防盗安全措施

由于使用不同公司的 RFID 设备，会造成原来图书馆利用永磁或者可充磁防盗措施的变化。如果已经使用可充磁防盗措施的图书馆，只需要解决借还过程的消充磁同步就可以了。而使用永磁防盗措施的图书馆，需要与 RFID 设备厂商协商改进。下面将介绍其解决方法。

图书馆需要决定，是否只采用 RFID 进行防盗？当一个有 RFID 标签的书被正常借出时，对应的一个标记位状态会改变，通过 RFID 门时，会根据这个变化决定报警与不报警。所以，利用 RFID 也是有一定的防盗功能的。只是由于无线电容易被遮挡，或者 RFID 标签比较大，容易被撕毁．或者通过 RFID 门的速度过快等因素会造成漏检或者错检。

四、子系统设计方案

（一）RFID 标签转换子系统

RFID 标签转换子系统主要完成对图书 RFID 标签的注册、转换、注销功能。RFID 标签通过转换，与图书信息进行绑定，完成流通前的处理操作。系统还有对架标标签、层标标签的注册与注销功能。RFID 标签转换子系统支持 SIP2 协议，实现系统无缝连接，兼容图书条形码系统，同时支持图书查询、读者查询、注册统计与日志查询，可根据用户需要，将图书借还、读者管理、典藏管理、查询等功能安装在标签发行终端上，实现上述功能。

RFID 标签转换子系统硬件包括标签发行终端和标签转换终端装置。其中，标签发行终端用于安装 RFID 标签转换系统软件，控制对图书、架标、层标标签进行数据读取与写入，实现图书 RFID 标签与条形码等其他信息的绑定。通过绑定，实现对图书详细信息的访问。

由于采用超高频 RFID 标签，所以图书标签可以制作成线性结构的外形，具有隐蔽性高，不易发现的特点，标签双面敷胶，安装在图书内页夹缝中，不易摸索和弯折，使标签得到很好的保护，延长标签的使用寿命。标签转换装置必须符合 ISO 18000-6C 标准，工作频率为 920～925 MHz，至少可有效识读 8 个 RFID 标签 / 次 / 秒（图书厚度为 25 mm）的可靠读取、识别和改写，具备 RS 232 和 10 Mb/s 以太网接口，为标签转换装置与计算机的连接提供多种选择，方便设备的接入。

（二）馆员工作站子系统

馆员工作站实现图书流通工作站、标签转换和图书检索工作站 3 部分功能。图书流通下作站实现对粘贴有 RFID 标签或贴有条形码的图书进行快速的借还和续借操作，提高工作人员日常图书借还操作的工作效率；标签转换实现对图书标签、借书卡标签、架标和层标标签的信息读写，可将图书条形码、接触式 IC 卡借书卡、条形码借书卡的条形码进行识别转换后写入 RFID 标签中；图书检索工作站实现图书信息的检索与定位。

（三）自助借还子系统

自助借还子系统是图书馆 RFID 系统的点睛之笔，是 RFID 技术在图书馆应用的最大体现。自助借还系统结合无线射频识别、计算机、网络、软件以及触摸屏控制操作技术，通过安装在控制主机上的自助借还软件及 SIP2 接口服务，实现对安装有 RFID 标签的多本图书同时进行借还、续借功能，是 RFID 图书智能管理系统中最重要的设备之一，具有识别速度快、借还效率高、设备安装维护方便等特点。自助借还系统可直接安装在标签转换终端、馆员工作站终端、监控终端、查询系统终端及查询终端、推车式盘点设备上，实现图书借还、续借功能。

（四）自助还书子系统

自助还书子系统又称 24 小时还书系统，结合了 RFID、计算机、网络、软件以及触摸屏控制操作技术，实现对安装有 RFID 标签的图书进行全天候 24 h 的自助归还、续借功能。

（五）图书盘点子系统

图书盘点子系统又称为移动式馆员工作站，以图书标签为流通管理介质，以单面单联书架的一层作为基本的管理单元，通过架标与层标，构筑基于数字化的智能图书馆环境，从而实现图书馆新书入藏、架位变更、层位变更、图书剔除和文献清点等工作，实现典藏的图形化、精确化、实时化和高效率。

（六）图书安全监测子系统

图书安全监测子系统对借阅图书进行合法性监测，当发现没有办理借阅手续的图书时，自动进行声光报警。系统可配置书（书包）自动传输装置，将人与书（书包）分过，实现对书包的近距离监测，保证系统的高侦测性和零误报率。安全门禁系统分为离线模式与非离线模式。离线模式即通过图书标签的 EAS 防盗位进行报警；非离线模式则通过读取到的图书标签，对图书管理系统中获取的图书借阅状态进行报警。

1. 离线模式的安全门禁系统

安全门禁中的模块上电后开始工作。当获取到非法的图书标签时，门禁报警，并将标签数据发送到服务器；服务器获取图书信息与借阅状态，并形成报警信息，然后再将报警信息发送给各个客户端。

2. 非离线模式的安全门禁系统

安全门禁模块上电后，服务器发送"开启"命令，启动门禁工作。当模块获取到标签数据后，直接发送给服务器，服务器获取图书信息与状态，判断是否为非法图书标签。若图书标签非法，则门禁发送报警信号，让模块报警，同时发送报警信息给各个客户端；若标签合法，则不做处理。

（七）RFID 监控中心子系统

RFID 监控中心子系统用于实时监控图书馆所有已经安装的 RFID 设备的工作状态，并可实现实时远程设备诊断和控制，并记录报警日志控制 RFID 设备的运行；同时，通过连接现场摄像头，实时监控现场情况。摄像监控功能可依靠图书馆视频监控系统实施。它能同时提供 RFID 图书智能管理系统数据的维护、盘点工作管理、组织机构管理、数据库的备份与还原管理等。RFID 监控中心子系统是整个 RFID 图书智能管理系统的数据基础，对于整个系统的数据安全性、有效性和完备性起着至关重要的作用。因此，RFID 监控中心子系统中所有牵涉数据的添加、修改和删除的操作，都要进行详细的日志记录。其中，数据维护包括对图书状态、图书类型、设备类型、设备状态类型和 RFID 子系统类型的维护和管理；组织机构管理包括对用户管理、部门管理与权限进行管理；用户管理包括新建用户、修改用户与删除用户。

（八）系统的优化

RFID 系统需要不断调试、改进与拓展。

1. 需要双安全措施又不选择可充磁流程的 RFID 系统的改进

目前，不同的 RFID 系统提供商，采取了不同的防盗安全策略。但是，对于传统图书馆已经采用永磁防盗措施的，使用 RFID 系统感到为难：要么只使用 RFID 芯片内的借阅位判断，要么使用可充磁磁条技术。实际上，永磁磁条技术和 RFID 系统通过改造是可以合一的。永磁门的工作原理是遇到永磁磁条就报警。传统的图书馆借阅完成后，人通过永磁门，而书通过柜台。实际上可以当人和书同时通过 RFID 门的时候，由判断芯片内的阅读位来决定永磁门是否报警就可以了，即借阅位是借出状态时，关闭永磁门的报警。所以，这个改造是很简单的，只要图书馆提出来，RFID 系统厂商就可以帮助进行改造。

2. 需要重视超高频频段的 RFID

由于 RFID 标签的天线尺寸是由 λ/n 决定的（λ 是发射频率的波长），频率越低，λ 值越大。当 n 一定时，超高频的天线就比中频时的天线小很多。这就是超高频 RFID 标签的上升势头非常高的原因之一。天线小，就意味着以后标签的造价低。如果把 IC 和永磁磁条（当天线）合并在一起，构成 RFID 标签，那么面积小，使其被订在脊书中成为可能。在 RFID 标签的寿命中，IC 的寿命是由复写的次数决定的，而天线的寿命是由天线制作的方式、材料等决定的。永磁材料非常稳定，做成的天线的寿命就会比磁性油墨印制的天线的寿命要长。而永磁磁条中间打断安装芯片，不影响永磁的特性。这样的磁条放置在书脊中隐蔽性也比 13.56 MHz 的要好很多。另外一个优势，就是在传统图书馆中，对于借还的统计是非常准确的，但对于开架图书馆的阅览部分却无法统计。但是，在阅览室中布置超高频的天线，可以检测出贴有超高频 RFID 标签的书被移动的情况，那么这个统计就成为可能。所以，图书馆要重视超高频或者 2.45 GHz 的 RFID 的发展趋势，这些新的标准的制定，也是在为超高频被广泛使用而奠定基础。

3. RFID 标签技术与数字图书馆的耦合研究

对于有物理馆藏和数字馆藏的图书馆，如何利用数字图书馆系统妥善地进行网上馆际互借，利用 RFID 技术完成物流的过程、完成电子复本和物理复本的动态管理与处理等，都是图书馆可以充分研究并发挥 RFID 作用的方面。

4. 逐步驱动出版印刷行业使用 RFID 技术

微波 RFID 标签在未来价格推测中，将可能降低到 1 美分以下，到那个时候可能出版业也将大量使用 RFID 标签。图书馆今天选择的标签技术要尽可能地考虑与未来的印刷行业使用 RFID 技术在系统上复用的概率最高。标签识读头可以并行加入。

第二节　RFID 技术在医药方面的应用

一、RFID 技术在医药物流中的应用意义

我国的医药物流发展尚处于起步阶段。我国医药物流存在的问题较多，影响着药品质量的管理及监管，为安全用药带来隐患。药品批发企业多而小，储存、运输中药品质量难以保证。

目前，在全国 1.2 万家左右的医药生产及批发企业中，年销售不足 1 000 万元的小规模企业占了 78.5% 以上。由于物流量小，多数药品采取邮寄、铁路托运方式，因此周期长，运输环境条件差，药品损坏、变质、污染严重。一项研究数据表明，流通企业中不合格药品中 17.03% 是在运输、搬运过程中造成的。由于批发企业过多，药品流通渠道复杂，假冒、异地调货现象频发，药品监管困难，销售假冒伪劣药品的案例时有发生，严重影响了药品的安全使用。

药品缺乏统一标准编码、物流信息系统严重滞后，影响药品质量监管。我国目前药品编码尚未实现标准化，医药生产企业、商业批发企业生产、销售的药品没有一个合法的唯一的识别标志，各个领域分别制定了自己的物流编码。其结果是不同领域之间信息不能传递，妨碍了系统物流管理的有效实施，造成信息处理和流通效率低下。没有统一的标识编码，无法及时查询与跟踪商品的流向，无法尽快确定某一药品的身份。在一些药店，医院经常碰到的是买真退假，为假药、劣药的查处带来了极大的困难，更无法满足在订单处理、药品效期管理、货物按批号跟踪等现代质量管理的要求，也为药品质量监管带来了巨大的困难。

自动化程度低，人工操作，差错率高。目前，我国医药企业所采用的基本上是分散型物流体系，在运作上主要依靠人力。我国目前药品中大包装的差异往往造成很多新建的现代物流中心在入库和出库的时候还需要转换药品包装，增加了物流的劳动力成本，降低了现代物流的效率。同时人工搬运，造成货物摔碎、挤压的概率增大，人工拣选、分拣的差错率高，信息化、自动化程度低。

二、医药产品识别编码技术与 EPC 应用

产品编码标准是非常基础性的工作，尤其对医药产品生产和物流具有十分重要的意义，但具体实施需要权威性和经济实力。世界发达国家多年来投入大量人力和物力，努力进行医学信息标准化的工作，取得了令人瞩目的成绩。有许多标准已经被广泛应用，值得我们借鉴。如国家药品编码（national drug codes，NDC）即是其中的优秀代表。NDC 是被美国联邦药品管理署要求使用的标准药品编码，它包括了药品的许多信息的细节，包括包装要求等。

从医药产品物流本身的需求和国家对药品管理的要求来讲，首先必须选择一种先进和科学的编码体系对医药产品进行编码。EPC（electronic product code）建立在全球统一标识系统（EAN·UCC）条形编码的基础之上，并对该编码系统做了一些扩充，以实现对单品进行标识。EPC 系统就是电子产品编码系统。它不但能对产品进行编码，最关键的是能和 RFID 结合使用。它被认为是唯一能识别所有物理对象的有效方式。这些对象包含贸易产品，产品包装和物流单元等体系。虽然 EPC 编码本身包含有限的识别信息，但它有对应的后台数据库作为支持，将 EPC 编码对应的产品信息存储在数据库里，能迅速查询所需要的信息。

三、RFID 技术在医药物流上的具体应用

对目前大部分医药企业已应用的企业资源规划（ERP）和供应链管理（SCM）系统来说，RFID 技术是一种革命性的突破。它的精确化管理将触角伸到了企业经营活动的每一个环节，使生产、存储、运输、分销、零售等各方面的管理都将变得过去无法想象的便利。过去的物料编号无法实现对单一部件的跟踪。由于采用 EPC 编码的 RIHD 标签的数量可超过 2^{96}，因此可以将世界上所有的商品每一个都以唯一的代码表示。RFID 技术将彻底抛弃条形码技术的局限性，使所有的产品都可以享受独一无二的编码。

RFID 技术可用于联药产品的生产和流通过程，其具体操作方法如下。首先在厂家、批发商、零售商之间可以使用唯一的产品编码来标识医药产品的身份。生产过程中在每样医药产品上贴上 RFID 标签，标签记载唯一的产品编码，产品编码在生产该批产品前已确定。在生产完成后再向标签写入该批产品的批号，完成医药产品的完整

电子编码号，以作为在今后流通、销售和回收的唯一编码。物流商、批发商、零售商用生产厂家提供的读卡器就可以严格检验产品的合法性。这样，通过 RFID 技术建立对药品从生产商至药房的全程中的跟踪能力来增进消费者所获得的药物的安全性．可以有效杜绝假冒伪劣药品所带来的危害，还可以防止过期药品流入市场。同样，在药品供应链管理方面，采用 RFID 技术，在每样产品上装入 RFID 标签，记载唯一的产品编码，将解决许多生产环节和销售方面的问题。医药产品生产者可以准确地掌握产品现状，提高生产效率，减少人力成本，缩短产品质量的检验时间，实时监控产品制造过程的所有情况，快速应对市场，减少过期产品的数量损失。使用 RFID 技术后，还能提高配送分拣等作业的效率，降低差错，降低配送成本。

四、RFID 技术在医药物流应用中的改进

（一）建立基于 RFID 技术的国家药品安全监控管理中心

促进和完善 RFID 技术在药品安全管理领域的应用、研发核心技术（自主 RFID 设计、天线设计、编码技术等），集中攻关，务期必克，形成拥有自主知识产权的医药产品生产物流等方面管理的全面解决方案。国家从政策和财政上加大支持力度，促进各种相关技术及产品的研发和生产。尤其加强教育和科研领域的投入。

（二）建成一个基于具有自主知识产权的全国药品生产流通安全追溯管理服务平台

通过 RFID 和网络技术对医药产品的生产、流通、消费等环节进行信息采集，实现全程监控。同时建立管理服务平台，实现用户对药品信息的追溯和查询。建立"国家—省（市）—地区"三级药品安全管理体系。作为国家电子政务平台的重要组成部分，为国家医药产品的生产、流通以及宏观经济调控提供决策服务。

第三节　RFID 技术在菜场跟踪溯源中的应用

一、现状需求分析

俗话说"民以食为天，食以安为先"，随着经济的不断发展，人们物质生活水平的提高，食品安全引起了人们的重视。特别是近年来，中国的消费者经历了一系列触目惊心的食品安全重大事件，不仅威胁着消费者的健康和生命，同时也给社会造成了危害。由此我们应当认识到：食品安全是影响到社会和谐稳定的公共安全问题。

以国家大力建设食品安全体系为契机，以目前城市庞大的持卡消费群体，持卡消

费技术支持，网络及通信技术的日益完善，刷卡消费的便利作为基础，在蔬菜、肉食品等经营者和消费者之间形成真正意义上的电子钱包功能，让持卡人在整个菜场内能够自由、畅快进行消费。

目前，物联网技术广泛应用到各个行业和生活的各个方面，农业领域也将迎来物联网时代。随着科学技术的不断进步，农业生产方式、农副产品加工流通方式、食品追溯方式对变革的诉求将不断加强，在逐步朝着更加人性化、智能化的方向演变，感知菜场项目就是基于这一趋势，采用先进的物联网技术，打造具有时代意义的示范应用工程，具有重要的战略和示范意义。

实施的阶段性和兼容性、技术的先进性和成熟性、信息的安全性和准确性、系统的可靠性和稳定性、系统的标准性与开放性、系统的管理性和维护性、系统的实用性和经济性。

按照"正向跟踪，逆向追溯，提升管理"的要求，建立农产品的批发流通销售、监测全程的自动追溯体系终形成完整的农产品产业链在生产者、销售者和消费者之间可以进行追溯的各环节的安全监控体系。最终达到以下目的。

（1）对市区肉类及蔬菜流通全过程实时跟踪监管。

（2）对肉类及蔬菜质量检测信息的实时监管。

（3）对肉类及蔬菜追溯使用的现场监管考核。

（4）对监管单位（经营者）和经营人员信息的监管。

（5）通过系统向监督（经营者）和经营人员发布文件、会议通知，在线咨询。

（6）对问题肉类及蔬菜的流向追踪及对问题肉类及蔬菜的快速召回。

（7）多途径接受消费者对问题肉类及蔬菜的举报。

（8）对问题肉类及蔬菜突发事件的预警机制。

（9）实现电子结算，可减少交易过程的现金流量，保障市民的财产安全。

二、菜场跟踪溯源系统设计

菜场跟踪溯源系统的总体框架如图 9-1 所示。

软件数据库管理系统包括：提供大型关系型数据库管理系统，支持 ANSI/ISO SQL 99 标准；支持多平台、开放式系统，应支持各主流厂商的硬件及支持 64 位 Unix、LinuiX，Windows 2000 以上等多种主流操作系统平台；支持多语种，如英文、中文、日文、法文等；支持多种拓扑结构，包括客户 / 服务器、Browser/Server 处理模式、三层（数据库层、应用服务层和客户层）或多层体系结构，并在每一层都支持标准的组件技术；支持主流程序设计语言对数据库开发，具备开放式的客户编程接口，支持通用的数据库开发平台；完善的数据库管理功能和强大的检索功能；支持大数据量的加载；具有多进程机制；具有逻辑内存管理的能力；提供存储过程和触发器功能；支持分布式数据处理，提供分布式操作所需的功能，如分布式查询、远程调用、事务完整性控制技术等；数据库具有完备的安全技术，如用户管理，角色管理，以及强认证等安全技术；具有强的容错能力、错误恢复能力、错误记录及预警能力，支持闪回技术，能在不影响数据库运行的条件下快速恢复已提交的修改，可以把整个数据库、指定表或指定的记录恢复到指定时间点；支持数据库自动实时跟踪、监控，可自动性能调优，并能为管理员提供调优建议；支持自动化的内存、空间管理等；具有完备的管理工具来管理各类数据库对象，对系统进行诊断并性能优化；数据库具有离线备份、联机备份机制和数据库恢复机制，具有自动备份和日志管理功能，支持数据块级的增量备份；支持并行应用集群技术，支持节点间自动的负载均衡和透明切换；且产品自身需具备集群功能；配置负载均衡模块，其应支持各主流厂商的硬件及支持 Unix、Linux，Windows 等多种主流操作系统平台；支持数据库实例在 Cluster 集群环境下的应用；支持节点间自动的负载均衡和出错转移；应支持 7×24 h 全天候不停机，容错及无断点的错误恢复机制。

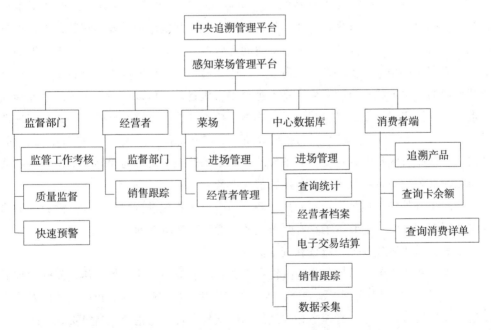

图 9-1　菜场跟踪溯源系统的总体框架

J2EE 中间件应用软件，支持 Enterprise Web Services 1.2，1.1、SOAP 1.1，1.2、WSDL 1.1、UDDI 2.0、WS-Security1.0、JSP2.1 等 J2EE 相关标准；支持 HP-UX；IBM AIX、Windows 2003、Novell SuSE、RedHat Enterprise、Sun Solaris 等操作系统；

支持通过图形化，远程字符控制台，静默脚本三种模式配置服务器实例；统一集中的管理控制台，单点控制所有被管理节点；提供操作会话管理，记录每次修改，并提供修改回滚功能；支持集群模式下的单件 Singleton 模式，集群环境只有一个实例，且能在发生故障时自动切换；提供支持 JDBC3.0 规范的 Type4 Driver。

Web 服务调用方式支持 HTTP、HTTPS、JMS；可实现异步 Web Serviced 回调接口，会话型 Web Service；支持不同的异构操作系统之间的多机集群实现。提供多种负载平衡的算法支持负载的分配，支持循环往复、权重、随机选取、外部亲和的均衡算法；提供统一的诊断框架；支持和离线访问诊断数据；支持服务器线程池的自我调整；支持服务器的自我调优；提供过载保护；支持 JACC（Java authorization contract for containers）；可插拔安全架构，可集成第三方安全模块；支持 WS 客户端附带多个安全策略文件。

数据备份与恢复软件支持基本 LAN 备份，并能够方便的升级到 SAN 环境下备份；支持主流应用（Oracle、MS-SQL Server、SAP、DB2、Lotus、MS-Exchange、Informix 等）进行联机在线备份；对 Oracle 能支持联机程序块级增量备份；对基于文件的应用进行开放文件备份；通过防火墙支持、集群环境支持、LAN-FREE 和直接备份（SERVER-LESS、SERVER-FREE）Image Backup、NDMP 备份等方式；支持对主流存储设备的快照、复制等先进功能、软件快照功能，并实施远程异步复制；支持磁盘虚拟全备份，减少执行完全备份所需的时间和资源，同时提供异构环境数据的保护功能，提高存储利用率；支持基于磁盘的文件库与虚拟磁带库的高级磁盘备份功能；支持零宕机的备份方式；自动对生产副本进行零宕机备份，可以选择将副本复制或移到磁带中；支持实时恢复，可直接从磁盘副本中检索数据；支持跨越磁盘、磁带、虚拟磁带库/虚拟磁带机、光盘不同的备份介质；广泛兼容操作系统、应用软件、磁带驱动器、磁带库及磁盘阵列；支持对备份映像副本的监视、管理与控制，支持将数据从虚拟磁带移到物理磁带或另一台虚拟磁带库设备。

实时事务处理型数据库：主要用于各流通节点子系统进行数据读写；溯源查询的数据仓库型数据库，主要用于政府监管及消费者进行溯源查询。

信息传递流程包括消费流程和资金流程。

消费流程是指菜场开始营业时由售卖人员启动消费 POS 机开始工作，先刷参数卡进行"签到"。当消费者刷卡消费时，POS 机将产生一次消费记录，POS 机立即将此消费记录发送给赞理中心，管理中心收到后返回交易上传成功指令。当售卖人员按"汇总"键时，POS 机的背面液晶显示屏上将显示"汇总时间区间""交易笔数""交易总额"。由于菜场 POS 机属于固定 POS 机，所以发生在该菜场的消费交易数据可以通过 ADSL、ISDN 或 PSTN 拨号方式联机实时通过菜场无线终端转发到管理中心清算系统。充资可采用管理中心直联方式或管理单位代理方式（间联方式）。对于直联方式的充资交易可以直接通过拨号方式或专线方式实时发送到卡公司管理中心；对间联方式的充资交易由充资网点充资机通过拨号方式实时上传到代理单位结算系统，再实时转发到管理中心。代理单位结算中心系统还可通过定时发送的方式将收集到的原始交易数据上传到管理中心清算系统，以便一卡通管理中心及时清算。一卡通管理中心及时清算系统下发的主动充资交易转发到代理单位，如报表数据下发、黑名单下发等。一卡通管理中心在次日清晨将前一天的消费明细以短信形式告知相应的消费者，同时将经营者的银行到账信息发送至经营者的手机上，以便消费者与经营者校对账单。

菜场跟踪溯源系统平面化设计构架如图9-2所示。

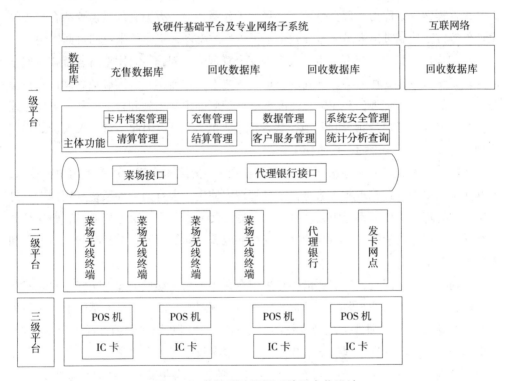

图 9-2　菜场跟踪溯源系统平台化设计

资金流程存在因菜场一卡通业务主要采用代理制方式，所以一卡通管理中心清算系统和代理单位之间存在应收应付款的划拨问题。为了对资金进行统一管理，建议按以下方式实现资金的运转：管理中心、菜场经营者在结算银行设立一卡通专用对公账户。当代理充资交易发生时由代理单位代收资金，日终时，管理中心通过数据中心进行清算，根据原始的充资或消费交易数据对每个代理单位进行清算，完成资金划拨。当账务出现不平时，由管理中心与代理单位对账。

第四节　学校学生定位管理系统

一、现状需求分析

对于全国各类院校，学生管理一直被作为重中之重来抓，尤其是寄宿式学校，对于学生的管理就更为复杂。对于学生宿舍，为保护学生的生命和财产安全，必须要控制进入学生宿舍的人员。在全国众多院校中，多采取由宿舍管理站的管理员控制进出人员，这样做一方面为管理员带来了大量的工作量，另一方面管理员需要执行检查学生证件等方法控制进出人员。这样就带来了工作效率低，工作效果差的负面影响。

如何应用信息化对现有学生宿舍实现安全管理这一问题一直困惑着各院校。安全的管理系统只有建立在完善、准确的登记系统之上，才能实时、准确地管理进入宿舍的人员，加强安全管理，并在紧急情况下采取相应的预警措施和行动；另一方面，还有很多外来人员（包括领导和其他合法登记进入的人员）。因此，对外来人员的登记管理，也成为安全管理的一项重要工作。

目前，有些人员管理系统已经开始采用掌纹、指纹和脸部识别等生物识别技术，但这些生物识别方式并不非常适合在学校管理中使用。也有的管理系统采用刷卡、打卡等方式管理，这种卡是近距离接触式的，需要每人拿卡刷一次才能通过，但这种方式在学生上课和放学等人流高峰期会出现堵塞或者遗漏等问题，造成时间上的浪费和管理上的混乱。

针对上述诸多问题，我们凭借多年来信息化管理系统集成的成功实施经验和专业化技术，并依托国内外知名科研机构，在外地实例观摩、市场调研的基础上，对各种方案进行认真对比和筛选，结合成熟的 RFID 人员管理系统在管理方面的突出优点，提出了一套完整的人员管理信息系统方案，可以有效地解决上述学生宿舍管理中存在的问题，能够对人员实时安全监控。如遇紧急情况，能够准确、及时地获取人员信息，从而达到强化人员到岗、安全生产管理、应对突发事件的目的。

由于宿舍里学生较多，若采用近距离接触式刷卡，当学生进出宿舍时需要每人拿卡刷一次才能进入，在早、中、晚学生集中进出的时候会造成人员排队等待刷卡，造成时间上的浪费和管理上的混乱。采用 RFID 识别技术，可以远距离自动识别学生的电子识别卡，可以同时记录、识别多人同时通过，完成对进出宿舍区的学生进行身份识别，从而实现远距离身份自动识别；同时记录人员进出宿舍的时间，后台系统进行记录、报警、查询、信息统计等管理。

多个宿舍之间的系统可以实现信息的传递，可以将信息传到学校管理部门，实现管理部门对学校宿舍的全监控。

二、总体设计方案

人员管理信息系统主要由学生身份识别卡（电子标签）、临时卡（电子标签）、读卡器、数据库服务器、学校局域以太网络以及管理终端软件等组成。

本系统方案遵循"总体规划，分步实施"的基本原则，总体分为系统的硬件设计和软件设计，并为今后扩展预留软件、硬件接口。根据总体规划设计要求，拟在所有宿舍门卫处设置RFID身份识别读卡器，对宿舍区域里的所有人员进行信息化管理，完成对进出宿舍区的人员进行身份识别、记录进出时间，并对人员在出入口的进出信息进行实时采集，实现远距离身份自动识别、后台系统记录、报警、查询、信息统计等管理，学校范围内通过各个管理站之间信息互联对人员实时监测，及时掌控人员分布情况，实现校区内人员安全定位管理。管理站终端以及管理PC可以通过学校内部的局域网络进行Web访问，对监测数据进行查询，并参与全校人员的信息化管理。

（一）系统的硬件设计方案

人员管理信息系统的硬件设计主要是数据采集部分的设计，数据采集部分主要涉及电子标签的读卡器，选用的读卡器具有以下特点。

（1）可共享并支持于广泛领域。可在几大重要RFID平台下使用，如Microsoft BizTalk RFID、IBM WebSphere6.0、Oat Systems、Oracle、GlobeRanger、BEA等。当有第三方中间设备的支持时，也可以在SAP下使用。读卡器接口拥有良好的SDK特性，当需要时可在.NET和Java数据库中轻松识别及管理。

（2）简易。读卡器要确保高速的读取质量，应具有电源及网络保护装置以避免数据丢失，在电源突然断电时不会导致数据丢失；并且在自治操作模式下，当网络连接被阻止时，读卡器依旧能收集电子标签数据。

（3）冲突管理。读卡器具有多种处理方法以有力地对抗外界干扰。

（4）高性能、易拆装、易管理。读卡器可以由用户自行配置管理，拥有软件支持的、灵活的API，以及高性能无线电通信装置、数据保护系统、灵敏的干扰管理模式。

用于人员身上的电子标签具体的设计配置方案如下。

电子标签通过PVC进行尺寸定制并封装，将封装好的卡片放置于人员身份卡内，人员可将身份卡置于胸口位置。具体可根据学校要求进行特殊定制。

具体的设计配置方案如下：宿舍管理站大门作为人员出入的主要通道，平时主要考虑对学校人员进出进行管理。

在门附近安装一台读卡器和高性能接近传感器，考虑供电、网络通信等措施，进行防水、防浪涌、防雷击等保护，在门的正上方位置（门顶）设置两只顶置天线并加装保护罩，天线分别对宿舍内和宿舍外方向布置。当门在正常关闭状态时，门接近传感器控制读卡器进入休眠待机状态；当门处于开启工作状态时，门接近传感器控制读卡器处于正常工作状态。人员进出校门时，读卡器识别到胸前佩戴封装好电子标签的人员；人员从小门通过时，其相应的信息会及时传输至后台管理信息系统。

发卡办卡终端具体设计配置方案如下：系统终端硬件由一台发卡终端计算机、一台读卡器、天线、电源开关以及网络等组成，主要用于对人员信息进行管理。发卡办卡终端的功能包括发卡办卡、人员查询、新建人员信息、修改人员信息、删除人员信息、标识卡管理。当人员使用的标识卡卡号发生改变时，可使用终端进行替换操作。该发卡办卡终端还具有处理丢失、损坏卡的信息替换等功能。

后台管理数据服务器具体的设计配置方案如下：系统由一台服务器（含人事考勤数据库）组成，主要完成人员的管理、日志记录、数据存储与备份等工作。

（二）系统的软件设计方案

人员管理信息系统终端以浏览器/服务器（B/S）的结构进行搭建，B/S结构是现在市场上最先进的一种结构之一。将系统在服务器上发布以后，只要将服务器接入网络，就可以在网络内具有权限的任何终端上通过Web浏览。B/S结构支持跨平台管理，不论是什么平台，只要装有Web浏览器即可，且客户端无须安装和维护软件。

（三）系统的网络设计方案

由于以太网已经成为当前所有商用级计算的网络选择，因此采用以太网能更方便地实现数据采集、控制、学校内部互联网一体化。

该人员管理系统中，方案网络将自成一套网络系统，与学校已有的内部局域网的网络最终联网；介质采用可直埋敷设多模光缆或RJ45计算机通信电缆。网上节点采用TCP/IP协议传输数据，允许网上任意节点随时进网和退网。进退时，不影响网络正常工作，通信速率可达100 Mb/s。上位机采用标准以太网卡，由于以太网的通用性，方便了以后的功能扩展。采用的读卡器通过以太网通信模块联结网络，可用作对人员识别及适时监控、数据参数报表打印等功能，各从站可自动从网上脱离，以便维修工作，也可自动重新进入网络系统，再次投入使用。

考虑在宿舍管理站各增设一台交换机设备集线器，将读卡器统一纳入本套系统局域网络中，最终将与学校管理成为一体，同时为后期联网进行预留。

另外，该人员管理系统为了对监控管理系统进行保护，防止因雷击或线路过压产生的浪涌过电压和浪涌过电流而导致对内部设备的损坏，主要采取以下措施防雷：

敷设线路时，电源线尽可能远离信号线；尽可能采用屏蔽电缆；将所有防雷器的接地线全接到公共主地线上；PLC 电源进线电源加装防雷及过压保护器。此外，还可为系统设计一套完善的防雨、防高温系统，可有效地防止雨水或温度过高对电子设备的侵害。

参 考 文 献

[1] 曹鹏.图书馆 RFID 发展现状及关键技术研究 [J]. 现代经济信息 , 2016(4): 420, 422.

[2] 陈国荣.射频识别技术及应用 [M]. 西安 : 西安电子科技大学出版社 , 2016.

[3] 陈军 , 徐旻.射频识别技术及应用 [M]. 北京 : 化学工业出版社 , 2014.

[4] 慈新新 , 王苏滨 , 王硕.无线射频识别（RFID）系统技术与应用 [M]. 北京 : 人民邮电出版社 , 2007.

[5] 董育其.射频识别技术在交通工具上的应用研究 [J]. 山东工业技术 , 2017(24): 108.

[6] 郝玲艳 , 赵建平 , 刘秋霞 , 等.射频识别关键技术及其在学生管理中的应用 [J]. 现代教育技术 , 2007, 17(1): 80–82.

[7] 李罗.农产品物流体系构建无线射频识别技术应用分析 [J]. 物流科技 , 2016, 39(8): 46–48.

[8] 米志强.射频识别（RFID）技术与应用 [M]. 北京 : 电子工业出版社 , 2011.

[9] 潘策.RFID 技术及其在人员管理系统中的应用研究 [D]. 长沙 : 湖南大学 , 2010.

[10] 单承赣 , 单玉峰 , 姚磊等.射频识别（RFID）原理与应用 [M]. 北京 : 电子工业出版社 , 2015.

[11] 唐志凌.射频识别（RFID）应用技术 [M]. 北京 : 机械工业出版社 , 2014.

[12] 王立荣.射频识别技术在图书馆领域应用 [J]. 现代情报 , 2005(1): 111–112.

[13] 徐雪慧.物联网射频识别技术与应用 [M]. 北京 : 电子工业出版社 , 2015.

[14] 曾宝国.RFID 技术及应用 [M]. 重庆 : 重庆大学出版社 , 2014.

[15] 赵军辉.射频识别技术与应用 [M]. 北京 : 机械工业出版社 , 2008.

[16] 郑山峰 , 黄庚保.RFID 技术在当前企业发展研究 [J]. 科技信息 , 2013(13): 5–6.

[17]《中国建设信息化》编辑部.我国 RFID 发展面临的五大难题 [J]. 中国建设信息化 , 2016(15): 66–69.